风雨华章路
城市与区域研究和规划探索

中国城市规划学会　　编
中国城市规划设计研究院

中国建筑工业出版社

审图号：粤S（2024）052号
图书在版编目（CIP）数据

风雨华章路. 城市与区域研究和规划探索／中国城市规划学会，中国城市规划设计研究院编. —北京：中国建筑工业出版社，2023.9
ISBN 978-7-112-29126-7

Ⅰ.①风… Ⅱ.①中…②中… Ⅲ.①区域规划—中国—文集 Ⅳ.①TU982.2-53

中国国家版本馆CIP数据核字（2023）第172209号

责任编辑：石枫华　兰丽婷
责任校对：王　烨

风雨华章路　城市与区域研究和规划探索
中国城市规划学会
中国城市规划设计研究院　编

*

中国建筑工业出版社出版、发行（北京海淀三里河路9号）
各地新华书店、建筑书店经销
北京锋尚制版有限公司制版
北京中科印刷有限公司印刷

*

开本：787毫米×1092毫米　1/16　印张：24½　字数：323千字
2024年1月第一版　　2024年1月第一次印刷
定价：**98.00**元
ISBN 978-7-112-29126-7
（41711）

版权所有　翻印必究
如有内容及印装质量问题，请联系本社读者服务中心退换
电话：（010）58337283　　QQ：2885381756
（地址：北京海淀三里河路9号中国建筑工业出版社604室　邮政编码：100037）

序一

向实践学习
——《风雨华章路　城市与区域研究和规划探索》序

经过近三年的筹稿和组织，《风雨华章路　城市与区域研究和规划探索》与广大读者见面了。我谨代表中国城市规划学会区域规划与城市经济专业委员会、中国城市规划设计研究院向积极撰稿的各位委员、专家和同行表示衷心的感谢，向一直关心我国城市和区域规划事业的专家学者表达由衷的敬意。

改革开放40多年来，我国经历了全球规模最大、速度最快的城镇化进程，叠加特殊的体制机制，给区域规划编制和研究提供了广阔的天地，也激发了广大从业者对城市和区域发展规律进行不懈探索。作为由计划经济向社会主义市场经济转型的超大经济体，独特的城乡二元土地管理制度、中央和地方政府关系、强大的土地财政与金融功能，使我国的经济发展和城镇化进程，既具有全球普遍遵循的一般性规律，也具有自身的特殊性。全球化、工业化和信息化深刻影响了我国城镇格局和经济空间布局，城市和区域经济在要素集聚、核心动力、发展阶段上的差异性，决定了各地在城乡关系、空间组织、功能结构上具有多样性，使得多年来各种类型、不同尺度的区域规划探索方兴未艾，如城乡一体化规划、空间协调规划、城市群规划、都市圈规划、流域规划、国土空间规划等等，不一而足，也推动着区域分析、规划编制和实施机制等的研究蓬勃开展。祖国各地尤其是先发地区在经济发展、空间支撑、要素保障、规划编制和实施管理等方面的勇毅前行和创新实践，提高了整个规划行业的认知水平和技术能力，也使中国区域规划的编制在全球拥有了广泛的影响力。

我们正处在伟大的变革时代，区域规划如何在国家治理体系和公共政策中发挥更大的作用，始终是业界关注的焦点。除经济地理和规划、建筑专业这些传统的规划主力军外，公共管理和自然资源专业背景的规划从业者越来越多，反映出区域规划的公共政策和空间治理的属性在不断强化之中。需要指出的是，城市经济研究作为区域规划的重要知识来源和技术支撑力量，近些年也取得了长足的发展，成为城市和区域规划编制和研究倚重的重要力量。正如梁鹤年先生所说的，如果规划师不懂经济、社会、管理等相关知识，那我们编制的就是无知的规划；如果规划师不能回归到空间上，那我们编制的就是无能的规划。为了编制有效能的区域规划，规划与城市经济等多学科的融合快速推进。区域规划与城市经济专业委员会这些年来，有意识地邀请高校和科研院所经济领域的专家学者更多地参与专委会的工作，也举办了若干次与城市经济密切相关的学术活动，一定程度上弥补了城市经济这个"短板"，使区域规划与城市经济专业委员会更加名实相符，也让专委会更多发挥出跨学科交流合作的平台功能。正如大家在这本文集中所看到的，许多经济专家的文章，对区域规划与协调发展有了更多从空间上的思考；众多规划专家的文章也对城市和区域经济发展有了更加深刻的体会，并在空间上做出积极响应。

国家的区域发展进入了新的时期，中国式现代化开启了新的篇章。两轮新型城镇化规划持续推进"两横三纵"的城镇化战略格局，推进内陆高水平开放的基础设施和政策平台更加完善，为国家构建东西双向开放的空间格局奠定了坚实基础。同时也应该看到，逆全球化的单边主义和保护主义甚嚣尘上，产业链、供应链的安全风险加剧，信息化引发颠覆式变革的步伐更加迫近。全球气候变化引发的极端气候增加，加剧了城市和区域的脆弱性，给自然生态系统、城市经济系统和人类社会系统带来空前压力。因此，国家需要更前瞻性地优化空间布局，才能更加主动地应对这些安全风险带来的挑战。这就要求广大的科技工作者和规划从业者，充分利用新的技术手段和方法，潜心研究、努力实践，准确把握城市和区域发展规律，为早日形成具有中国特色的区域规划和城市经济理论继续奋斗。

是为序。

王凯
全国工程勘察设计大师
中国城市规划设计研究院院长
中国城市规划学会区域规划与城市经济专业委员会主任

序二

向历史学习
——《风雨华章路——四十年区域规划的探索》序[①]

向历史学习，是一种基本研究方法，也是一条作研究的捷径。从历史的发展中审视当下，会让我们摆脱纷繁的现象，更清晰地把握事情的本质。站在前人的肩膀上，能够更好地看清路途的坎坷和前进的方向。任何一个严谨的科学家和规划工作者，必然接受过这样的教育，具备尊重历史的基本素质。任何一门学科，更是基于前人不断累积的知识基础而形成的体系。

中国城市规划学会区域规划与城市经济学术委员会2018年年会以"历久弥新，不懈探索——区域规划40年的理论与实践"为主题，120多位新老委员参加，会议邀请委员们就各自的亲身经历，撰写回忆文章，于是有了今天这本《风雨华章路——四十年区域规划的探索》。中国城市规划设计研究院对于本书的编辑出版提供了人力物力的大力支持，中国建筑工业出版社为本书的问世提供了很多便利。我代表中国城市规划学会对此表示诚挚的谢意。

学会这些年一直致力于推动对城乡规划学科发展历史的回顾与总结。1999年，由商务印书馆出版了《五十年回眸——新中国的城市规划》，开辟了规划领域由专家撰写回忆文章、总结历史经验教训的先河，2006年由中国建筑工业出版社出版的《规划50年》、2017年出版的《听大师讲规划》，可以视作这项工作的延续。2018年，由中国科学技术出版社出版了《中国城乡规划学学科史》，系统梳理了城乡规

[①] 此为《风雨华章路——四十年区域规划的探索》一书的序，该书于2020年8月出版。

划学在我国孕育、诞生和成长的历程，是规划界第一本系统研究城乡规划学学科史的著作。在这前后20年时间里，中国城市规划设计研究院、东南大学、同济大学、南京大学等机构先后组织了有关新中国规划历史的研究，出版了专著。学会还于2009年12月在东南大学举办了第一次"城市规划历史与理论高级研讨会"，随后每年举办一次，形成惯例，并于2011年成立了中国城市规划学会城市规划历史与理论学术委员会，集聚了一批有志于城市规划历史研究的专家学者，成为规划界颇有影响力的学术平台。

回顾这一段历史可以看出，向历史学习，在规划界已经成为一种风尚，成为一种孜孜以求的科学研究精神。本书的出版，可以填补我国区域规划史领域的一个空白，为今天和未来的学者提供难得的向历史学习的渠道。本书的20位作者中有学富五车的专家学者，有我敬重的前辈和老师，也有与我同龄的同行，他们亲历了不同时期的区域规划工作，他们的第一手材料，无疑是十分宝贵的历史文献，从中读者可以深切地感受到，他们的专业人生，与祖国的区域规划事业发展高度吻合，这是让人十分感触的事情。

中华人民共和国最早的区域规划实践出现在20世纪50年代。1956年5月8日，国务院在颁布的《关于加强新工业区和新工业城市建设工作几个问题的决定》中专门提出，"要搞区域规划"。当时开展了广东茂名、甘肃兰州、湖南长株潭等以大工业项目选址为主的工业区规划，涉及更大范围的若干重点城市和156项重点项目进行的工厂选址和建设。这些区域规划实践对建立我国的工业体系，改变生产力布局状况，起到了关键的积极作用。

到20世纪70~80年代，区域规划工作迎来第二个高潮，1981年4月，中共中央书记处第97次会议提出，"要搞好我国国土整治工作"，国家建委于当年11月成立国土局，1985年国家计委专门成立全国国土规划办公室，全国陆续开展了一些国土规划名义的区域规划工作，如三峡库区移民迁建规划，长三角经济区规划，河南豫西、湖北宜昌、吉林松花湖等地的国土规划试点，以及京津唐地区国土规划等，还组织编制了《全国国土总体规划纲要》，并于1987年公布，确定了"沿海地带和横跨东西的长江、黄河沿岸地带为主轴，以其他交通干线为二级轴线的我国国土开发与生产力布局的总体框架，确定未来综合开发的9个重点地区"。这一时期的实践虽然名称上百花齐放，但是聚焦区域协调发展、统筹各种区域要素布局的总体思路一以贯之。

1980年代以来，伴随着城市规划工作的恢复，为了解决上位规划缺位、城市性质和规模难以确定的问题，城市规划行业普遍开展了城镇体系规划的工作，并且被写进法律获得法定地位。从城镇体系规划的诞生、普及和繁荣，到一大批都市圈、城镇群规划的问世，可以说是中华人民共和国最大规模也最有成效的区域规划实践。特别是原本"作为国土规划'子规划'之一的城镇体系规划，在全国、省区、县市等多个尺度得以全面开展，成为上级政府进行区域发展有限协调的重要工具……虽无区域规划之名，但却有区域规划内容之实"。"以城镇体系发展为主体，同时注重区域经济社会发展战略研究，并与相关要素进行空间综合协调，追求区域可持续发展的综合性空间规划，事实上已经替代了被忽略或已衰退的区域规划、国土规划"。

进入1990年代，全国大部分地区普遍开展了新一轮国土规划，其目的在于制定一定区域的"国土开发整治方案"，1998年，国土规划成为新成立的国土资源部的重要职责之一，在天津、深圳、辽宁等地开展了国土规划编制试点，以及广东全省的国土规划工作，基于这些实践中形成的理念，国土资源部与国家发改委共同牵头组织编制了《全国国土规划纲要（2016～2030年）》。这一轮的规划强调了空间战略的性质，并且"将城乡统筹、区域统筹以及均衡发展作为规划的重要内容"，为区域规划提供了极好的实践机会，并且丰富了区域协调发展的内容。

21世纪以来，发改委系统主导的"主体功能区规划"，可以看作区域规划在新历史阶段的积极探索。主体功能区规划基于"不同区域的资源环境承载能力、现有开发密度和发展潜力，统筹谋划未来人口分布、经济布局、国土利用和城镇化格局，将国土空间划分为优化开发、重点开发、限制开发和禁止开发四类，确定主体功能定位，明确开发方向，控制开发强度，规范开发秩序，完善开发政策，逐步形成人口、经济、资源环境相协调的空间开发格局"。主体功能区随后被上升到战略，被生态文明总体方案确定为基础性制度，并且被地理学家誉为"地理学学科走向成熟的标志""充分理解和适应中国国情的一种空间治理方式"。

特别是"十一五"以后，发改委系统在推进区域规划方面进行了大量工作，2007年出台了《西部大开发"十一五"规划》和《东北地区振兴规划》，2008年，长株潭城市群区域规划、武汉城市圈总体规划、成渝经济区规划等三个区域规划相继获得国务院的批复，特别是2008年国际金融危机以来，国家发改委编制和审批的经济区规划基本覆盖了国家主要的城市化地区。截至2017年3月，共有近百项区域规划及相关政策文件上升为国家战略，包括长三角等城市群规划、武陵山片区等区域发展与扶贫攻坚规划、关中—天水等经济区发展规划、上海浦东等新区规划、广东自由贸易试验区等自贸区总体方案。

至此，发改部门推动的主体功能区规划和各类政策区的规划，国土部门推动的各级国土规划，以及建设部门推动的城镇体系规划等，形成了区域规划"群雄并起"的局面。可以说，规划在空间领域的交叉重叠，主要体现在区域规划层面。为了结束这种空间领域"规划打架"的局面，在不同部门主导的大量市县层面，以及后来在省级层面规划试点的基础上，"多规合一"的体制调整水到渠成。

2013年11月，中共中央《关于全面深化改革若干重大问题的决定》中明确提出，"建立空间规划体系，划定生产、生活、生态空间开发管制界限，落实用途管制"。2014年3月，中共中央、国务院发布的《国家新型城镇化规划》中要求，推动有条件地区的经济社会发展总体规划、城市规划、土地利用规划等"多规合一"。2018年3月，新组建的自然资源部成为"多规合一"后的空间规划主管部门。从这个意义上说，国土空间规划体系的建立，是我国区域规划领域的一次重大转变，无论是此前进行的市县层面和省级层面的"多规合一"探索，还是新构建的五级三类国土空间规划体系，都将有助于更好地发挥区域层面的规划统筹作用。当然，发改系统主导的国民经济社会发展规划，以及面广量大的政策性区域的区域性规划，更是区域规划的重要阵地。

中华人民共和国几十年的区域规划实践表明，区域规划作为一门基于区域地理环境分析、重点研究区域空间格局和发展管制的学问，已经发生了巨大变化，无论是早期依附于计划的工业区规划，对城市规划产生了积极提升作用的城镇体系规划，还是基于资源环境承载力、以地理空间区划为特征的主体功能区规划，以及中间穿插延绵不断的国土规划，虽然规划的名称不断变化，法定地位各不相同，但是，作为支撑实践的区域规划理论始终在不断发展与完善之中。另一方面，"区域规划"客观上并不是一个法定的规划名称，讲到区域规划，更多是学理层面的术语，或从行政角度的工作任务，作为一种技术手段或政策工具，在不同的时期为不同部门采用，是相当自然的现象，也由此可能导致部门职能交叉，甚至区域规划缺少明确的政府主管部门的问题。然而，这些并不妨碍甚至有助于区域规划基础理论的深化和理论体系的丰富，技术分析方法和信息管理系统的不断创新与提升，学科的属性从单一的地理研究，转向突出了公共政策属性。如果说传统的地理学以地理空间现象分析和描述为核心，我国几十年的区域规划实践，则超越了对地理环境研究的范畴，以区域发展预测和区域要素布局为担当，以城市为核心，统筹一定区域范围内生产、生活、生态三位一体的人居环境体系规划和建设，更多地将区域研究的视角转向民生领域，区域规划已经成为地理学、城乡规划学和公共管理学的交叉学术领域，综合性、战略性、科学性始终是区域规划的核心。

其实，我们还可以追溯到更久一些的历史。在民国时期，就有了1946年开始编制的《大上海都市计划》和1947年编制完成的《武汉区域规划》（据考证这是中国近代历史上第一个以"区域规划"命名的规划实践），他们与国际上战后的区域规划实践遥相呼应。而孙中山成稿于1920年代的《建国方略》，其中的区域规划思想以及他对我国国土空间的战略构想，至今仍然具有一定的借鉴意义。再往前追溯，中国古代虽然没有区域规划的名称，但区域规划的理念非常悠久，而且最关键的是，这种区域思路不只是停留在空间格局描述和地域景观感怀的层面，而是具体落实到国家治理体系中。从《禹贡》《管子》等早期文献中处于萌芽状态的区域思维，到《周礼》中以"治地"为基础的"设官分职"和"辨方正位""体国经野"的思想方法，已经可以看出区域空间规划与技术方法的内在关系雏形。由此可见，基于科学性内核的区域规划，在古代和近代中国，始终镶嵌于国家治理体系之中，区域规划与区域治理一直是我国发展历程中的一条重要脉络。

这当中值得一提的是我的老师，已故的南京大学教授宋家泰先生，宋先生当年提出了著名的"城市-区域"理论，将区域规划与城市规划巧妙地嫁接在一起，他提出"制定城镇体系规划布局和科学合理地划分城市经济区，具有极其重要的理论和实践意义"，并最终总结出了城镇体系规划"三结构、一网络"的理论。正是由于宋先生的学术地位和人格魅力，在1980年6月成立城市规划学术委员会区域规划与城市经济学组（学会区域规划与城市经济学术委员会的前身）时，他被一致推举为学组的组长，副组长包括胡序威、郑志霄等，成员则涵盖了吴万齐、赵瑾、谢文惠等若干地理界、经济界和城市规划界的成员。

不少地理背景的规划学家在回忆20世纪70~80年代的历史时，对当时的国家政策充满感激之情，政策引导为地理学这门古老的科学焕发青春提供了极好的实践契机，他们也叹服于时任国家城建总局领导的曹洪涛同志（也是中国城市规划学会时任领导）的政策水平和专业包容。所有这些对于作者和规划行业而言，都是值得回忆和珍惜的历史记忆。

回顾历史，我们应该清醒地认识到，区域规划不仅是一项工作或政府职能，它还是"指导特定区域发展和制定相关政策的重要依据"，更是一个科学问题。中华人民共和国第一个科技规划《1956~1967年科学技术发展远景规划纲要》中，就明确提出了区域规划作为科技发展的重点项目，其中的第30项为"区域规划、城市建设和建筑创作问题的综合研究"。经过这几十年的发展，当区域规划再次上升为国家治理体系的组成部分时，面对多种挑战、多元约束、多重目标并存，从压缩的城镇化，到全球化与多极化，到信息化带来的扁平世界，区域规划工作比以往任何时候更要讲科学，更要遵循规律，更要强调其综合性。正如区域规划与城市经济学术委员会前主任委员，也是学会分管区域规划学术领域的樊杰副理事长所说的，"科学性始终被认为是国土空间规划合理性的根本保障，法制化是国土空间规划的必备条件和实施环境"。

我们正处于一个伟大的时代，区域规划迎来了新的春天，无论是依据行政区划梳理的全国层面、省级、市级国土空间规划工作，还有各级国民经济社会发展规划以及各类政策性区域的规划等，通过空间规划，统筹区域协调发展，变得无比重要。向历史学习，避免历史上犯过的错误和走过的弯路，让我们更具有独立思考的能力，是担负起这个时代的伟大事业不可或缺的。

希望本书的出版有助于大家更全面地了解我国区域规划工作的历史，也能够为提高规划的科学性起到积极推动作用，并且能让我们体会到，向历史学习的重要性，更好地传承科学精神。

石楠
中国城市规划学会秘书长

主要参考文献

[1] 中国城市规划学会. 中国城市规划学学科史[M]. 北京：中国科学技术出版社，2018.

[2] 武廷海. 中国现代区域规划[M]. 北京：清华大学出版社，2006.

[3] 王凯. 国家空间规划论[M]. 北京：中国建筑工业出版社，2010.

[4] 樊杰. 地域功能-结构的空间组织途径——对国土空间规划实施主体功能区战略的讨论[J]. 地理研究，2019，38（10）.

[5] 吴启焰，何挺. 国土规划、空间规划和土地利用规划的概念及功能分析[J]. 中国土地，2018（4）.

[6] 李爱民. "十一五"以来我国区域规划的发展与评价[J]. 中国软科学，2019（4）.

前 言

中国城市规划学会区域规划与城市经济专业委员会（以下简称"区域专委会"）2018年年会以"历久弥新，不懈探索——区域规划40年的理论与实践"为主题，在我国改革开放的"探路者"城市深圳举办。会议当时邀请了20多位在规划行业有影响力的专家和学者，回忆并撰写了纪念文章。这些文章有对行政管理、学术研究、学科建设、规划编制工作的体会，有对参与重要决策、参加国内外学术交流、访问考察重大事件的回忆，有对成长、求学、工作、退休等丰富人生经历的思考，也有针对城乡规划事业寄语后学、鼓励晚辈的期望。经区域专委会精心组织，《国际城市规划》杂志诸位编辑悉心校核，正式结集出版了《风雨华章路——四十年区域规划的探索》，在业内得到广泛好评。

文集面世以来，受撰稿委员和专家从业精神感召，许多业内专家表达了愿意为国家新阶段、新理念、新格局下的区域规划和城市经济发展出谋献策、撰写文章，也希望区域专委会能够以同名续篇的方式，组织第二本文集。在区域专委会各位委员和专家的无私奉献和大力支持下，这本《风雨华章路 城市与区域研究和规划探索》终于和大家见面了。感谢各位撰稿专家不顾工作繁忙，秉承对规划事业高度的责任感，如期交付文章。我们唯有兢兢业业、一丝不苟地认真整理，才能不辜负大家的信任。

这本文集在延续上本文集总体风格的基础上，另有以下三个突出特点：

一是题材更广泛。上期的主题聚焦"回忆"，资深专家和老领导的回顾文章占了70%的比例，这本文集则涵盖了学术生涯回顾、学术机构创办、人文地理与规划学科建设、典型地区的区域规划实践、城市与区域经济等更加丰富的话题，也具有更加鲜明的地域特色。

二是机构更多元。上期的撰稿专家主要来自人文地理和城乡规划行业，本期撰稿专家更多来自城市与区域经济研究、国土与自然资源管理、公共管理、国家政策研究机构以及地方规划编制单位。当然，来自北京大学、复旦大学、中国人民大学和中山大学等高校的学者依然为我们贡献了最大份额的高品质文章。

三是作者更年轻。上期作者以老骥伏枥的老专家为主体，他们许多已进入耄耋之年，30后、40后、50后是撰稿的"主力军"。本期作者中，有更多的60后、70后和80后的专家学者，他们既是单位的"中流砥柱"，也是本期文集撰稿的主体，使这本文集"回顾"与"展望"兼顾，"既往"与"开来"并重。

此外，为了充分体现"风雨华章路"姊妹篇特点，本期文集附上中国城市规划学会副理事长兼秘书长石楠为上期文集撰写的"向历史学习——《风雨华章路——四十年区域规划的探索》"序言，使读者能够充分感悟我国区域规划一路走过的艰辛历程，以及老一辈学者矢志不渝的家国情怀。

文集由中国城市规划学会区域专委会、中国城市规划设计研究院区域规划研究所承担组织和协调工作。区域专委会主任委员、中国城市规划设计研究院王凯院长担任主编，区域专委会秘书长、中国城市规划设计研究院区域规划研究所陈明所长担任执行主编，中国城市规划设计研究院院士工作室马克尼同志承担前期专家联络工作，张丹妮女士承担了统稿和文集组织工作，中国建筑工业出版社石枫华主任、兰丽婷编辑等对文集进行了精心的编辑加工。在此对大家付出的辛苦工作表示衷心的感谢。

限于编者水平有限和时间仓促,文集一定存在不足和缺憾之处,还请广大的读者和同行批评指正。

编者

2023年6月

目 录

区域所
　　——中国最早的区域与城市经济学研究基地　孙久文 ————— 001
一个教师且读且行的经历和感悟　周伟林 ————————— 008
地理视角的中国特色城市科学　樊杰 ——————————— 018
从台海到青海
　　——我的区域规划拾萃　沈迟 ———————————— 029
公共管理与城乡规划的学科融合
　　——中国人民大学城市规划与管理系十五年发展回望　叶裕民 ——— 040
区域发展战略规划编制实践的感悟
　　——从秦岭北麓经济发展带总体规划到新长安战略规划　范少言 ——— 054
京津冀协同发展战略下的京津雄功能重构与
产业协同发展　江曼琦 ————————————————— 066
从省批到国批
　　——关于间隔20年的两次南京都市圈规划随想　邹军 ————— 088
基于自然生态空间用途管制实践的
国土空间用途管制思考　邓红蒂 —————————————— 099
预与立：宁波规划的实践与探索　王丽萍 —————————— 117
珠三角城市群规划三十年
　　——我的区域规划经历　马向明 ——————————— 129
我经历的辽宁区域规划历程　邢铭 ————————————— 142
战略引领，源于广州城市发展战略规划的感悟　袁奇峰 ———— 151
经济区位理论的再总结与思考　张文忠 ——————————— 171
城市和区域政策研究的一些回忆与体会　刘云中 ——————— 185

而今迈步从头越
——深圳特区空间结构演变40年　李江 —————— 192

对我国城镇体系研究和规划工作的几点认识　曹广忠 ————— 207

二十五载国土开发探求　五十二岁地区经济感怀　高国力 ——— 218

与改革开放同步：我在区域规划与城市经济的
学与用、教与研　王兴平 ————————————————— 232

现代版营城建都：现代化首都都市圈建设的思考　石晓冬 ——— 242

新时期经济地理重塑的三种力量的思考　郑德高 ——————— 259

水乳交融，互促共进
——在规划实践中研究和认识城市群　陈明 ————————— 275

基于江苏实践的跨界协调规划经验回顾与展望　陈小卉 ———— 288

跨区域增长联盟视角下的广东产业转移园合作开发机制研究
——以韶关为例　袁媛 ——————————————————— 298

向实践学习、与理论对话　张磊 ——————————————— 315

基于"三生"理念乡村韧性时空格局与影响机制研究
——以黑龙江省63个县域为例　刘东亮 ———————————— 327

快速城镇化背景下的区域规划实践及几点认识　徐辉 ————— 343

我国三大世界级城市群的空间特征与
空间治理比较研究　罗彦 —————————————————— 351

区域所
——中国最早的区域与城市经济学研究基地

孙久文

> **作者简介**
>
> 孙久文，男，1956年12月生，北京人。中国人民大学区域与城市经济研究所教授、博士生导师。1985年毕业于中国人民大学计划统计学院，后留校任教。兼任北京市人民政府顾问，全国经济地理研究会会长，中国区域科学协会理事长，北京市科学技术奖评审委员，北京市行政区划研究会常务理事，北京市宣武区区政府顾问。主要研究及教学领域：区域经济理论、区域经济规划、城市可持续发展和资源经济学。出版《城市可持续发展》《区域经济规划》《中国区域经济问题研究》《区域经济学》等学术著作。曾获2001年中共中央宣传部精神文明建设"五个一"工程著作奖等。

中国人民大学区域与城市经济研究所（以下简称"区域所"）是国内最早创立、并始终处在学科发展前列的区域经济学专业和城市经济学专业学科点，目前设在应用经济学院。区域所的区域经济学科点拥有全国首批硕士点和博士点，2002年被教育部评为全国重点学科。区域所2004年设立城市经济学科点。2007年教育部重点学科（二级学科）评估排名第一。2012年后的一级学科评估，中国人民大学应用经济学科始终排名全国第一，区域经济学和城市经济学是其中的骨干学科。

追根溯源，区域所的前身是中国人民大学经济地理教研室，是中国人民大学1950年命名组建的，是学校当时最早设立的专业教研室之一。经济地理教研室的创建人是孙敬之教授。孙敬之（1909—1983年），河北深泽县人。1929年考入北京师范大学史地系，1933年毕业。

先后任教于泊镇师范、天津女中、宣化中学。1937年7月，卢沟桥事变，学校被日本侵略者践踏，他愤然离校回到冀中平原，参加抗日救亡运动。1939年，党组织派孙敬之到抗日根据地党领导的华北联合大学学习，结业后于1941年至1948年留校任教，是新中国教育事业的先驱者之一。在那里，他培养了大批青年干部，为发展教育事业做了大量开创性的工作。1945年，经华北大学党委书记成仿吾介绍，孙敬之光荣地加入了中国共产党。北京解放后，华北联合大学迁入北京并命名组建为中国人民大学。孙敬之担任中国人民大学经济地理研究室主任。为了新中国经济地理事业的发展，孙敬之以废寝忘食的精神，在不到一年时间里，编写了100多万字的经济地理学讲义，这是在新中国第一个确立经济地理学体系的讲义。这套讲义编成后，就被教育部指定为高等院校的参考教材，并由中国人民大学出版社出版发行。孙敬之还主持编写了《中国经济地理》《中国自然地理》等地理学教材，并在紧张的教学之余，写出了近百篇论文。1955年中国人民大学聘任孙敬之为正教授（正高三级），并受聘担任国际地理学会副主席。

从1951年起，经济地理教研室受教育部委托，开始举办"经济地理研究生班"，至1958年共为全国高校培养了137名经济地理学骨干教师。1956年全国高校院系调整，中国人民大学经济地理教研室一半教师调整到北京大学，组建北京大学的经济地理专业，也是后来的北京大学城市与环境专业的前身，著名教授有：仇为之、胡兆量、杨吾扬、魏心镇等。在十年"文化大革命"期间，中国人民大学被迫解散，经济地理教研室整体迁移到北京师范大学，一直到1978年中国人民大学复校。

1978年中国人民大学复校之后，经济地理教研室从北京师范大学回到中国人民大学，更名为"生产布局教研室"，以适应国家改革开放的新形势和新要求。1978年开始招收生产布局专业本科生，共计招收了1978届、1979届、1981届、1983届、1985届、1986届、1987届、

1989届和1991九届学生。为适应教学科研发展的需要，教研室引进了一批年富力强的学者充实教学科研一线。由于教学改革的成功，本专业的毕业生受到用人单位的普遍欢迎，他们遍布国内主要高校、国家计委和北京市等政府部门以及中国科学院和中国城市规划设计研究院等科研机构。当时的生产布局教研室在全国生产力总体布局和区域经济开发研究等方面取得了突出业绩，在首届国家社会科学基金项目优秀成果奖中分别获二等奖一项和三等奖一项（刘再兴等，《中国生产力总体布局研究》），这在全国同类专业中是唯一的。1980年代初，国家第一批国土规划启动，刘再兴教授主持黄土高原国土规划，杨树珍教授主持京津冀国土规划，取得了重大研究成果。

1984年生产布局教研室更名为"区域经济发展战略研究所"，杨树珍教授担任所长。1987年区域所的科研、教学、招生等计划单列。1984年设立区域经济硕士点，开始招收区域经济硕士研究生；1987年设立区域经济博士点，刘再兴教授成为教育部批准的第三批博士生导师，开始招收博士研究生。到1990年代初期，区域所已经发展到26名工作人员的规模，下设为教学科研服务的办公室、资料室、绘图室、标本室等。

在学科建设方面，区域所于1989年由周起业、刘再兴、祝诚、张可云编著了国内第一部《区域经济学》教材，奠定了区域经济学教学体系的基础。区域所是全国最早和最完整从国外引进"区位论"理论的研究单位，由周起业教授牵头翻译和引进了一批西方区位论的著作，为国内区域经济专业的发展起到了奠基性的作用。

1994年，正式成立中国人民大学校属区域经济研究所（软科学研究所）。在区域所发展的过程中，刘再兴教授、杨树珍教授、周起业教授、祝卓教授、祝诚教授、郭振淮教授、陆大壮教授、张敦富教授等学者，对区域所的发展起到了重要的推进作用。

刘再兴教授是湖北新洲县人，1948年进入武汉大学经济系学习，1950年进入中国人民大学计划经济系经济地理教研室跟随苏联援华专家攻读研究生，1952年毕业留校任教，1978年担任中国人民大学计划统计学院生产布局教研室主任。刘再兴教授是我国区域经济学和工业布局学的创始人之一，著名经济地理学家和国土规划专家。曾任全国经济地理研究会会长、中国国际工程咨询有限公司专家委员会委员。先后被聘为山西、陕西、江西、湖南等省国土规划学术顾问，并担任国家海洋局中国海洋开发规划学术顾问。刘再兴教授治学严谨，出版了一系列的教材、专著和研究报告，发表论文150多篇，其研究成果三次获得北京市哲学社会科学研究一等奖，一次获得中国科学院科研成果一等奖，是中国人民大学区域经济学科点的奠基人。

杨树珍教授是天津武清县人。1949年3月入华北大学学习，1951年在中国人民大学计划经济系本科提前毕业并留校任教。1955年至1960年初在苏联列宁格勒大学地理系攻读经济地理专业研究生，获副博士学位。回国后在中国人民大学任教，曾任生产布局教研室主任，计划经济系副主任，区域经济发展战略研究所所长。杨树珍教授作为我国1980—1990年代著名的城市规划专家，对我国的城市规划研究，特别是对北京城市总体规划制定作出了重要贡献。1980年代初，杨树珍教授率先提出要从区域角度研究北京的城市发展，提出首都地区的"圈层发展战略"。杨树珍教授在20世纪80年代就提出：北京应体现政治中心和文化中心的功能，经济发展以现代化的第三产业为主，为中央及党政军首脑机关提供全方位、优质高效的服务；并提出京津塘、京唐秦、京保和沿海的首都地区四条发展主轴线的设想，是京津冀区域发展研究的先驱者。

区域所于1999—2001年在张敦富教授和孙久文教授主持下推出国内第一套共计16本"区域经济系列丛书"，总结了国内近20年区域经济研究的成果，对国内区域经济学的发展起到了推动作用；2004—2008年在陈秀山教授和张可云教授主持下编辑出版了"区域经济学专业研究生系列教材"（商务印书馆出版），包括：陈秀山、张可云《区域经济理论》，侯景新《区域经济分析方法》，张可云《区域经济政策》，孙久文《区域经济规划》，付晓东《区域融资与投资环境评价》，陈秀山、孙久文《中国区域经济问题研究》。这是国内第一套高水平的区域经济学专业研究生系列教材。经过几代人的不懈努力，中国人民大学区域经济学科点成为全国区域经济学教学研究中心、区域经济专业教师培训中心、国际国内区域经济学术研究与交流中心、全国经济地理研究会（国家一级学会）会长单位。

中国人民大学区域所的重要历史沿革是：

（1）1950年区域所的前身经济地理教研室成立，我国现代经济地理学的奠基人孙敬之教授担任教研室主任。

（2）1978年中国人民大学复校，经济地理教研室更名为生产布局教研室，著名区域经济学家刘再兴教授、杨树珍教授、郭振淮教授先后担任教研室主任。这个时期的主要学者有：刘再兴、杨树珍、周起业、祝卓、祝诚、郭振淮、陆大壮、张之、祁助、张敦富、王德鼎、高密来、贾醒夫、金陵、王翼龙等。

（3）1987年计划统计学院区域经济发展战略研究所在科研、教学、招生等方面计划单列，杨树珍教授担任所长。

（4）1994年在区域经济发展战略研究所的基础上，成立校属区域经济研究所（软科学研究所），张敦富教授担任所长。1998年申请设立国防经济学科点，是当时全国仅有的三个国防经济学科点之一。

（5）2001年中国人民大学成立公共管理学院，区域所作为创始单位进入该院，更名为"区域经济与城市管理研究所"，陈秀山教授和孙久文教授先后担任所长。这个时期的主要学者有：张敦富、陈秀山、孙久文、张可云、叶裕民、侯景新等。

（6）2002年和2007年区域经济专业参加教育部学科评估，连续两次被评为国家级重点学科，排名全国第一。2002年国防经济学科点从区域所划出，成立公共管理学院下设的国防经济研究所。

（7）2004年区域所申请创立城市经济学科点，并设立"城市经济学"专业博士点，成为全国第一个城市经济专业学科点，区域所是国内第一家设立城市经济博士点的单位，为我国的城市经济的研究迈出了关键的一步。2006年学校成立城市规划与管理系，调任区域所城市经济学科带头人叶裕民教授为系主任。

（8）2010年区域所调整进入经济学院，成立"区域与城市经济研究所"，孙久文教授担任所长，并担任马克思主义理论研究和建设工程教材《区域经济学》的首席专家。2017年由全国经济地理研究会组织编撰出版《中国经济地理丛书》（经济管理出版社）共计40卷，作为"十三五"国家重点出版物出版规划项目资助的图书，目前已经出版15卷。这个时期的主要学者有孙久文、张可云、侯景新、付晓东、姚永玲等。

（9）2019年区域所与国民经济管理系、能源经济系共同组成了新成立的中国人民大学应用经济学院。张可云教授担任应用经济学院副院长，负责区域所工作。文余源、虞义华先后担任区域所所长。这一时期区域所的主要学者有：张可云（中国人民大学书报资料中心主任）、虞义华（区域与城市经济研究所所长）、孙久文、侯景新、付晓东、姚永玲、张耀军、文余源。

区域所区域经济专业目前主要研究方向有：区域经济理论与方法、区域经济政策与产业布局、区域规划、区域可持续发展和区域投融资。区域所的城市经济专业目前设立硕士点和博士点，经过多年的建设，已经成长为全国一流的城市经济专业学科点。目前的城市经济专业方向有：城市经济理论与方法、城市产业布局与城乡规划、城市可持续发展、城市经营与城市竞争力和城市投融资与投资环境评价。

近年来，区域所承担了国家社会科学基金重大课题3项，国家社会科学基金重点课题2项，以及国家社会科学基金一般课题、国家自然科学基金课题多项；还完成了教育部社科课题、北京市社科基金课题、国家发展改革委课题以及各地区的委托课题多项。区域经济专业的教师在完成教学任务的同时，为地方政府制定多个区域发展战略规划，承接了北京、深圳、青岛、成都等城市和河北、山西、安徽、河南、浙江、贵州等省有关市县地区的地方政府的发展规划和专项产业发展的研究课题多项。区域所教师获得中共中央宣传部精神文明建设"五个一"工程奖一项，教育部第三届社会科学优秀成果三等奖1项，首届全国优秀教材奖1项，北京市哲学社会科学优秀成果奖2项，北京市科学技术奖二等奖1项，以及国家发展改革委科学研究奖、中国农业科学院科学技术成果奖等。

目前，区域所有张可云（中国人民大学书报资料中心主任）、虞义华（区域与城市经济研究所所长）、孙久文、张耀军、姚永玲、文余源、刘玉、徐瑛、蒋黎、孙三百、席强敏、卢昂迪共计12位学者。本学科点的教师中，100%具有博士学位，是中国人民大学学位构成最高的学术梯队之一，100%的教师有国外学习的经历。在区域和城市经济研究领域具有雄厚的科研和教学力量，处于国内领先地位。面对开启中国现代化建设新征程的新时期，中国的区域和城市经济专业任重道远。未来区域经济学科主要的研究任务有：在巩固和发展区域经济理论与方法研究的基础上，重点研究区域发展重大战略、区域协调发展战略、主体功能区战略；未来城市经济学科主要的研究任务有：在完善和发展城市经济理论与方法研究的基础上，重点研究中国城市化战略、城市群与都市圈战略、城市经济发展与城市更新等问题。新时期区域与城市经济专业的学生培养目标是：第一，掌握马克思主义的基本理论和专业知识，具有良好的道德品质、严谨的科学态度和敬业精神。第二，掌握经济学基础理论和区域经济学基础理论，具有独立从事创新性科学研究工作的能力。第三，掌握区域经济学全面而坚实的专门知识，培养具有较强的实践能力的区域经济学专业应用型人才。

一个教师且读且行的经历和感悟

周伟林

> **作者简介**
>
> 周伟林，男，1958年4月生，经济学博士，教授，复旦大学城市经济研究所所长，住房和城乡建设部人居环境专委会委员，中国城市科学研究会常务理事，中国城市规划学会区域规划和城市经济学术委员会副主任委员，上海市经济学会理事，海通期货股份有限公司独立董事，海南国际知识产权交易所独立董事。《城市发展研究》（月刊）编委会副主任，《城乡规划》（双月刊）副主编。主要著作有：《城市经济学》《城市社会问题经济学》《企业选址智慧：地理、文化、经济维度》《中国地方政府经济行为分析》《转型时期的工业化》《文化经济学研究》《制度与社会冲突》（译著）等。曾获上海市哲学社会科学一等奖等，主要研究方向：城市与区域经济学、当代中国经济、城市化理论和城乡规划。

虽说还没到人生作总结的时候，但大约想来，自己的大半辈子主要是在做两件事：读与行。

第一件事，读书，展开来就是学与教

高中毕业下乡三年半后，1977年适逢国家恢复高考之际入复旦读书，1980年代在浙江师范大学和省委党校教书，1990年代初回复旦读博士，毕业后留在复旦大学经济学院从事教学研究。

阅读是自小养成的习惯，见到好书免不了会眼睛发亮，至今每天阅读时间平均六小时以上。年轻时爱泡图书馆，拿起砖头一般厚的书一本本浏览，手头宽裕后就一捆捆地买书，藏书近万册。正是读书教书，给自己搭建了一个自由自在的小天地。

做教师独特的人生意义，通过汲取交流、独立思考、创新、传授、学术的传承来体现，它需要借助不断的自我完善来给学生赋能、赋值，从而服务于社会大众。当教师工作经由一批批学生产生乘数效应，家国天下因此而变得美好起来，又是何其幸运！

其实每个教师都是一个路标。常年的教学，形成了问题导向、因材施教的路子。讲课重视培养学生阅读经典和前沿文献，掌握经济学严谨的分析方法，熟悉学科发展动态，强调理论联系实际，引导学生关注和研究中国现实经济问题，注重基本理论训练与学科兴趣培养的深度结合。

比如集聚和胡焕庸线（Hu line）的话题蛮有意思。每年给学生讲区域和城市经济学，基本机制离不开集聚性原理，讲到中国的地理、区域、人口、经济，都要提到Hu line，这已成老生常谈。中国南北有800毫米等降水量线和400毫米等降水量线，加上东西的Hu line，解读中国故事有了很好的结构框架。胡焕庸线刻画了农耕时代的人地比例关系，是人作为动物与环境的对应及平衡，反映了不同区域的土地产出率、承载力。在工业、服务业时代，城市的集聚起到了人口流动和迁徙的作用。交通、公共服务的改善，以及对自然景观、气候质量的重视，将影响人口的流动。在全球化、工业化和城市化大潮下，Hu line发生了哪些变化（总量，结构，机制）？引导学生真正要关注的是这条Hu line在当下和未来究竟意味着什么？

理解中国经济社会，有一些基本的视角可供观察和分析，主要包括：巨型的人口规模；人均自然资源、公共资源的稀缺性及其公共政策的影响；地理和人口分布的胡焕庸线，反映了多种不平衡性；中央—地方关系内涵和机制极其丰富，存在各种组合；两横三纵庞大的城市体系；大国体系，多民族，区域开发、地方竞赛和对口援助；市场推动和国家治理的动态平衡；内需市场与外部市场的复杂结构以及超大规模等。

　　进一步地分析思考行政区划功能演化的内在机制也很有趣。行政区划的变动层出不穷，合并或析出的目的是什么？依据是什么？效果如何评价？在不同的规模、不同的机制之下，城市、区域怎样演化、怎样管理？过往以省、市（地区）范围内整合为主，也较有作为，省与省之间缺乏有效的协调，为什么地市一级行政区划变动有所作为，而省际之间的协调则显得比较乏力？高速公路、高铁、网络等基础设施广泛采用以后，影响最优人口、市场规模、行政区划的因素发生了哪些变化？经济、人口（常住和户籍）与行政区划及其变动的关系是什么？公共服务的均等化如何解决？区域之间的利益怎样协调？需要建立什么样的长效机制？……如此每个话题都好似一片处女湖，任撒一张网下去，总能满载而归。作为教师，视教书育人为天大之事，备课、讲课、课堂讨论、答疑都很投入，也很享受。由于平时积累了大量的研究资料，加上长期的区域和城市调研以及大量的城市产业规划实践，讲课精神饱满，内容博大，游刃有余。我40年里分别给本科生、硕士生、博士生以及各级干部、企业管理者讲授经济学和区域、城市问题，指导了60多名研究生。先后为本科生和研究生开设过城市经济学、城市经济学专题研究、区域经济学、当代中国经济、政治经济学、西方经济学、经济学说史、经济发展理论与战略、长江三角洲地区经济与社会概论等课程，其中有些课程在复旦尚属首开。我讲的城市经济学课程，研究城市为何形成、如何形成、个体城市和城市系统内部的空间分布特征以及空间因素对经济增长的影响，涵盖了诸多城市问题的经济学分析，包括空间分析、住房、交通、劳动就业、教育、贫困和歧视、犯罪、城市政府、城市之间与城乡之间关系以及发展中国家等问题。

　　因为研究和讲课，文字成果也转化为相关的著述出版问世，包括《城市经济学》《城市社会问题经济学》《中国地方政府经济行为分析》《企业选址智慧：地理、文化、经济维度》《障碍与动力：文化经济学研究》等。还发表了百余篇论文和各类文章（代表性论文有：《中国城市化：内生机制与深层挑战》《行政区划调整的政治经济学分析》《中国高新区聚类分析与评价》《基于开发区形成、发展、转型内在逻辑的综述》《企业选址、集聚经济与城市竞争力》《中国村镇的死与生》《区域视角的中国城市化道路：市场推动与国家治理》《从房地产短期政策的实施到长效调控机制的建立》）。比较有意义的工作是带动志同道合的青年学者一起做研究，主编了多种丛书，如：《现代城市经济学系列》（复旦大学出版社）、《城市经济博士文库》（东南大学出版社）、《市场经济热点丛书》（上海文化出版社）。

另外，一些专业研究的副产品产生了外溢。曾在《中国社会科学报》开设"城市经济学系列研究"专栏，介绍城市经济学最新动态和中国城市问题研究热点，圈内评价和社会反响良好；常年在《新民周刊》等刊物发表"特约撰稿"文章；并经常就区域和城市经济发展的有关问题发表见解，文章和采访刊登于二十余种报刊媒体，包括《人民日报》、新华社、《新华社内参》《经济日报》、《解放日报》《IT时代周刊》《中国城市报》《新民晚报》《北京晚报》《联合早报》《中国经营报》《中国证券报》、CCTV"经济半小时"、上海人民广播电台等。

第二件事，热衷于行路

所谓行万里路，乃是用眼耳鼻舌身去感知体悟书里书外的世界，自己走过和生活过的地方、见过的人和事，所见所闻刻录于心，然后成为自己独特的人生经历。行走或驻足，观看景物，体察民情，得到觉悟，突破自己的狭小。金圣叹评《西厢记》的"胸中一副别才，眉下一副别眼"，即易觉之心和发现之眼是标尺。

本人自念博士生期间跟随蒋学模教授、伍柏麟教授去河南等地讲学始，几十年来，访问美国、英国、俄罗斯、法国、德国、意大利、希腊、日本、印度、以色列、澳大利亚、巴西、南非、埃及等国大学、企业和政府机构，进行学术交流或游学参观。或讲演，或做课题，或实地调研，或做访客，日积月累，走遍了中国所有的省、自治区、直辖市和特别行政区，包含近400个城市以及不少的县城、乡村（其中有固定调查点）。平时喜欢钻城乡的角角落落，无非是想不断地将国土空间和人文景象印入脑海，催化成胸中丘壑、万千情愫和事实经纬。

20世纪90年代，国内博士尚属稀罕，行走中常有机会与政商各界接触交流。这其中包括与时任国家领导人和各地政府部门主要负责人座谈交流，话题涉及宏观经济、产业政策、城市-区域发展等。还专门较长时间去了鞍山、郑州、拉萨、金华、绍兴、镇江、南通、六安、东莞等地，与地方领导深入探讨城市规划建设和地方经济发展。

作不少专题研究、规划实践和政策建言的经过也值得记录。主持并完成多项国家和部委的纵向课题研究，如国家社科项目"县级经济地位及其作用机制研究""中国城市化模式的演化路径：评述及其展望"，教育部人文社科重点研究基地重大项目"新时期中国城市发展的投融资模式创新研究""中国的城市化道路：市场推动与国家治理""长三角城市群经济与空间协调发展研究"，住房和城乡建设部"《城乡规划法》实施评估"，中国城市科学研究会"我国经济发展趋势与城镇化道路研究"等。参加住房和城乡建设部课题组"'十二五'城镇化战略研究"课题，参与设计和调研，与张勤、王凯等出版了《"十二五"中国城镇化发展战略研究报告》；此外，参与编写了仇保兴副部长主持的《中国房地产调控政策研究》一书及住房和城乡建设部项目"中国低碳生态城市发展指南"等。

同时，主持完成了二十多项地方横向课题研究。比如各地都想学硅谷要搞创新之城，20世纪90年代上海市政府立项（上海市科技发展基金项目"硅谷、新竹与上海三地发展相关性研究""国内外高科技园区比较研究")资助我去作硅谷、新竹两地的研究,对它的整个社会族裔网络、创新网络和环境作调研,跟当地诸多公司、机构、大学做了深入交流,基本上有一个判断,如果缺少如此这般环境和氛围,你想做创新几乎不可能。这是很有研究价值的标本。此类项目还有金华市政府委托课题"金华发展战略"、广安市政府委托课题"广安市产业发展研究"、六安市发展和改革委员会招标课题"六安市生态文明建设规划",以及多年深耕上海尤其是浦东,做了多个类似上海张江(集团)有限公司"张江新一轮功能定位思考"的课题。同时,与复旦规划建筑设计研究院、同济城市规划设计研究院等单位合作,做了若干城市发展战略和产业规划。做这些课题,虽花时费力,但参观调研、走访座谈、对话交流,每一步都很充实,紧扣实际,为地方发展探险指路,兴趣盎然,不亦乐乎!

区域和城市研究是应用学科,强调理论与实际结合,重视第一手的信息和实操的经验。在读博和教书的同时,精力旺盛,有大约十年创业和企业管理的丰富经历。先后参与创办了一家基建投资集团股份有限公司,任董事、常务副总裁;上海市互联网创业投资有限公司(国家火炬互联网创业中心),任董事、CEO;以及与经济学家杨小凯等几位境内外股东合办的投资咨询公司,任董事长。现在还兼任两家股份有限公司的独立董事。因此对股权投资、收购兼并、BOT、项目投融资、改制、公司治理有较深研究和实盘操作能力。

除了创办复旦大学-全国市长培训中心城市经济研究所,任所长外,还担任住房和城乡建设部人居环境专委会委员、中国城市科学研究会常务理事、中国城市规划学会区域规划和城市经济学术委员会副主任委员、上海市经济学会理事、上海市规划委员会专家委员、全国经济地理研究会理事、《城市发展研究》编委会副主任、《城乡规划》副主编等。

关于城市问题的几个观察思考

（1）基于对日常社会经济活动观察，我们会问：在这个世界上，为什么有的城市和地区充满活力，有的却陷入萧条？为什么有的城市和地区在全球化中可以产生影响力，有的却默默无闻？为什么有的城市和地区能吸引企业、居民纷纷前往投资和落户，有的却面临企业撤资和居民搬离的命运？为什么人们对一些城市和地区充满了向往，而另外一些则少有人问津？

研究城市离不开读城，读什么？怎么读？如何行？看什么？读与行的关系又如何？自己估摸了一套阅读城市的方法，包括：①寻源。了解城市产生的促因和条件，以及城市的地理位置、水、交通、贸易、防卫、资源、宗教。可按区域分：亚洲、欧洲、美洲、非洲等；城市演化可按学科作分类比较，如经济史、贸易史、移民史、科技史、宗教史、艺术史、建筑史、灾害史、战争史、城市事件等不同视角。②俯瞰可得到全局和总体把握。飞行或登高，远观气势，近观其质。地理地貌、地势特点、形状、周边关系、布局、中轴线、主要建筑、道路、区域了然于胸。③走动，观察，织网。通过街巷、广场、节点、天际线、公共建筑、社区、标志物、色彩、主要游览线、市内交通（步行、骑行、公交或地铁），感受城市空间的紧凑与松散，平与坡，曲与直，点线面，新与老，穷与富，精致与简陋。④体验特色，把握人文尺度。从气候、服饰、风味餐饮、小吃、本土建筑、景点、有故事的地方着眼，体验城市的大与小（人口、建成区规模），多与少（如设施景点、就业岗位、生活方便与否），快与慢（节奏），稳定性与变异性，冷与热，干与湿，紧张与放松，包容与排外。⑤活力判断。需多交流、观察，有若干因素可资分析：影响力，知名度，多样性，族群，社交圈，知名人物，重要事件，机构，产业，通勤，安全感，商业活力，夜市，就业，人口导入或流出。

（2）我在研究城市时喜欢思考城市基因与城市演化的关系。众所周知，人、动物、植物的基本构造和性能都是由基因支持的，基因有物理性和信息性两个最主要的属性，物理特征是载体，信息则通过一些精密的机制利用遗传密码DNA来复制自己。而城市也有自己独特的基因。我们怎么阅读、了解一个城市？可以有很多视角，从产业结构、建筑、生活器物、艺术品到饮食、语言、传说，从这些东西所留下来的遗传密码中去解读这个和那个城市之间不同的东西。

一般来说，城市都有基因底图，但在历史进程中又在不断地演化，有新生，有死亡，有维持，有转型，有扩展，有收缩。应该如何看待城市基因DNA的复制以及基因编辑（规划）？如何寻求突破之道呢？一个城市越是开放和包容，就越是可能有多样性和创新。大卫·哈维认为城市的正义应包括社会正义和空间正义。中国目前大多数城市治理都是在政府组织和资本参与下进行的，社会协同较弱，公众参与不够，如此很容易导致城市空间的不公，如空间的剥夺与隔离、弱势群体的边缘化以及公共空间的过度资本化。我将此类研究称之为"城市批评"，犹如人们熟知的艺术批评，也可以有包括芒福德、列斐伏尔、雅各布斯、格莱泽等空间批评在内的多种方法。

（3）中国的城市化之路究竟应该怎样走？中国城市化的路径、机制是什么？之前的做法有什么成绩？又有什么问题？中国作为人口大国，如此大体量的城市化，对全人类的未来有怎样的影响？无论如何，中国城市化采取什么模式和道路，对市场、对环境、对国际关系都会产生巨大的影响。因此，研究中国城市化包括相应的观察和批评，都要放在"发展和转型"这样一个大的演化框架下去考量。怎样走好城市化的下半场？要靠经济转型和改革。而破解城市化的改革难题，现行的土地和户籍管理制度、财政体制、官员考核体制困境是绕不开的障碍。进一步地，城市化的动力如何持续？城市化动力来自市场的决定性作用和政府的规划、治理功能，并由两者协整产生的合力。这需要创新政府激励机制的设计和考核,区别不同地区的情况和发展条件,实行多元的发展战略,鼓励各城市-区域发挥集聚效应,促进区域平衡,推动制度创新和增加公共服务,在推进方式上实行市场、政府与社会力量的结合。

(4) 人们习惯于用"物"的视角理解城市,根据内容而非过程下定义,关注其规模、密度和异质性。由于城市所具有的复杂性,可以将其视为一个通过城市网络关系运作的经济发展、人口集聚和社会关系变化的过程。这种城市性的过程对于创新与知识传播促进作用极大,如芒福德所说,"动员、融合和扩大"是"城市的特有功能,它只存在于城市之中,是城市的历史渊源及其独特的复合结构的产物"。

同样,必须清醒地认识现代化存在的双重性。人们容易认同现代化积极的、强大的一面,但还需关注其消极、脆弱的另一面。这种脆弱性涵盖了技术、基础设施、制度及管理等方方面面,内生于其系统性、复杂性的结构,它的整体和不可分割的特征,往往造成牵一发而动全身的效果。现代化是一个复杂性范式演化的过程,实质是自组织主体的多元化与排斥中心控制。由于人流、物流、资金流、信息流的快速运转,不同体系之间交叉、渗透、溢出,从一个体系到另外一个体系的传递,形成放大和加速机制。

今天所面对的国家治理底板已然发生变化:更发达的经济、更开放的市场、更不平衡的财富、更多样的文化、更高密度的集聚、更便捷的流动、更迅速的信息传播……这一切叠加在一起,使我们身处一个高度不确定的复杂巨系统。发达是一种进步,但需要更高成本支撑和更高治理能力维持其新的秩序。如果成本和治理出现短缺,各种各样的风险和灾难就会不可避免地发生。

(5) 城市规划多美好想象。城市空间业态除了受产业升级、技术(如互联网、交通)和消费者需求偏好改变影响之外,政府规划和管治的作用十分巨大，往往是为了便于管理而限制了活力。一边是整齐划一（好山好水）好无聊，一边是市场自发（好脏好乱）好快活，两者如何平衡？城市要有颜值，可用来看，但更是用来生活的。许多城市图片或宣传往往是尽可能美化的，其实真实的城市都有其阳面与阴面，只是人们不愿接近那些拥挤驳杂令人窒息的角落和暗巷。我一直觉得，比较机场、高铁站、市政府广场、CBD这些城市的客厅，全中国都差别不大，但是由客厅出发，任选一个方向，走出几个街区，或者车行一两个小时，再来测算一下发展指数，那才是真正的问题所在。

国民经济产出的要素中，资本有机构成逐步提高，劳动者参与财富创造和收入分配的比例在下降，资本集中和集聚在加剧。更加严峻的是，智能机器人时代的到来，如无人驾驶、无人超市、网上商店、移动货币收支、电子政务、智能制造等等，几乎没有一个领域幸免于智能机器人对劳动者的替代。未来人工智能时代的生产关系以及经济社会–空间关系是一种什么样的状况？

然而，今天大部分的城市规划和建设仍然停留在工业时代，大部分的城市执政者和规划者也是如此。他们仍然希望能够通过大规模地投资基础设施、通过税收政策来吸引公司入驻以达到发展经济的目的。而真实的情况，应该是公司在跟随着人力资本的移动而迁徙。

马克思曾经说过，蜜蜂建造蜂巢的本领使许多建筑师相形见绌，不过建筑师从一开始就比蜜蜂高明之处，是建筑师在筑房之前已有了自己的设想。人类是根据自己的思想去改造世界的。目前，中国正经历数量和质量双重快速的城市化过程，如何践行这个历史性的机遇和使命，审时度势，大家都有不可回避的责任。而我们对城市的研究，应建立在对制度、市场、技术、环境乃至人性的深入探究基础之上，对人民负责，对历史负责，努力地去推进城市的可持续发展、社会福利和善治。

地理视角的中国特色城市科学

樊杰

> **作者简介**
>
> 樊杰，男，1961年3月生，博士，研究员，中国科学院可持续发展研究中心主任、中国地理学会会士。长期从事综合人文地理学的科教工作，在地域功能理论、空间"双评价"方法、主体功能区划应用等方面取得创新性和系统性研究成果，成果发表在 Nature Energy、Progress in Human Geography、Earths Future、《科学通报》《地理学报》等学术期刊上。主持全国主体功能区划、国土空间规划双评价技术规程和城市群规划技术规程、灾后重建资源环境承载力评价、京津冀都市圈区域规划、广东国土规划试点和福建空间规划试点等重大规划研究和试点项目。获中科院杰出科技成就奖、中国城市规划学会领军人才奖、中科院和全国优秀科技工作者等称号。是全国政协常委、国家"十一五"至"十四五"发展规划专家委员会委员、全国国土空间规划专家组成员、全国新型城镇化规划专家指导委员会委员，曾任中国城市规划学会区域规划与城市经济专业委员会主任、中国城市规划学会副理事长，现任中国城市规划学会监事、中国地理学会国土空间规划研究分会主任。2007年在中央政治局集体学习上就"区域发展"作讲解，2021年在习近平总书记主持召开的"十四五"座谈会上建言资政。

进一步加强自然科学与社会科学的融合，提高学科的综合性、集成性，是提高治理能力和治理体系现代化的重要着力点，也是我国自立自强的科技创新战略的重要组成部分，城市科学应该是这样的一门学科。

一、全球综合性科学发展态势与中国不足

人类已经进入到自然和人类社会高度融合的发展阶段，并且人在其中发挥着越来越重要的作用。可持续发展目标的提出极大地推动了全球综合格局发展的进程。地学研究推出了地球系统科学，自然科学联盟会和社会科学联盟会已经合并在一起了，因此自然科学和社会科学的分界不存在了。名为"Futurearth"的重大工程解决自然科学和社会科学的融合，解释全球到国家到地方等不同尺度的可持续发展，可作为实现研究成果和决策应用的结果。这个计划不断围绕人类现在面临的可持续发展问题，来建构具有高综合性的科学的架构。与此同时形成了可持续性科学，比如在美国主要的名牌大学里，可持续科学成为重要的新兴研究方向。

以复杂系统为研究对象的综合性科学涌现是21世纪全球科学发展的主要趋势之一。区域科学研究针对区域发展和区域规划应用等主题，从自然科学、大气科学、水科学、经济科学等不同视角、维度来对区域发展和规划予以贡献。比如，大气科学对区域发展贡献到一定程度后逐渐会从大气科学里面分裂出一个子学科，即区域气候学，所有以"区域"为头的学科组成了区域科学（图1）。未来科学是在综合架构的基础上，基于最基础的学科体系所叠加的综合集成。综合的集成是未来区域发展和规划作为应用技术科学的基础。城市科学由三个层级共同构成，一是基础科学，比如区域科学里面的大气科学、水科学、社会学和经济学。二是应用基础学，比如区域科学。三是应用学，例如区域发展与规划。

以德国为例，其国土空间规划专业设计与我国的工科和理科院校相关专业设置最大的区别不是在第二、三、四个板块的学科设计上，而是在第一个板块（图2）。德国的国土空间规划专业中最重要的是科学知识，这包括城市与区域经济学、城市与区域社会学、国土空间规

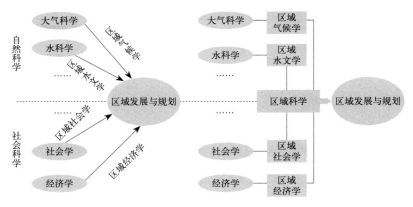

图1 区域发展与规划学科群的建立

德国统一的教学大纲建议在大学的国土空间规划专业开设四大类型课程

一、规划理论基础方面的课程，其中包括：
——城市与区域规划理论
——聚落发展、城市设计和国土空间规划的历史
——城市建设史，城市古建筑保护
——城市与区域经济学
——城市与区域社会学
——国土空间规划中的生态学基础
——国土空间利用理论，包括区位结构理论、国土空间综合利用及基础设施体系理论
——国土空间理论，包括城市空间布局理论、非建筑空间与景观设计理论

二、规划制度与规划政策方面的课程，其中包括：
——国土空间规划体系与区域政策
——城市发展规划和土地利用规划
——城市分区规划和小区规划
——规划法规、环境法规和土地制度
——控制性详细规划和小区开发规划
——房地产政策与房地产规划
——产业规划和劳动力就业规划
——景观规划和环境规划
——基础设施规划，包括交通、能源、电信、给水排水以及废物处理设施规划

三、规划方法与规划技术方面的课程，其中包括：
——统计学和数据分析方法
——规划图制作技术
——科学论文写作方法
——规划过程组织、调控与协调技术
——规划决策方法
——社会实证研究方法
——地图与航片判读
——计算机数据处理

四、规划实践实习方面的课程，其中包括：
——专题研究性学习，对不同规划中的一些具体问题进行分析和评价
——城市规划设计图方面的训练，包括绿地及广场设计
——规划和设计实习

图2 德国大学国土空间规划相关专业的建议课程

划和生态基础等一系列涉及国土空间所需要的自然科学和社会科学的基础。从规划学人才的培养以及学科建构角度来说，我国在人文和自然结合体系的制度性安排、结构性安排方面极其欠缺，而国外都以城市科学和区域科学作为学科的重要支撑。

我国自然和社会科学二元结构的科技发展战略，成为现代复杂性研究、解决重大可持续发展问题的障碍。目前来看，科技滞后于社会

经济发展需求，这依然是我国科技发展的主要态势。科技研发，特别是原创性的成果积累与需求之间存在很强大的落差。在我国科学文化里，理优于工，甚至优于文，这是文化层面基本取舍的逻辑关系。社会科学应该更加本土化，但是我国社会科学的能力不够。在哲学思想上，系统观、整体观还比较欠缺。在科技管理上，战略谋划、精心管理两个方面都比较落后。我们自然地理学和遥感与GIS领域的院士最早发表的代表性学术作品都有社会科学的重要内容，但随着过分强调社会科学具有阶级性，使得这些人放弃了社会科学领域的研究，转向纯自然科学。研究地理与文化关系的任美锷院士撰写了《建设地理新论》，而"建设地理"是苏联支撑区域规划最重要的应用性科学。由于国家自然科学和社会科学割裂，强势和劣势的对比关系，使科学家、学者、社会文化，乃至项目支撑、组织方式都存在两个系列。社会科学需要金钱方面的投入较少，更多是开展思想方面的研究，而自然科学则需要大规模的项目支撑与系统化的工程设计。这是一个谬论，由此带来社会科学方面研究的相对滞后。

钱学森先生对复杂性科学提出他自己的认识。地理科学是现代科学技术体系十大部门之一，科技体系以应用基础和应用方向为主导。他强调，地理科学是一门研究区域或者说是空间开放、特殊的复杂巨系统的科学，所以需要自然科学和社会科学的交融，是交互的科学。必须以地球表层科学为基础，以空间布局规划为应用，形成完整的学科体系。因此，要研究城市科学，首先应该学习复杂性科学研究，要遵循基本研究方法论的框架，结合城市科学的特点，然后进行系统性、深入性的研究。

二、地理视角的城市科学重点领域和关键问题

傅伯杰院士认为地理学发展经过了一个严格的历史发展变化过程（图3），从早期刻画地球有什么地方、有什么事物的地理哲学描

述,到最后阐述这种格局形成的原因。他认为解释原因是解释变化的动因,而现在重点是把人与自然的耦合研究作为现代地理学发展的前沿方向。未来地理学应该服务于可持续发展,通过对人和地系统的模拟,来对未来优化提出系统方案和系统方法论。钱学森先生提出把地理学应用于空间规划,而空间规划中城市一定是一个重要的类型,傅伯杰院士与钱学森先生的思想不谋而合。

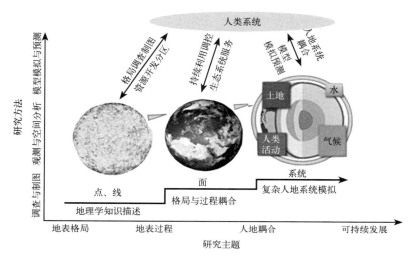

图3 地理学科发展历程演变
(资料来源:傅伯杰)

从地理学理解城市科学有四个重点的问题:一是可持续的城镇化,二是城镇化的区域模式,三是国土空间体系中的城镇空间形态与空间结构,四是城乡地域功能和地域系统。

(一)可持续的城镇化

可持续城镇化分三个阶段,一是起始动力的认知,二是对城镇化过程的认知,三是对结果的认知。地理学研究有三个命题,其实是要看城镇化动力条件是否发生变化,及其产生变化的背后原因。我国城镇化的最高水平应该达到多少?首先需要清楚地解释中国城镇化的动力是什么，以及这种动力可能导致的结果。如果对动力条件没有准确地把握，可以通过参照已有的城镇化规律和国外的城镇化历程进行模拟，来对未来城市化进行预测，但是已有的城镇化和国外的城镇化不能照搬到中国的城镇化过程当中。研究可持续发展是把可持续化和自然承载力之间的相互交互作为重要关系，结果是看发展的质量。

城镇化动力条件已经发生了很大的变化，从产业分工到产业融合，从经济收入到综合效应，从设施差距到特色不同。从产业分工转变到产业融合上，劳动产生了地理分工，人类的第一次劳动分工产生了市场，第二次劳动分工产生了手工业。把产业分工在空间上进行表达就出现了不同的地域功能，比如乡村和城市。生产方式和生产功能是相匹配的，产业融合是一个趋势。从经济收入转变到综合效应上，城乡巨大的收入差距导致人们进入城市就业，获得更多的经济收入。当城乡收入差距达到一定程度时，乡村和城市除了经济收入外的社会收益、生态收益所形成的综合效益会产生动力条件。从设施差距转变到特色不同方面，未来可能是城乡特色的不同。未来城市化的动力条件是真正意义上的城市化在空间上继续推进其价值所在。

持续过程的变化是承载力的过程。通过过去的分析表明，我国超载有两种类型。一是自然条件本身的超载，主要表现在我国水资源超载，华北、西北以及干旱地区广大区域和城市水资源的超载。另一个超载类型是容量的超载，主要发生在我国的中心城市、都市圈。城市化水平越高，环境质量超载表现的程度越强烈。环境质量的超载原来是大气、水共同超载，通过治理大气超载后基本得到很好的改善，但是水环境超载依然需要很长时间恢复。如何适应未来，增强城市的自然生产力，实现城市的可持续发展，成为大家共同关心的一个问题。在气候变化上，可从改造人类的自然工程上进行考虑。另外一方面，从技术上进一步提高资源利用效率及减少污染物排放，扩大生产力。一般情况下，大尺度的做法主要是通过调水以解决水资源的短缺问题。中尺度上是通过环境、区域性的治理释放容量。小尺度上是通过工程、土地的整治，提高城镇化的承载力，如填海、围湖、造田。

现在的承载力对未来的压力更大，主要的压力在于地球有一个增长的边界。现在地球增长边界已经超载，土地利用也已被认为达到了地球的极限。现在任何一个城市对资源的占用就会使得全球超载更加恶化。中国的现代化是14亿人的现代化，中国要达到现代化，必须转变城市的发展方式。这种方式不是设置简单的资源环境上限，看它是否超载，而是提升底线和门槛，要让城市在资源环境的容量范围内获得高质量发展。这种发展模式和方式是真正意义上符合生态，符合城镇化未来发展可提供的基础。

第三是结果，城镇化是不是等于现代化？ 通常我们认为城镇化是现代化的必由之路，但两者也并不是等号关系。世界人类发展指数和世界城镇化水平并不完全匹配。在西欧和北美基本上匹配，但是俄罗斯、南美洲和非洲等地不完全匹配。不完全匹配意味着城镇化高的地区不一定会获得同样高值的人类发展水平，城镇化存在质量问题。低水平、低质量、不健康的城镇化仍在推进，其背后的动机是什么？对动机的解释有助于在最核心上进行突破来实现城镇化的推进重点。存在的动机应从起始条件、过程以及结果来进行考虑。

党的二十大报告指出，高质量发展是实现中国式现代化的一个必由之路。高质量发展要求经济、社会、生态效应同步同向，经济、生态和社会三个曲线合成一个曲线时，其集成曲线是稳步增长的（图4）。但问题在于不同区域背景的存在，有城市化地区、农业地区；城市又有不同的类型，如旅游型城市和工业型城市，其发展模式均不一样。到2050年，无论哪一种城市，未来发展的重点应该一致。2050年，我国经济发展和综合效益的水平达到了一个均衡点。党的二十大也提出要求，到2050年，城市、区域，包括人民生活水平要实现基本均衡。

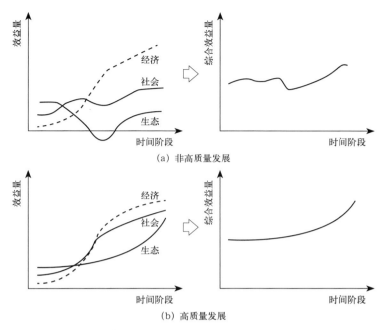

图4 高质量发展的内涵要求

要实现高质量发展，需要研究不同类型的城镇达到均衡点的路径。生态地区和城市化地区要达到均衡的必要条件是生态比较优势，要有价值化收益。未来政策改革的重点是如何健全绿水青山转化成金山银山的机制，这样才能在承担生态保护的同时，能够在2050年与城市化地区达到发展综合效益，达到经济发展水平基本均衡。

（二）城镇化的区域模式

我国区域发展模式存在差异化。中国的自然条件各异，不同区域承担不同的功能。每个地区在可持续发展的大系统中合理地发挥自身功能，从而实现整体可持续发展效果最佳的模式，不能全国各地都片面追求城市化和GDP增长。

如果将全球的城镇化看成是整体板块，它的支撑是不同层级的中心城市，或是都市圈、城市群，它们在不同层级里发挥功能，随着国土空间体系层级的变化而呈现的一种变化过程是结构规模。这样的过程中心性主要体现在服务功能上，未来中心城市、都市圈、城市群在大的区域板块中发挥创新中心、交流中心、金融中心等三种中心功能。这是欧盟研究提出的三个中心的思想，这三类中心可以构成对全球、地方和区域具有影响的中心城市功能，形成这样的功能需要认识国家发展的整体格局。城市所能具有的比较优势，能承接的功能，包括科研院校、产业、人才等方面的区位布局，要和城市形成的空间区位进行耦合。

党的二十大报告多次提到了"布局"。人文地理学提出的15个布局研究重点，与党的二十大报告提出的13个重大布局形成了对应关系，这说明我们的研究具有一定的前瞻性（图5）。这些布局不需要新理论，比如重大生产力布局、国有经济布局、基础设施布局、外交布局、国防安全力量布局、国防科技工业体系布局。未来做城市科学研究，首先要抓住布局，分析这些布局的区位指向及其变化。城市是为布局提供载体的，城市规划要有适应性和前瞻性，就需要研究布局的偏好，使城市在载体中发挥应有的功能和作用。

1. 人地关系地域系统的功能、结构和尺度效应	☐ 加快国有经济布局优化和结构调整
2. 高质量发展的区域模式	☐ 优化重大生产力布局
3. 现代空间治理机制与途径	☐ 构建优势互补、高质量发展的区域经济布局和国土空间体系
4. 大数据环境下的区域分析与辅助决策系统	
5. 全球化新趋势对中国经济布局影响研究	☐ 优化基础设施布局、结构、功能和系统集成
6. 重大生产力布局原理的研究	☐ 统筹乡村基础设施和公共服务布局
7. 完善经济地理学理论方法与新分支	☐ 促进优质医疗资源扩容和区域均衡布局
8. 流空间与交通运输网络	☐ 完善外交总体布局
9. 新型基础设施布局与影响	☐ 优化区域开放布局
10. 人口地理学回归与复兴	☐ 优化国家科研机构、高水平研究型大学、科技领军企业定位和布局
11. 新型城镇化过程和空间格局	
12. 现代空间治理机制与途径	☐ 完善人才战略布局
13. 食物安全空间与新农村地域体系	☐ 促进人才区域合理布局和协调发展
14. 社会文化地理研究体系	☐ 完善国家安全力量布局
15. 全球战略格局重构的地缘政治基础	☐ 优化国防科技工业体系和布局

图5 未来15个人文地理学重点研究方向与国家布局关注要点

（三）国土空间体系中的城镇空间形态与空间结构

城市群形成是因为早期城市间存在空间适宜性和邻近性，随着城市规模的扩大以及郊区化，城市间的边界发生了融合，形成空间上的一群城市。城市群交通设施整治，未来区域创新中心如何进行建构，还有大尺度上中国空间结构和区域大格局未来的变动和分析，都是需要进行研究的。把城市放在区域的格局中，首先看区域格局如何变动，然后再看区域格局发挥的作用，而城市在区域格局中发挥骨架的作用。

未来的城市科学一定是建立在开放的体系下，而不是把城市科学建立成封闭的科学。最好能提炼出空间结构模型，特别是理论范式。一定要提炼出科学规律，这才是我们科学研究的真理，也是我国城市形成有序结构的重要理论法则。

（四）城乡地域功能和地域系统

城乡差距大的区域大多是欠发达地区。解决中国的城乡差距只能在发展中解决，未来缩小区域差距的核心是从功能上解决。产生差距的原因是功能的不同，解决根本依然是在功能上。

从需求维度上来看，人不仅需要城市化，也需要乡村。比如，一个人在创业阶段时希望在城市，也许变老的时候希望在农村。在社会发展的高级形态中，这种流动也成为常态化流动。有些人喜欢城市的热闹氛围，有些人喜欢农村的田园式，因此一定要理解人的需求结构。在这过程中，需要考虑的是不同的城和乡在满足需求时要扮演什么角色。由于扮演的角色不同，城市和乡村当然就不能采取同样的建设方式，因为要满足人们多样化的需求。

立足供给，由于产业融合和人类需求的变化，农村和城市空间带来的供给功能在未来会发生改变。如人们希望更多交流，交流的需求使乡村不只是粮食产品的供给地，同时也应兼顾郊区旅游与城市人际的空间载体，使乡村和城市融合发展。

三、结语

中国式现代化呼唤着中国自主创新的城市科学，我国的城市科学一定是中国特色的科学体系。从过去多学科集成研究发展过程来看，过去的研究特别注重基本要素的重构，而不是结果的集成。因为影响未来城市或区域布局的各种活动，主要集中在各种要素层面上。探寻哪个要素的短缺、哪个要素的优势会导致哪种现象，这是在要素层面上，不是结果层面上。这是多过程相互作用的综合，而不是格局里简单的分层。问题导向和目标导向应该是五位一体统筹，而不是简单的指标解耦和分裂。

城市是一个复杂的、开放的、特殊的巨系统，城市科学是研究复杂性系统的一门前沿且交叉的科学。中国式现代化和中国特色新型城镇化不仅亟需城市科学，同时也为建构自主知识创新科学提供了条件。

从台海到青海
——我的区域规划拾萃

沈迟

> **作者简介**
>
> 沈迟，男，1962年7月生。国家发展和改革委员会城市和小城镇改革发展中心原副主任、规划院院长，中共十七大代表，教授级高级城市规划师。1984年毕业于南京大学城市规划专业，同年分配到中国城市规划设计研究院工作，曾任总体规划所规划师、工程规划所副所长、院副总规划师。从事城乡规划30余年，先后参与和主持了几十项规划编制项目，包括南海市城乡一体化规划（1995年）等。主持国务院确定的两座科技城（杨凌、绵阳）的总体规划。曾获全国优秀城市规划设计项目奖，获"全国建设系统先进工作者""全国先进工作者"荣誉称号。

我的规划师职业生涯当然得从1980年代算起。

1980年代是一个万物复苏的年代。在1979年，720万上山下乡的知识青年比当年他们下乡时更加急切地潮水般地涌回了他们当年出发的城市，据统计这以后还有300万人陆陆续续回到城市。青年人被唤醒，城市被唤醒，城市经济也在被动地和主动地唤醒。青年要就业、城市要发展，城市规划也越发受到重视。从1982年开始，恢复高考制度以后第一批城市规划专业的学生走上工作岗位。社会上也举办了许多城市规划培训班，培养了大量城市规划专业人才，一定程度上弥补了专业人才的缺口。与此同时专门针对城市规划的研究也活跃起来，区域是城市发展的基础，必须要用区域的眼光来看待城市，城市规划要在区域规划或者区域城镇体系规划的基础上开展成为城市规划界的共识。

其实早在十一届三中全会之前的1978年3月，国务院就召开了第三次全国城市工作会议，制定了《关于加强城市建设工作的意见》，强调城市在国民经济发展中的重要地位和作用，提出"控制大城市规模，多搞小城镇"的城市发展方针，要求认真作好城市规划工作。1984年1月，国务院正式颁布了我国城市规划建设管理的第一部基本法规《城市规划条例》，提出城市规划是"对一定时期内城市的经济和社会发展、土地利用、空间布局以及各项建设的综合部署、具体安排和实施管理"，规划开始从"计划"框框里头走出来，要发挥参与决策、综合指导的作用。

作为地理学背景的城市规划专业学生，1984年我被分配到中国城市规划设计研究院工作。那一年，中国城市规划设计研究院大量招进了清华大学、同济大学及重庆建筑工程学院、武汉建筑材料工程学院等建设系统"八大院校"的毕业生，也招进北京大学、南京大学、中山大学三所著名大学地理系经济地理专业的学生。我们南京大学毕业证书在经济地理后面还专门有（城市规划）几个字。进入中国城市规划设计研究院我被分配在总体规划所，有机会参与了区域规划工作。

一、湄洲湾区域城镇体系规划（1986年）

1980年代中期，各地方都在探索改革开放发展经济的路径，福建提出的口号是"念好山海经"。而开发天然良港湄洲湾从孙中山的《建国方略》就提出过，当时也成为福建省沿海开发战略的重点。1985年由福建省计委组织编制《湄洲湾区域国土规划》，而中国城市规划设计研究院则承担了"湄洲湾区域城镇体系规划"的任务，这应该算我参加的第一个正式的区域规划了。虽然《城市规划条例》里有城市规划要根据"区域规划"布置"城镇体系"的用词，但湄洲湾区域跨莆田和泉州两个地级市，没有一个市的规划能够涵盖全部湄洲湾区域，而当时编制的"国土规划"显然也是属于"区域规划"，因此将这次工作归到区域规划比较合适。

1980年代中期的中国刚刚对外打开大门，人们对外来的一切思潮充满了好奇，各类思潮你方唱罢我登场，令人目不暇接。国际上，里根-撒切尔主义大行其道，似乎一切交给市场都能解决问题。一些传统意义的大公司被拆分或陷入困境，如美国的贝尔AT&T被拆分，而戴尔、思科以及IBM等后来的明星企业刚刚诞生。国内，由于国有企业在争夺生产资料方面的能力远不及乡镇企业，于是国家实行价格"双轨制"以保护国有企业，结果是国有企业没有因此获救，倒滋生了"倒爷经济"，各类经济主体无序竞争。而在福建湄洲湾旁边的晋江，更是发生了震惊全国的"晋江假药案"。在此背景下，福建省规划先行，抓湄洲湾开发建设更凸显政府的意志和作为。

为作好这项规划，院里专门把李迅同志从深圳规划编制组抽调到福建，领导项目组。我们十几位同志在当地待了几个月，充分了解湄洲湾自然和人文禀赋，以秀屿、肖厝、东吴不同的岸线和腹地条件为基础，提出"三足鼎立"的布局及各自的分工，秀屿发展临港工业、肖厝发展石油化工、东吴发展电力或者钢铁基地，进而产业带动城市、城市带动区域，对地区的工农业生产、旅游以及基础设施建设都进行了规划。

1982年城乡建设环境保护部成立，欧美现代城市规划的思想被全面介绍和引入，各地相继开展了一批城市规划的编制。大家都在学习、探索城市和区域规划的理论、方法。《湄洲湾区域城镇体系规划》作为《湄洲湾区域国土规划》唯一独立成章、单独印刷的部分，还是显得非常有分量的。虽然当时作规划，许多知识也是现学现用，不过"三足鼎立"以及基本分工、湄洲岛的旅游，到现在都已经实现了。尤其是这个规划对当时统一编制的《湄洲湾港口城市总体规划》起到了支撑作用，这也算是在当时那个时代背景下对历史的贡献吧。

二、黄山市市域规划（1990年）

1980年代末到1990年代初，费翔"冬天里的一把火"火遍了神州大地，人们寄希望于有改革精神、敢做敢当的企业家改变这个社会，也出现了步鑫生、马胜利企业改革的失败和成功来得同样快的企业家。那个年代几乎所有人都渴望创业，有一句顺口溜"十亿人民九亿商，还有一亿在路上"。这一时期乡镇企业得到了空前的发展，但是城市国有企业的改革仍然举步维艰。当时有一种说法叫作经济体制改革也要走农村包围城市的道路，乡镇企业先改，有了成功经验，再推广到城市的国有企业。面对乡镇企业工业产值几乎达到全国工业总产值半壁江山的局面，怎样看待中国城市化的未来？城市和区域规划又应该怎样应对？那些年实践层面还鲜见探索案例，因为城市与区域规划本身还没有一定的"章法"可遵守。直到1990年4月《中华人民共和国城市规划法》正式实施，给城市规划工作提出了明确的要求。

1987年国务院撤销徽州地区设立地级黄山市。1990年地级黄山市的第一版总体规划由中规院承担编制任务。

现在舆论上有很多人认为"徽州"二字有深厚的历史文化，"黄山"只是一座名山的名字，安徽舍弃了徽州得不偿失，当初撤"徽州"设"黄山"错了，甚至认为应该恢复"徽州"设市。

当初在编制规划时地级黄山市首任市长季家宏先生给我们介绍了背景。他说黄山是安徽最著名的国际旅游名片，但是外国也包括很多中国人不知道黄山是哪儿的，认为黄山是浙江的人相当多。因为当时有一条国际旅游线从日本飞到杭州，当天乘坐旅游大巴就可以到达黄山住宿。设立地级黄山市是为了更好地发展旅游尤其是国际旅游，这在当时外汇还很短缺的年代还是很重要的。当然由于原来有一个县级黄山市（在黄山市北面由太平县改市），他们不愿意放弃黄山二字，就只能叫黄山区了。而真正的黄山又是黄山风景区，不可能改成别的名字。这样就出现一个地方既有黄山市（地级黄山市，驻地屯溪），又有黄山区（在黄山北面，原县级黄山市），还有黄山（风景区），我记得从屯溪出发到黄山的入口汤口镇77公里，到黄山区122公里，弄得很多人晕头转向，意见很大。而原来的"徽州"地名，只能给了由原新四军军部所在地岩寺镇改成的区，成为"徽州区"。

因此虽然《中华人民共和国城市规划法》里明确的是"设市城市和县级人民政府所在地镇的总体规划，应当包括市或者县的行政区域的城镇体系规划"，但黄山市还是根据实际需要编制了《黄山市市域规划》。当时的评审专家也很实事求是，没有机械地按照《中华人民共和国城市规划法》的要求，让我们编制"城镇体系规划"。这个规划是《黄山市市域规划》和《黄山市总体规划》同时编制，我是项目负责人之一，前4个月我带队在现场编制完成了纲要阶段工作。

《黄山市市域规划》是第一个和总体规划同时编制的市域规划，但是说实话在理论和方法上创新不够，因此我也没有报奖。我当时和中国城市规划设计研究院几位同事一起学习了系统动力学，一心想用系统动力学的方法辅助规划，还安排了专人负责作了系统动力学模型。不过从应用过程和结果看并不成功，无论是参数的确定还是结果的验证，自己都不能说服自己。

《黄山市市域规划》重点解决黄山市和黄山风景区的关系、黄山风景区旅游和全市旅游的关系，搭好全市的框架，把市属的3个区空间格局和全市的区域格局协调一致。由于当时城镇化还没有快速发展，高速路都很不普及，更不用说高铁，对于后来的远见还是不足。不过对于当时徽州文化以及当地的历史遗存的保护还是给予了充分的重视，没有以牺牲这些历史文化为代价去强调所谓发展，也可以说没有留下什么遗憾吧。

1990年代前后，由于对于中国经济和城镇化的预见明显不足，因此当时的规划显得相当保守。但是许多规划还是留有余地，特别是空间结构上采取了开放的、可持续的结构，为后来的规划修编留下了很好的基础，也没有造成前面规划成为后面规划绊脚石的局面。

三、中山市总体规划（1992—1993年）

1992年9月，我被调往中规院深圳分院参加中山市总体规划工作。本来我们接到的任务实际上是中山市中心城区的总体规划，在初步汇报时市长提出来他们要的是全市的总体规划，而不是石岐（中山市中心城区）的总体规划。因此我们就把任务分解为中山市总体规划和中山市中心城区总体规划两部分。

1992年，邓小平同志南方视察讲话掀起了"第二次思想解放"的高潮，尤其是珠江三角洲地区更是人人振奋，都觉得"我们的家乡在希望的田野上"，对未来充满希望充满信心。

当时中国香港、中国台湾、新加坡、韩国被称为"亚洲四小龙"，广东的东莞、顺德、中山、南海被称为"四小虎"。当时我比较分析过"四小虎"，发现中山市是"四小虎"中唯一国有经济占主导地位的城市，中山小霸王学习机几乎家喻户晓，中山的国营企业当时还是很有市场竞争力的。这可能一方面是中山国营企业的主导地位，另一方面是市政府因此也有比较强的统筹能力，中山市的规划、建设、管理也是走在"四小虎"前列。

之所以将中山市总体规划归结于区域规划，是因为中山市这个地级市直管镇中间没有县级单元，这种体制全国只有中山和东莞两个城市。镇没有执法权，全市的各项规划建设都由市里管，因而我们作的规划就需要把所有9街道24镇1783平方公里的范围都涵盖进来。这对于当年不到300万人口的城市而言只能做到区域规划的深度，中心城区另有规划。而对于市域各镇的镇区发展，虽然都作了认真调研，但在当时的背景下小城镇发展空间还是有很多不确定性。规划对中山港从河口港向海港转变，在珠江口西岸建设海港作了比较大胆的设想，这个大港口因为自然条件最终没有实现。不过对于全市各镇的基本格局、全市的交通和基础设施布局首次作了系统性统一规划布局。

《中山市总体规划》是在邓小平同志南方视察讲话刚刚宣传，珠江三角洲各地蓄势待发的早期，中山市一贯比较重视城市规划的背景下编制的。后来的企业改制、大量外来务工人员进入、房地产业迅速扩张等现象当时刚刚有一点苗头或者萌芽，对区域城镇化的影响更难以判断。当时已经难以用历史资料进行线性的人口预测了，只能以经济翻几番以后的劳动力需求来反算人口，整个规划还是有比较浓的计划经济色彩或者成分，算是一点探索吧。

四、南海市城乡一体化规划（1995年）

如果说1992—1993年，大家对邓小平同志南方视察讲话只是一个思想上的解放，对未来充满憧憬，到1995年至少珠江三角洲地区的老百姓已经得到实惠了。珠三角核心区各地是"八仙过海各显神通"，南海提出三大产业齐发展、六个轮子一起转的策略，大意是发挥各类经济主体的积极性，努力发展经济。由于南海处于广州向南、西辐射的通道上，又毗邻广州、佛山两个老牌城市，因此经济非常活跃，也是广东"四小虎"之一。

我们原本的任务也是编制南海市（中心城区）总体规划，按照任务要求也是编制一下南海市城镇体系规划即可。但是南海的一位副市长带来一本《南海经济地理》的书给我看，书上对南海各镇都有详尽的描述，提出各有什么特色，因此应该"一镇一品"搞差异化发展等等。该市长说他们不需要这样的规划，他们很清楚他们各个镇的情况，他们需要解决的是现在全市到处都在发展工业，到底全市应该怎样发展才不至于搞乱。

我们在南海进行了全面细致的调研，发现南海确实"怎一个乱字了得"。各个镇甚至各个村都在自己的行政区范围内画上了路网，编制了所谓规划，并且相互不沟通。各个镇甚至各个村都设立了大大小小的开发区或者工业区，真的是村村点火户户冒烟。当时第一轮土地利用总体规划也已经编完，划定了基本农田，但是没有人重视。南海与广州接壤的黄岐盐步镇已经和广州连为一体，中心城区桂城也与佛山市区仅隔一条小河。南海的南庄镇因为有桥和佛山直接相连，佛山的陶瓷产业直接带动了其发展，使其成为当时南海最富裕的镇之一。通过调研我们发现，广州、佛山城区、顺德、三水等市由于当时还没有珠三角统一的规划，都在各自行政区范围内作自己的规划，相互也不沟通。南海的规划要作好，要能解决问题，就不能回避面临的规划乱象。南海的特点是从城乡关系的变化开始的，城乡经济已经融为一体，城乡之间是共生、协助以至竞争关系。农业人口就地城镇化相当普遍，城乡之间、小城镇和大城市之间也不是传统的经过各个层级联系，而是通过网络直接联系了，一般中心城镇对周围乡村的中心作用不明显了。刚好当时国内地理学界介绍了加拿大学家麦吉（T. G. McGee）在东南亚国家进行了10年实证研究后，认为东南亚国家区别于西方传统的以城市为基础的城市化过程，是以区域为基础的城市化。他建立了"Desakota"的全新概念，认为亚洲国家的城市化过程是通过乡村逐步向"Desakota"转化。其人口经济达到一定积累后，再以区域为基础的城市化过程。"Desakota"是麦吉结合"城"和"乡"造出来的一个新词，译者把它译为"城乡一体化"。我们将麦吉的"Desakota"的典型特征和珠三角的情况作了对比，认为大多数特征都很一致，既然不是传统意义上的城镇体系规划，不妨就叫"城乡一体化规划"以突出我们当地的特色和这个规划的特点。

"城乡一体化规划"既是内容上涵盖了城乡，又反映了当地已经是城乡一体化发展的特征。现在看来，既有区域规划的特点，更有"多规合一"的雏形。

编制《南海市城乡一体化规划》我们也是各个镇村调研了多轮，

和所有的镇都有过论证和协调,大家都认可了才落笔。规划对内解决了规划打架问题,例如否定了交通局当时制定的南海交通环线规划,认为通过和周边城市的协调共同建设交通体系,就不需要再建设南海自己的环线。仅此一条就给南海节省数十亿投资,当时南海的领导就说,规划就是财富,不仅指导我们未来发展,节省我们现在的钱也是财富。对外也主动和相邻城市作了衔接,尽管利益不一致,有些交通通道南海当时的领导不愿意接通,如广佛城际铁路,但我们在规划中还是把空间预留下来了。

关于规划名称,刚开始我们中国城市规划设计研究院深圳分院的主管总工并不同意,不过看我们是想认真做事才没有反对,当时在学术上还是很民主的,老领导、老专家也和年轻人平等争论,并且会接受合理的意见。到规划评审时,刚开始专家看到这个名称也有疑问,不过在听我介绍我们遇到了南海这样城乡一体化发展的实际,把所有规划整合,把镇村、各类园区、基本农田、水系和保护区等要素统统落到一张总图上的介绍以后都纷纷表示支持我们的创新。

《南海城乡一体化规划》不仅仅是一次全域范围内"多规合一"的探索,更是在当时城乡关系一体化的背景下,以统筹城乡的思想进行规划的一次探索。当时我们提出城乡一体化的前提,一是生产力达到较高发展水平,二是地区经济发展比较均衡,三是城镇相当密集,四是交通、通信等基础设施能适应以至超前于当前经济社会发展的需求。这和后来一些地方,尤其是不发达地区把城乡一体化当成城乡统筹的概念还是不一样的。这个项目后来获得1996年全国优秀规划设计一等奖,当年的一等奖只有不到10个,含金量还是很高的。

五、《青海省城镇体系规划》(2005年)

我从中国城市规划设计研究院深圳分院回到北京以后,正好有西部地区的项目要开展,于是就和西部地区城市结了缘,大部分时间都是在作西部地区尤其是青海省的相关规划。2004年至2005年主持开展青海省城镇体系规划的编制，走遍了青海省所有的市州。青海省城镇体系规划方法上还是比较传统，不过对于青海省不同于其他省份的特点及对策还是很有创新的。对青海的地位、特点和优劣势抓得比较准，因而提出的对策所起到的作用也相当大。

青海是号称"中华水塔"的三江源所在地，长江、黄河和澜沧江发源于此，生态环境脆弱且敏感；青海毗疆邻藏且有4个藏族自治州，是稳疆固边的后方基地；柴达木盆地是"聚宝盆"，有我国重要的战略资源；高寒高海拔的特点，"型铸"了青海城镇居民点，人户分离、季节性迁移、服务半径大人口少的点状"中心城镇"成了青海的标配；青海的人口高度集中在西宁和作为农耕区的海东地区，而海东地区又是全省城镇化率最低的地区；青海旅游资源非常丰富却又很分散。青海全省人口不到600万，经济体量在全国几乎微不足道，很多人不了解青海甚至觉得它很遥远，其实北京到青海的距离和北京到上海几乎是一样的。2000年我第一次到西宁时，中央刚刚提出西部大开发的战略，作为一个省会城市，西宁只辖了一个县，市区高层建筑大约只有十几栋，和东部沿海地区似乎隔了一个时代。当时的市委书记曾经和我笑言，哪天西宁堵车了，说明它经济繁荣了。

毋庸讳言，青海最大的短板在于区位和交通。当时还没有修青藏铁路，国家铁路从兰州向西北方向经过河西走廊往新疆方向是主干线，从兰州经武威、张掖、嘉峪关、哈密、乌鲁木齐到阿拉山口被称为"欧亚大陆桥兰新段"。而兰州往正西面的铁路只有一条线经西宁到格尔木就是尽头了，兰西铁路就像个"盲肠"。为了改变青海改变西宁"边缘化"的地位，我们提出要修西宁至张掖的铁路，使西宁、青海搭上"欧亚大陆桥"主干线的列车。实际上这条干线铁路的规划我们在之前的西宁市总体规划中就提出并且经国务院批准了，建设这条铁路是我们规划首先提出的，可以说是对青海最大的贡献。

但是在青海省城镇体系规划报国务院审批，先由15个部委的部际联合审查过程中，受到了铁道部的反对，之前在西宁市总体规划审查时也有这条铁路，他们是同意的。尽管我们据理力争，坚决不愿意放弃这条铁路的规划，但是铁道部还是以他们部规划中没有这条铁路为由坚持不同意，以至于规划拖了好多年没有得到审批。

不过事情的发展有时也出人意料，现在兰新高铁就是走的兰州经西宁翻越祁连山到张掖再往乌鲁木齐的线路，和我们当年的规划完全一致。其实这也不是什么照顾青海，铁路从兰州经西宁再回到张掖（河西走廊），虽然绕了一点路，翻了祁连山，但是干线上增加了一个百万人口的大城市和拥有500多万人口腹地的一个省，其价值可是得到了很大的提升。青海省城镇体系规划对后来的玉树灾后重建规划也起到了指导作用。

青海城镇体系规划最大的特点是实事求是，不照搬发达地区的成功经验，站在国家全面发展的视角去明确定位、寻找突破口（西张铁路），制定青海雪域高原、牧区矿区和农耕区差别化的城镇化路径。这样的区域规划虽没有新概念新理论，没有华丽辞藻堆砌，却是经得起时间考验的，为地方可持续发展作出了历史性贡献的。

2013年我离开中国城市规划设计研究院进入国家发展和改革委员会城市和小城镇改革发展中心工作，虽然也有机会接触一些区域规划工作，例如城市群规划等，但是没有实际主持或者参加过区域规划的编制了。从另一个角度看自己当年区域规划的实践，觉得最大的不足在于对区域协调发展的机制研究不足。我们看到了区域发展的趋势，找到了抓手，但许多时候对区域竞争的实质有所回避。我们再编制区域规划，尤其是跨行政区的区域规划，也许在看准发展趋势、选准发展路径、配置好资源要素的同时，研究不同利益主体的诉求、投入与收益，研究统筹发展的制度与政策设计，这样的规划可能就更加能够得到落实，这也许是年轻一代规划师的历史使命吧。

公共管理与城乡规划的学科融合
——中国人民大学城市规划与管理系十五年发展回望

叶裕民

> **作者简介**
>
> 叶裕民,女,1962年9月生,安徽黄山人,中国人民大学教授,经济学博士,公共管理学院学术委员会主任。教育部高等学校建筑类专业教学指导委员会城乡规划专业教学指导分委员会委员,自然资源部《全国国土空间规划纲要(2020—2035)》专家组成员,住房和城乡建设部人居环境委员会专家委员,中国城市规划学会常务理事兼城乡规划实施学术委员会副主任。主要研究领域为中国城市化与市民化、超大城市治理、城中村更新治理、城市和区域经济学的理论与方法。出版《中国城市化之路》《城市经济学》等教材和专著十余部,在 Journal of the American Planning Association、《城市规划》等国内外顶级期刊发表论文近百余篇。主持国家社会科学重大项目等省部级以上课题数十项,作为学科带头人带领团队创建我国城市经济学专业和城乡规划与管理专业,并先后创建2个专业的首个博士点。先后获教育部21世纪优秀人才奖、北京哲学社会科学优秀成果奖、北京市优秀教师奖等。

2007年1月,中国人民大学(以下简称"人大")公共管理学院城市规划与管理系成立,鲁莽地闯入了城乡规划学领域,在友好、欢迎、质疑等复杂的环境中努力生存和发展,迄今仍然在艰难探索前行的路上。正好中国城市规划设计研究院的陈明同志约我为中国城市规划学会和中国城市规划设计研究院联合主编的《风雨华章路》写一篇"回忆录性质的文章",我想就乘此机会为中国人民大学城市规划与管理系的发展留下一笔吧。15年的发展，风风雨雨，挂一漏万，不到之处，请各位领导同仁批评指正！

一、诞生与发展：公共管理走进城乡规划

2006年春节过后，时任公共管理学院院长董克用和党委书记秦惠民约我喝茶，一坐下，董院长宣布："中国人民大学成立城市规划与管理系，系主任叶裕民"。我被惊呆了！此前虽然谈过此事，但是我已经表明过态度，这天再次坚决表示：我不能担任系主任，我有太多缺点与不足：不懂英语，不懂规划，不懂管理，管理岗位也不是我的志向，而且全国没有先例啊……如何能担此重任？2个小时过去，董院长忽然盯着问我："你是党员吗？"我无言以对，作为共产党员，我必须攻坚克难，滚石上坡。

公共管理学是人文社会科学中最年轻的学科之一，全国第一批公共管理学院成立于2001年。当时纪宝成校长在全校推进依托一级学科进行院系整合，最后以行政管理系为核心，将一些没有进入各一级学科学院的系所，统一整合到刚成立的公共管理学院，其中包括国民经济管理系和区域经济研究所。经过几年运作，国民经济管理系和区域所终因学科属性，还是分别于2005年和2010年调整去了经济学院。学校的系所专业设置，是有编制的。国民经济管理系调走了以后，我们学院富余出一个系的编制，学校和学院领导充分认识到城市化是国家的重大战略，提出要设立一个"与城市有关"的系，这就是中国人民大学城市规划与管理系的起因。

中国人民大学作为人文社会科学重镇，对国家大趋势把脉非常清晰。时任常务副校长的袁卫教授高瞻远瞩，提出规划是国家公共治理的重要领域，在发达国家大量规划学科设立在公共管理学院，随着中国现代化进程的推进，势必需要大量的规划管理人才，当时规划界正

好提出"规划向公共政策转型",于是人大决定在公共管理学院建设城市规划与管理系,建设全国第一个基于公共政策视角培养城市规划人才的学科。

公共管理一级学科下的城市规划管理,全国没有先例,没有经验可供学习。城市规划与管理系一切从零开始,包括队伍建设、人才培养、科研体系、学科建设、交流合作等。经过充分讨论,我们认为城市规划是服务并指引城市发展的学科,城市规划管理人才,必须先学会看懂城市,必须具备复合型的知识结构。我们的队伍建设、人才培养和学科建设都贯穿以复合型的知识结构为基点,力求多学科交叉融合,力求与国际接轨。

城市规划与管理系成立以来,受到规划界的关注和大力支持。特别是住房和城乡建设部、自然资源部、全国高等学校城市规划专业指导委员会(后发展为教育部高等学校建筑类专业教学指导委员会城乡规划专业教学指导分委员会)、中国城市规划学会、中国城市规划设计研究院、清华大学、北京大学、同济大学以及北京市委市政府、成都市委市政府、广州市委市政府等机构的大力指导和支持,为团队高起点发展提供了大量研究和交流的机会。仇保兴教授、石楠教授、王凯教授作为我系的兼职教授和兼职博导,全面指导系里的学术研究和发展,并长期坚持每年为博士生授课,指导研究生学业。张庭伟教授、Chris Hamnett教授作为人大客座教授,对系里的发展倾注了大量精力和时间,长期保持着密切的交流与合作,为我系团队建设,特别是年轻教师成长贡献巨大力量。清华大学尹稚教授、毛其智教授、吴唯佳教授、谭纵波教授、田莉教授、武廷海教授等,北京大学周一星教授、吕斌教授、冯长春教授、贺灿飞教授、林坚教授、曹广忠教授,同济大学吴志强院士、唐子来教授、赵民教授、孙施文教授、彭震伟教授、杨贵庆教授,南京大学崔功豪教授、张京祥教授、黄贤金教授、罗小龙教授等,东南大学阳建强教授、王兴平教授,武汉大学周婕教授、李志刚教授，华中科技大学黄亚平教授，中山大学李郇教授，剑桥大学Elisabete Silva教授，宾夕法尼亚大学EuGenie Birch教授、John Landis教授，加州州立旧金山大学Richard LeGates教授，墨尔本大学韩笋生教授，俄勒冈大学Michael Hibbard教授，弗吉尼亚联邦大学陈雪明教授等等，都给我们系的成长以巨大的支持和指导！特别感谢中国城市规划学会将规划实施学术委员会秘书处设立在中国人民大学，给予我们在李锦生主任委员领导下，极好的发展机会和平台。凡此种种，不胜枚举，感谢所有的同仁给予的帮助和支持！一切的一切，我们铭记于心，感恩于怀！

团队建设是城市规划与管理系最为核心和艰巨的内容。建系伊始，我孤零一人，以后除了调入2人以外，全部都是国内外著名院校博士毕业引进，如计划生育指标，基本上一年一个，也有少量流出。我作为系里唯一的全职教授支撑了10年。到2015年，我们系有了第二个教授——秦波教授，也度过了系最艰难的"婴幼儿期"。此后，年轻人快速蓬勃成长。到2021年，全系14名老师，分别来自经济学、社会学、规划学、地理学、管理学等多个学科。全部教师均有博士学位，54%的教师拥有国外顶尖大学博士学位。全体教师中，教授8人，分别是叶裕民、秦波、邻艳丽、李东泉、郑国、张磊、杨励雅和唐杰；副教授3人，他们是于洋、王洁晶、张大鹏；讲师3人，他们是赵益民、廖露和周麟，兼职教授3人，他们是住房和城乡建设部原副部长仇保兴、中国城市规划学会副理事长兼秘书长石楠和中国城市规划设计研究院院长王凯。全系教师平均年龄41岁，是全国最年轻、知识结构最具综合性、思想最活跃的教学与研究团队之一。通过多年的集体努力，在城市治理理论建构、超大城市治理、空间治理体系、城市更新、城市管理制度、跨区域治理等领域开始具有一定的影响力。近年来，咨政报告获得国家领导人批示8件，获评教育部新世纪人才1人，获北京市优秀教学成果奖3项，1人获得北京市优秀教师及师德先进个人，4人次获得宝钢教学奖和教学标兵，4人获聘中国人民大学青年杰出学者。

城市规划与管理系成立伊始，立足于学习和借鉴国际一流规划教育的国际经验，建设国际化的教学与研究团队，培养具有全球视野的领袖型人才。在袁卫教授（时任常务副校长）、严金明教授（时任公共管理学院副院长）的带领下，团队于2007年、2008年和2009年分别考察和访问了美国规划协会（APA）、美国规划院校联合会（ACSP）、哈佛大学、麻省理工学院、宾夕法尼亚大学、纽约大学、伊利诺大学香槟分校、加州大学洛杉矶分校等学校规划院系。并与英国剑桥大学、日本东京大学、澳大利亚墨尔本大学、加拿大滑铁卢大学等国际一流大学专家学者开展经常性的访问与交流。这里分享一个小插曲：2007年拜访哈佛大学规划设计学院时，我得知其规划系主任Jerold Kayden教授是法学博士，好奇地问：“你学法学，会画图吗？怎么就做规划系主任？”他惊讶地反问我：“我做规划系主任，需要会画图吗？画图是工程师的事。”为了增加国际交流，我系举办了系列国际学术活动，2007年接受了美国规划协会（APA）"规划中国行"研讨班开班培训；2009年与美国麻省理工学院（MIT）建筑与规划学院城市研究与规划系联合举办"城市中国"国际高峰论坛；2011年承办国际中国规划学会（IACP）第二届会议，主题为"中国统筹城乡发展与规划"；与北美规划院校联合会合作编译出版了《多维尺度下的城市主义和城市规划——北美城市规划研究最新进展》。

多种形式的国际交流增强了人大规划与管理系的国际化水平，团队与国际一流大学规划院系始终保持着密切的学术交流与合作，国际化的教学与研究一直是人大规划与管理系的特色和优势。近五年参加20余次国际会议，累计发表30余篇SSCI论文，与海外近50所知名高校保持合作关系。2013年，我与Richard LeGates及秦波的合作论文"*Coordinated Urban-Rural Development Planning in China: The Chengdu*

Model"在美国规划期刊 Journal of American Planning Association 发表，这是第一次中国大陆学者以第一作者身份在该刊上发表论文。张磊教授及其合作者撰写的论文"The Role of Local Leaders in Environmental Concerns in Master Plans: An Empirical Study of China's Eighty Large Municipalities"，评审委员会认为该论文"创新了规划文本分析方法，挑战了国际规划领域对中国规划体系的传统认知"，论文荣获2019年北美规划院校联合会最佳论文Chester Rapkin奖。此次获奖是北美规划院校联合会自1987年设立该奖项以来，首次中国议题论文获得该奖项，首次大陆学者荣获该奖项，首次华人以主要作者（独立作者或第一作者）身份荣获该奖项，这充分体现了国际规划学术领域对于中国规划研究和中国经验的重视与认可，也体现我系教师探索公共管理与城乡规划融合发展的阶段性成果。

二、学生培养：本硕博贯通建构"4+*N*"的知识体系

本文题目是"公共管理与城乡规划的学科融合"，上面叙述侧重我们系与规划的关系。实际上，中国人民大学城市规划与管理系本科专业是城市管理，硕士专业叫城乡发展与规划。本科是学校之本，也是立系之本。因此城市管理专业本科的教学与研究是本系团队的首要任务。人大的城市管理专业特色领域是规划管理。

我系2005年起开始招收城市管理本科生，2007年开始招收MPA区域发展与城市管理专业硕士，2008年开始招收学术型硕士研究生，2011年学科调整，人民大学在公共管理以及学科下自设管理学与社会学二级交叉学科"城乡发展与规划"，并于2013年开始招收博士研究生。到2021年，我系已经毕业13届本科生，共计290人；毕业11届学术型硕士生，共计95人；毕业9届MPA班级，共计66人；毕业5届博士生，共计11人。

我们本科专业教育的定位是：响应新时代国家治理转型需求，发

挥中国人民大学人文社科优势,依托公共管理一流学科,融合城乡规划理论方法和大数据技术,建设城市管理与规划研究新文科,发展成为国内一流、世界知名的城市管理人才培养和学科建设基地。

本科专业教育秉承学生为中心的宗旨,建立了以通识教育为基础、专业教育为骨干、实践教学为平台的"4+N"完整教学体系和人才培养方案。即以管理学、经济学、社会学和城乡规划学4个一级学科基础理论为主干的理论结构,以社会调查、统计分析、空间分析、大数据应用等N种研究方法为基础的方法论课程,希望学生可以从多个学科视角了解城市发展规律,全面读懂城市,系统诊断城市,努力杜绝传统专业教育"只见树木、不见森林"的共性问题。宽口径知识结构的优势在于学生走出学校,学习能力强,发展路子宽,很容易与国际教育对接,并继续接受高端教育;缺点在于专业深度不够,毕业后不论做什么都需要持续地学习,但是他们对城市的判断不会犯方向性和框架性的错误。近5年本科毕业生升学与就业的比例为64.7∶35.3,升学中2/3的人在国内就读,其中有80%以上在本校就读,其余在清华大学、北京大学、南京大学等著名高校就读;1/3的人到国外攻读研究生,主要分布在宾夕法尼亚大学、麻省理工学院、纽约大学、哥伦比亚大学、加州大学、剑桥大学、墨尔本大学、剑桥大学、伦敦政治经济学院等世界知名高校。就业中1/2的人在企业,主要包括规划院、房地产公司、咨询公司、银行、企业总部等;1/4的人到政府,主要包括城市自资部系统、住建部系统、发改委系统和财政部系统;1/4的人在第三部门、国际机构等社会性组织。**2020年人大城市管理专业成为全国第一批国家赛道唯一的"城市管理国家级一流本科专业"。**

我系研究生培养坚持"立德树人"为基本理念,以"国民表率、社会栋梁"为总体目标,以培养"笃学精博,底蕴丰厚,中西融合,知行合一"的"未来学术领军人才"为根本任务。通过研究生学习和训练，培育其学术理想和公共精神，完善其知识结构和理论基础，使其掌握科学的研究方法，拓展国际视野，我们高度重视研究生的国际交往能力，1/3左右的研究生在在读期间拥有出国交流的机会。2018年联合荷兰格罗宁根大学、美国华盛顿大学、日本东京大学、英国纽卡斯尔大学等国际四所高校共建全国唯一的国际联合课程"制度设计与空间规划"，并荣获"2018年欧洲规划院校联合会最佳教学奖"。2019年，我们开发建设城市治理全英文学术型硕士学位项目（Master of Urban Governance），并与荷兰格罗宁根大学、法国巴黎政治学院等签订联合培养协议，如今已形成稳定的国际人才培养体系与全球合作网络。人大团队与世界著名院校共同联合培养人才，共同探讨人类命运共同体的规划之路。

三、学科建设：努力认知和发展城乡规划知识体系的第三支柱——再谈规划向公共政策转型

孙施文教授提出规划学科领域扩展的三个过程：第一，1950年代后期在批判苏联模式的基础上将发展计划和空间规划相融合形成了中国独特的规划方式；第二，1970年代中期南京大学、中山大学等地理学类院系参与城市规划专业教育，由此将原先分离在两个学科领域的生产力布局、区域规划与城市规划结合在一起，充实了城市规划学科领域，更为重要的是，两个学科方向的教育内容也同时得到充实完善；第三，改革开放后，西方现代城市规划的内容和工作方法及其知识基础被逐步运用到实务工作和规划研究之中，同时国内不同学科领域发起的有关城市问题和城市发展的讨论，形成了多学科共同研究的局面，各相关学科的内容和成果大量引入规划学科领域，并直接运用到城市发展规划对策和过程中。这些领域包括战略学、社会学、经济学、心理学、行为学、系统工程、行政管理学、房地产开发等。中国城市规划学科经过几十年的建设培育，工程技术、社会科学研究

和公共政策有机相融，已经形成了相对独立的理论和方法体系，专业知识结构日趋完整[1]。可见，由于城乡规划学特定的学科属性所决定，该学科天然具有很强的包容性，其学科知识结构日益复杂，知识来源日益多样化，正如唐子来教授所言"'城乡规划+'永远在路上"[2]。

但是，我们同时也认为，"规划+"不等于规划转型，虽然这有利于推动规划转型。特别是21世纪初讨论热烈，但是后来逐渐冷却的话题：规划向公共政策转型，不是"规划+"可以完成的。话题冷却，是在国土空间规划的冲击下，"规划向公共政策转型"这一改革初衷逐渐被淡忘了，而不是完成了。与此相反，大量违背公共精神的规划实践依然存在，存量规划时代甚至更加严重。2021年8月31日，住房和城乡建设部下发了《关于在实施城市更新行动中防止大拆大建问题的通知》（建科〔2021〕63号文），为城市更新画出底线。虽然社会呼吁出台更加细致的实施细则，但是该文清晰地告知社会：规划向公共政策转型，依然在路上。

公共政策是实现公共管理的制度保障和工具保障。规划向公共政策转型本质上是实现规划作为公共管理的一种类型，重构其公共性，提升规划的公共价值。综观内容丰富的公共治理理论，其共性特征是反思传统公共行政对自上而下国家政策的简单执行及其对自下而上的社会意愿的忽视，强调公共价值导向，实现社会善治。与其说要推进"规划向公共政策转型"，不如具体地表达为：要促进规划由"公共行政范式向公共治理范式转移"。范式转移，绝不是知识的简单相加，而是价值导向的转型。

因此，"规划+"与"规划向公共政策转型"有很大不同：

第一，性质不同。"规划+"是根据规划工作实践的需要，随着国家经济社会发展和结构多元化以及技术进步，将更多元的知识相加到规划的知识体系当中，使得规划知识结构更加丰满，更加能够回应社会对规划的直接需求。而规划向公共政策转型则不仅是"规划+公共政策知识",虽然这也是必要组成部分,但更加重要的是"规划+公共精神",准确地说,是以公共精神统揽、指引和渗透到规划的全过程,由空间设计美化导向转化为公共利益导向,公共精神成为全体规划学术共同体和实践共同体的内在追求。找寻石楠教授提出"为什么而规划?"的灵魂之问全新的答案,这才是"规划向公共政策转型的本质"。石楠教授认为"提升规划品质,背后其实是要满足老百姓对于人居环境品质提升的需求","可是,我们的规划职业中,规划往往成了目的,我之所以作规划就是为了作规划。这就完全迷失了,因为规划本身成了目的,规划编制者就成了主宰,于是规划师往往成了职业或学科最有话语权的人"[3]。

如果把规划比作一辆驶向国家现代化的列车,那么"规划+"是增挂车厢,表明规划承载更多功能,完成更大使命;而"规划向公共政策转型"则是要换机头甚至转换轨道,终点站由"规划师美好愿景""空间结构优化与空间品质提升"调整为"公平正义"和"人民美好生活"。

第二,影响力不同。对于规划而言,"规划+"是在原有规划之上"+"一些内容,本质架构不发生变化,对于聪明的规划师团队,不在话下,成本收益率很高。"规划+"可以大幅度提升规划师驾驭规划的能力,提高其在实践中的谈判能力,满足其自我价值实现的自豪感。而理念和目标的转型,必然带来规划核心内容、路径、手段的调整与转型,原来熟悉的、高效率的研究范式和工作方式可能被抛弃,社会成本和心理成本会大大提高。虽然规划同仁们在内心里以及在会上会下,都认为要公平正义,要追求公共利益最大化,但是碰到手头具体的项目,具体要写的论文,由于其极高的机会成本而被共同体成员不约而同地选择放弃。

第三,社会效应不同。对于具体规划项目而言,比如"规划+产业分析"，规划作得好，项目顺利，规划师满足感强，区域和城市产业可能因此得到推进；作得不好，产业发展不一定因此受到制约，因为产业发展最终依靠企业家"以足投票"，其负面效果不明显，甚至没有显现。但是，对于规划公共价值导向的理念是否确立，其呈现的社会效应会完全不同，而且十分显著。比如历史街区更新中的"大拆大建"，直接破坏了历史文脉，且永远难以修复；排斥性老旧小区更新导致大量老居民向外搬迁，直接降低了其生活品质；排斥性城中村更新则直接使得非户籍常住人口流离失所，数以万计的儿童基础教育权利被剥夺。这些都直接导致了严重的社会负面效应，加剧了社会矛盾，背离了规划初衷，更加难以承担新征程中国家治理赋予规划的历史责任。但是，在原有的规划研究范式中，公共价值判断缺失、历史文化被破坏、老城底层居民生活品质下降、非户籍人口因城中村更新而流离失所、儿童失学，这些严峻的、严重背离时代精神的、被大城市羞于启齿的问题，长期被规划界漠视。相反，如果规划的价值判断不一样，真正转向公共价值导向，如果每个项目都能坚持城市的整体利益导向、长远利益导向，实现经济社会空间系统联动优化，达到善治，也就是不让一个利益群体的利益明显受损，那么，就会出现"不一样"的规划，出现"不一样"的城市，"不一样"的社会格局。

因此，"规划+"不能等同于"规划向公共政策转型"的历史使命。规划师学会了经济学、社会学、信息工程等等多学科知识，甚至于也学会了公众参与技术，学会了政策分析工具，学会了制度创新方法，学会了许许多多的"公共管理知识"，但是，只要最根本的公共价值判断没有被普遍接受，公共精神没有确立为规划学术共同体的基本理念，就不能认为完成了"规划向公共政策转型"的历史使命。让人文为科技导航，让公共精神为规划导航，这是规划转型的根本所在。

四、理论探索：城乡规划学研究范式转移

基于以上认识，十余年来，我系师生苦苦求索："公共价值导向对规划产生什么样的影响？""是否存在公共价值导向下的规划理论？"如果有，与当前规划理论及基于此的规划实践有什么异同？截至2021年底，我系教师共承担纵向课题41项，其中国家自然科学基金课题12项、国家社会科学基金课题4项；各类横向课题82项；全系教师出版专著、教材共计46部，累计发表学术论文360余篇，其中SSCI、SCI、EI收录论文49篇。多篇咨政报告获得党中央、国务院主要领导批示。作为一个迄今还没有完成建制规划人数（15人）的系，获得这样的成绩，我甚感欣慰。

但是，我又真切地感受到学术的发展和学科的建设是个缓慢和渐进的过程，是个艰难求索的过程，是个不断创新突破的过程。应该说，我们的研究还在不断积累阶段，尚未取得系统性的学科突破，但是在局部领域还是有较大创新。以城中村更新为案例，我们发现真正以公共价值导向重构城中村更新规划的目标和内容，确实与传统的城市更新有本质的不同，包容性城市更新可以根本解决和纠正排斥性更新"改不动""改不起"和"改不完"等一系列难题，形成新的城中村更新知识体系和管理架构，并为城中村更新带来全新的社会效应：促进市民化进程和社会和谐，积累人力资本并推动技术进步和全要素生产率提高，有利于解决新二元结构矛盾，推进城市发展整体现代化进程。[4]

通过研究，我们发现，城市规划向公共政策转型，抑或国土空间规划也需要向公共政策转型，其本质是规划研究范式转移，也是城市治理研究范式转移。我国存在城市治理的两种研究范式：实践研究范式和理论研究范式。前者强调问题导向，重部门利益，轻城市公共利益，"只见树木，不见森林"；后者强调公共利益导向，重城市治理主

体及其相互关系的研究，但是对现实重大问题缺乏系统关注和回应，"仰望星空"却难"脚踏实地"。这两类研究范式相互脱节，均难以满足我国新时代城市高水平治理的需要，城市治理理论难以有效指导各领域治理实践。由于我国特定的历史发展轨迹所决定，我国所有具体领域的研究，包括城市规划研究，都属于实践研究，遵循实践研究范式。我建构了"4W"城市治理一般分析框架，作为解析城市治理研究范式的新工具。该一般分析框架由四个方面的问题有机组合而成，分别为——治理目标（Why）：为什么治理？治理主体（Who）：谁来治理？治理客体（What）：治理什么？治理手段（How）：如何治理？对这些问题的不同回答构成了城市治理的不同模式。其中规划研究范式转移最核心的内容就是需要回答"Why"，即规划治理的理念和终极目标，回答到底"为什么规划"的问题。在新征程中，任何规划都必须确立"以人民为中心"的公共价值导向，她将如灯塔般指引城乡规划达到公共利益最大化的善治目标。为此，找寻规划的局部利益、部门利益与公共利益协调一致的可能性和路径，将成为规划转型发展最大的理论难题。

期待新的分析框架可以有效促进实践研究范式转移，使其由部门利益导向转向公共利益导向；完善理论研究范式，使其直面城市治理重大现实问题，强化其对实践研究的引领和指导；最终形成公共治理理论与城乡规划实践研究相融合的新研究范式。期待新研究范式可以帮助人们更加接近真实世界，认识中国城市巨系统，分析复杂城市问题，提出更能满足城市公共利益和治理现代化的规划善治解决方案。[5]

2021年我国人口增长率历史最低：万分之三。如果2022年保持该增长速度或者达到更低的人口增长速度，这宣告我国进入人口下降通道，这比10年前预测的人口高峰期提前了10余年（原来大部分权威机构预测2035年左右我国人口达到高峰）。任何国家在劳动力数量减少的条件下谋取经济可持续增长的唯一路径，就是尽可能多地促进人力资本积累，让尽可能多的劳动力从事高效率的产业，这时，每个劳动力的培养都是很重要的。而只有公平正义的社会，才可能具备广泛激励人力资本积累的能力，才能够广泛激发劳动者创造力和创新能力，任何排斥性的规划与城市治理，都是违背历史趋势的。因此，进入新征程，公共精神比以往任何时代对于规划，对于城市，对于国家，都更加重要，这是人民美好生活的微观基础，是国家现代化的基石。

到2025年前，我系可望再引进2～3位青年才俊，将进入专业蓬勃发展的青年时期。我全系师生当以"天行健，君子以自强不息"为勉，持之以恒，向规划界同仁学习，增强交流与合作，扬长补短，潜心钻研，为规划转型发展，为新时代空间治理培养人才，创新知识体系，为实现人民更加美好生活贡献自己的绵薄之力。

参考文献

[1] 孙施文. 中国城乡规划学科发展的历史与展望[J]. 城市规划，2016（12）：108-110.

[2] 黄艳，唐子来，等. 在新的起点上推动规划学科发展[J]. 城市规划，2016（9）：20.

[3] 孙施文，石楠，等. 提升规划品质的规划教育[J]. 城市规划，2019（3）：42-43.

[4] 叶裕民，等. 破解城中村更新和新市民住房"孪生难题"的联动机制研究[J]. 中国人民大学学报，2020（2）：14-28.

[5] 叶裕民，等. 城市治理研究范式转移与一般分析框架创新[J]. 城市规划，2022（2）：42-52，99.

区域发展战略规划编制实践的感悟
——从秦岭北麓经济发展带总体规划到新长安战略规划

范少言

> **作者简介**
>
> 范少言，男，1962年10月生，注册城市规划师，注册土地估价师。现任西安丝路城市发展研究院理事长、教授，中国城市规划学会区域规划与城市经济专业委员会委员，中国区域科学协会"一带一路"专业委员会委员。1983年毕业于南京大学城市与区域规划专业，2004年在东北师范大学城市与环境学院获得理学博士，先后任职于中国建筑西北设计研究院、陕西省城市建设规划设计研究院、西北大学城市与环境学院等单位。曾任中国城市规划学会青年工作委员会副主任，陕西省物流学会副会长，中国生态文明研究与促进会理事，第十届西安市政协常委，《规划师》编委，西安、渭南、咸阳、榆林、杨凌等城市规划顾问。主要从事城市区域发展理论政策研究和规划编制工作，出版《丝绸之路：沿线城镇兴衰》《丝绸之路沿线区域合作研究》《中国海疆与海洋权益》等学术著作。

城市与区域发展战略是对城市与区域经济、社会发展有关全局性、长远性、关键性的问题所作的筹划和决策。2000年以来，本人先后承担或参与西安地区系列战略规划编制或战略研究项目，就城市与区域发展战略规划编制实践的感悟，借中国城市规划学会区域规划与城市经济专业委员会编辑出版论文的机会进行初步梳理。

一、秦岭北麓经济带总体规划

2000年国家实施西部大开发战略，以西安为中心的关中城市经济带成为国家宏观战略的重心,区域进入城市经济时代。在西安城市空间扩散过程中,长安县秦岭北麓地区因其优美的自然环境、便捷的区位条件和丰富的历史文化内涵,在西安市启动野生动物园、植物园和华夏博览园"三苑"建设后,该区域成为发展热土。2001年受长安县政府委托,我们编制了《长安县秦岭北麓经济开发带总体规划(2001—2010)》。

(一)规划范围界定

长安县政府委托重点制定沿新环山旅游线两侧2~3公里范围内发展规划,范围涉及15个乡镇,委托没有明确规划工作区域。编制工作首要的任务是界定规划范围。规划范围是实施规划活动的载体和对象,规划范围界定必须遵循地域结构的完整性、自然单元的完整性、社会经济上的关联性、基础设施的关联性、规划实施的便利性等原则,确定规划编制控制区域由行政控制范围、生态控制范围和开发建设控制范围三个层次构成。

规划行政控制范围。规划行政区包括沿山15个乡镇的行政区范围,总面积994.5平方公里,同时建议把黄良、黄甫、王曲3个乡镇纳入规划范围。

生态规划控制范围。范围界定主要考虑以水系为核心的流域生态系统的完整性,其范围为沣河与沮河交叉口以上的沣河流域面积,西南两面以县界为限,北、东两面以沮河、潏河和大峪河为界。

建设规划控制范围。建设控制范围为规划的核心区域,其范围北以沮河和滈河为界,南到秦岭山脚,西至县界,规划控制面积约为138平方公里。

(二)规划区综合评价

秦岭北麓发展带建设主要源自便捷的交通和良好的自然环境,规划编制进行了生态适宜性和生态敏感性评价。

生态评价。评价采取自然生态资源评价方法,通过生态调查考察，构建评价指标、确定权重和工作底图，计算区块生态适宜度和生态敏感性综合分值。评价结论表明，王莽、五台、太乙、内苑、子午、大峪、喂子坪、石砭峪、库峪等9个乡镇生态适宜度大，太乙、五台、内苑等3乡镇生态敏感性强。整体上规划区域均具有良好发展潜力，王莽、滦镇、五台、太乙、大峪、东大、子午、喂子坪等乡镇可开发性最强，但王莽因生态优势宜发展观光农业产业。西部滦镇、东大、五星内苑、子午片区和东部太乙、大峪片区较为适合作为发展建设控制区域。总体上，规划区平均开发强度为3.5（<5），因此全域应采取适度开发策略，要特别重视注意生态环境建设（表1）。

秦岭北麓乡镇生态评价值　　　表1

序号	分区	生态适宜度	生态敏感性	可开发性	开发强度
1	滦镇	1.882	1.739	0.143	4.3
2	东大	1.978	1.875	0.103	3.1
3	五星	1.956	1.869	0.087	2.6
4	祥峪	1.997	1.902	0.095	2.9
5	内苑	2.137	2.056	0.081	2.4
6	子午镇	2.017	1.914	0.103	3.1
7	王庄	1.978	1.904	0.074	2.2
8	五台	2.375	2.247	0.128	3.8
9	太乙	2.209	2.088	0.121	0.6
10	王莽	2.579	2.244	0.335	10
11	大峪	2.115	1.98	0.135	4.1
12	杨庄	1.752	1.679	0.073	2.2
13	喂子坪	2.118	2.007	0.111	3.3
14	石砭峪	2.324	2.247	0.077	2.3
15	库峪	2.228	2.155	0.073	2.2

（三）发展定位分析

城市区域发展规划定位受地域条件、地理环境、已开发项目、地带旅游资源发展潜力、城市居民追求高质量的生活与工作环境等因素的影响。规划确定的发展定位是秦岭北麓经济发展带要着力创造新世纪西安城市文化，弘扬城市社会经济与历史文化特色，构筑西安新世纪城市的第三中心，表达科技、休闲、生态型的城市中心理念，把科技、生态、文化、康居、乐业、效能带给新世纪的西安。根据对西安中心城市职能时空过程、演替过程、城市生活居住的环境要求、城市产业空间转换规律和地域环境条件的适宜性进行的研究，规划确定经济发展带发展定位：长安县秦岭北麓经济发展带是以旅游、文化、科技教育、生态环境等功能为主的中心城市的有机功能区，是中心城市大型公共设施和社会活动的聚集区，是西安未来新的城市中心之一。规划经济发展带规划期人口规模为30万人，用地控制范围为40平方公里；远期人口规模控制在40万～60万人，用地规划控制范围为60平方公里。

（四）总体布局结构

规划总体布局坚持"天人合一、城乡融合、开敞空间、点轴拓展"的基本原则。规划布局结构由东至西总体形成"点轴串珠、产业环绕"的布局结构，用地功能结构总体呈"点轴环带"结构，形成一环、两带、三轴三点、四廊、五区的功能空间结构。

一环。是指滨河绿化带与山地森林系统形成外围自然生态环，是建设规划区的外围界线和生态屏障。规划森林体系以恢复、保育自然生态体系为主，营造良好的自然景观。控制性开发建设项目均应结合现有旅游景点，进行旅游生态开发。

两带。是指田园农业观光和高新农业示范区以及秦岭森林旅游区，为长安县境内秦岭山地的全部。主要发展森林观光和旅游度假，保护森林景观，控制开发建设强度，开辟联通的游览通道。

三轴三点。三轴是指经济开发带的发展轴：一是城市交通文化轴线。终南大道是开发带与西安中心城区的功能关联轴，为经济带与中心城区社会经济文化和交通联系的主通道，规划沿轴建设快速客运交通和中心开放空间。二是沿山旅游轴线。即新建的环山旅游线，为各景区和功能开发区的主轴交通联络通道。三是经济开发带城市扩展轴。为中心区与科教区、城镇综合开发区和旅游度假区之间的联系轴线和景观轴线。三点是指规划在生态系统结合部建设的大型公共绿地：一是自然森林景观公园。位于神禾塬与秦岭山地的过渡地带，用地围绕马厂水库，建设山地与平原过渡地带的森林景观。二是中心文化生态公园。位于沮河、滈河、潏河交汇处和神禾塬塬头地段，为不同类自然地貌结合处，具有良好的社会文化区位和观景基础，规划建设城市大型休闲、观景和文化体育运动公园，建设多样性的自然景观和人工景观。三是湿地生态景观公园。位于沮河与沣河交汇处，是地下水自然涌露区，地下水水位较高，规划建设湿地型城市生态公园。

四廊。是指规划功能区之间的4条绿色廊道。廊道建设应做到人工生态系统与自然生态系统相结合，生态效益与经济效益相结合，规划用地宽度控制在2～3平方公里，确保自然生态系统的联通，限制开发建设的空间和强度。

五区。一是东大—祥峪休闲度假区。二是滦镇—沣峪科教产业区。规划依托滦镇的城镇基础设施和西万公路，发展科教文化和高技术产业，规划形成科教文化和休闲度假两个组团，各组团中心形成开放性的大型公共空间。三是中心区。规划中心区以"三园"建设为契机；依托三园沿中心轴线向北发展，规划以发展大型社会服务设施，形成高档公务活动综合区和知识产业，在轴线交汇处形成快速交通站点和大型公共开敞空间。四是城乡综合开发区。城乡综合开发区依托子午镇向东、向北发展，是产业开发带城镇产业和农村非农产业的聚集地域，规划该区形成乡镇企业、农民生活居住、城镇综合开发和休闲旅游四大组团。五是旅游度假区。旅游度假区背靠终南山森林公园的南五台和翠华山景区，依托五台、太乙两镇发展休闲产业，形成森林旅游服务基地（图1）。

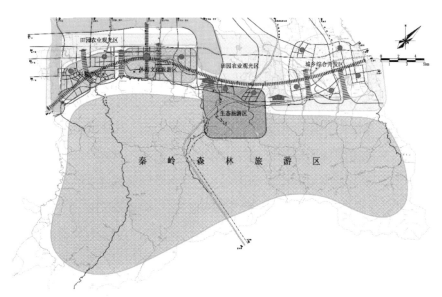

图1　秦岭北麓经济带功能空间布局图

二、新长安战略规划

（一）新长安战略规划编制背景

新中国成立以来，长安区域经济发展历经农业经济/非农产业化发展阶段和1990—2002年的城乡一体化发展阶段，区域经济发展先后实施了"产业促进""投资促进""空间极化""七星抱月"和"一带九园"等模式，奠定了长安区域走城市化道路基础。2002年，国务院批准长安撤县设区，标志长安进入都市化的发展阶段，面临区域发展方式转型。国家宏观政策及西安市打造具有历史文化特色的现代化国际性城市的发展目标定位，为长安区域经济发展规划提供了明确的、科学的指导思想，为长安区域经济发展创造前所未有的历史性机遇。

为此，长安立足区域的资源条件和社会经济特色，围绕西安中心城市的国际化、市场化、人文化、生态化的发展理念，从优化调控地域空间发展的时空秩序，实现中心城市与外围区域、自然与社会环境的协调等方面，科学研究制定新长安的发展战略具有重要现实意义。

（二）新长安战略规划编制方式

新长安战略规划编制采用公开国际招标形式遴选编制单位，作为组织方的规划技术支持单位，参与规划编制组织的全过程。新长安战略规划由"长安区区域经济发展战略总体策划""中国西部大学城广场规划""中国长安商贸城策划规划""子午大道景观规划"和"国内外公司总部聚集区规划"五个项目组成。招标组织编写了《"新长安战略"项目策划（规划）任务书》，明确招标项目背景、项目策划（规划）的基本依据、招标方案的基本要求、实施方案等（表2）。根据报名提交的投标文件，国内外15家规划编制单位入围取得竞标资格。经过两周时间准备，15家单位提交规划编制纲要或方案进行角逐，

"新长安战略"国际招标日程表　　　　表2

时间	地点	活动内容
7月10—28日	长安区	"新长安战略"前期策划、准备。在《人民日报》发布"新长安战略"国际招标公告（已于7月28日发布国际版），同时网上发布
7月29日—8月8日	长安区	应标单位咨询、报名
8月9—30日	曲江宾馆	审查确认应标单位资格
8月31日	曲江宾馆	召开"新长安战略"国际招标资格审查专家委员会会议，确定应标单位
9月1日	长安区	通知确定的应标单位参加9月6日的发标会议
9月6日	曲江宾馆	召开"新长安战略"国际招标项目发标会，发标、答疑
9月7日	长安区	参观考察西安市长安区，现场踏勘、答疑
9月16日	曲江宾馆	参标单位汇报应标项目的思路、概念或方案。专家评审
9月17日下午	常宁宫	发布结果，确定中标单位
12月10日	曲江宾馆	各中标单位汇报方案和成果
12月11日	曲江宾馆	专家评审
12月12日	曲江惠宾苑	召开"新长安战略"国际招标成果新闻发布会

最后10家单位取得应标资格。

2003年9月15—17日，长安区在西安组织召开了"新长安战略"国际招标项目评标会议，在听取入围投标单位五个招标项目所提交的18份投标文件汇报基础上，评标专家委员会对招标文件进行了充分、深入的审议，本着实事求是、公正、公平的精神，通过打分评标的办法，最后确定5个项目中标单位。

"新长安战略"国际招标工作是推动西安市长远发展以及实现21世纪西部大开发的重大举措，"新长安战略"五个项目是完整、统一的系统工程，应从"新长安战略"的理念、思路、实施方案等角度确保项目之间的协调和衔接，在理性分析的基础上进一步明确各项目的目标定位，统一协调实施方案。对各中标单位的投标方案评价和建议如下：

长安区域经济发展战略总体策划。中标方案定位准确，方案构思和理念具有一定的创新性和前瞻性，对长安区发展态势把握准确，优劣势分析透彻，方案可操作性强，有深入研究基础和富有经验的人员队伍。建议应充分吸收澳大利亚国家旅游发展研究中心的方案理念，深化长安在西安和关中"一线两带"区域中的功能作用研究，充分重视长安区城市地域空间结构以及长安与西安间联系的区域交通体系建设，从可持续发展角度营造区域产业、环境和生态网络体系。

中国西部大学城广场规划。中标方案对广场性质定位比较准确，分析内容比较全面，广场机能构筑富有新意，交通组织基本合理，方案具有一定操作性。建议明确广场在西安城市主轴线上的功能作用，强化广场与地域文化和地段城市功能要求的结合，在如何构筑新世纪现代化大学城广场的命题上进行深化研究。

中国长安商贸城策划规划。中标方案项目总体把握到位，商贸城开发定位体现了新长安精神，项目策划具有一定的前瞻性，项目投资开发管理比较合理。建议深化用地空间组织模式的分析，充分论证

Shopping Mall业态在长安区的适应性，进一步策划论证单位项目实施的条件和可行性，构筑客观有效的项目投融资方案。

子午大道景观规划。中标方案对项目认识准确，景观轴线定位明确，用地功能和景观空间组织结构比较合理，规划理念具有一定新意。建议在长安地域文化、新长安精神诠释的基础上吸收其他方案理念，深化功能地段景观设计和节点体系形象定位研究，合理地段用地功能组织，强化环境设计深度。

国内外公司总部聚集区规划。中标方案个性突出，用地布局严谨，规划理念具有一定超前性，能把生态、人文、历史有机地融合到设计中，建议吸收其他投标方案优点。从城市地域空间去定位总部聚集区位置，深化研究公司总部的功能定位，增强用地空间组织的弹性和灵活性。

（三）新长安战略规划成果

长安区区域经济发展战略总体策划以可持续发展理论为基础，树立新的发展观，以竞争战略理论为借鉴，树立市场化的区域与城市发展理念，依据消费者剩余理论塑造区域的吸引力，利用"以人为本"的规划观念塑造体现人文关怀的城市，借鉴国内外新城建设理论营造生态文化科教新城，借助经济学相关理论解决区域经济发展中的二元结构问题与经济发展战略基本理念。

总体策划构思体现"绿背景、生态网、科教城、产业园、文化区、休闲庄"的功能空间组织手法，总体策划把长安定位为：具有国际竞争力的生态文化科教新城，西安市的副中心，西安经济的增长极。确立以区域经济发展为核心的总体战略，构建区域经济发展总体战略、人口与城市化发展战略、产业发展战略、空间发展战略、交通发展战略、旅游发展战略、土地经营战略、生态环境发展战略等多角度分项实施项目体系，制定新城、大学城、产业经济发展等重大项目实施行动计划，落实重大项目实施（图2）。

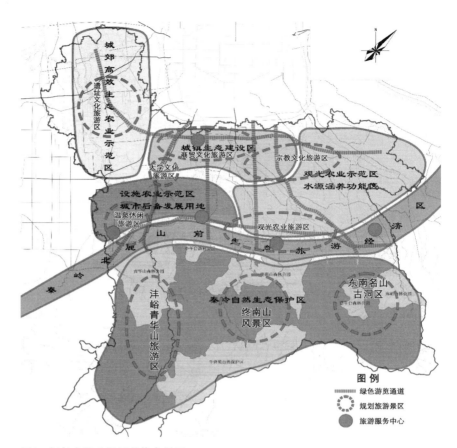

图2 新长安战略发展总体布局图

(四) 新长安战略规划效用

"新长安战略"国际招标在理论上理清了新世纪长安发展的战略思路,提供西安城市外拓和空间发展的基本依据,树立长安区改革开放、与国际接轨的新形象,营造长安区域投资建设的优良软环境氛围,构筑了长安实施重大项目决策的科学机制。至今,打造具有国际竞争力的生态文化科教新城的发展目标定位,仍然切合着城市区域发展建设实际,规划确定的生态建设理念在后续实践中没有得到科学传承延续,一定程度上导致了秦岭区域发展开发的失序。西部大学城广场、商贸城的实施因故走样,国内外公司总部仅实施了一期工程,没有持续推进，使地段错失了良好的发展机遇。因此，规划实施过程中必须进行系统组织谋划，构建科学的规划实施机制，明确"新长安战略"确定的区域功能、基础设施、建设项目推出的合适时机，制定项目开发建设时序，以保障战略规划得到顺利实施，避免发展建设中的盲目性，实现政府对区域发展建设调控的"主导权"。

三、感悟与思考

城市与区域战略规划必须认真研究城市空间发展客观过程，认识城市功能空间更替和聚散规律，避免城市区域发展过程中功能混杂和用地空间蔓延式拓展。

通过西安市长安区等发展战略规划研究以及总体规划和区域发展战略规划编制实践发现，经得起时间和实践验证的城市区域战略规划编制必须遵循的规划思想理念：一是遵循城市地域产业的成长规律。寻求地域经济发展和城乡一体化规划以及中心城市区域发展建设的动力机制，基于"系统综合、科学持续、因地制宜、生态原则"构筑地域产业序列，营造可调控的、产业依托的、城乡一体化的地域环境。二是形成有机的城市地域空间结构。根据城市区域发展历史过程，分析城市区域功能空间组织基本规律和演变趋势，在全域城乡一体化发展和城市区域统筹协调基础上，确定地域土地利用的布局形态和空间模式。三是依据生态原则评价地带用地条件。从自然生态系统和城市建设两个方向综合用地的要求，评定用地类别，协调城市区域系统与自然生态系统的关系，划定地域的开发类别和模式，明确开发建设区、开发控制区、协调开发区和保护开发区等各类地带，并确定各类地带的开发强度。四是建设适度与高标准相结合的城市区域基础设施体系。基础设施建设应与其开发的时序相一致，设施建设水平的确定要观念超前，立足"绿色、科技、文化"的内涵，指标要因地制宜。五是营造富有特色和个性的城市区域社会文化环境。追寻地域发展的文脉，谋求城市景观与自然景观交相辉映，创造城与乡、人与自然、现代与未来协调统一的城市肌理。

就规划编制内容来说，首先应明确规划项目的性质，通过系统分析、综合判断规划项目对于城市区域发展的功用，以及政府赋予规划的角色。其次，应树立全时空尺度的分析视野，从时间和空间两个维度分层次和时段认识规划区域的过去和未来发展趋向，要客观认识城市区域发展推动因素。一般认为城市区域发展的推动因素是政治、经济、文化、技术、资源禀赋五个方面，但对不同区域来说，其主导因素是不同，尤其区域发展建设核心的制度因素，某种程度上可能是城市区域发展的主因，需要城市区域发展制度创新地跟进。同时，应系统认识自然环境对于城市区域发展的制约，要明确不能逾越自然环境的"红线"范围。此外，科学归纳城市区域发展布局结构，适应新时代新型城市化发展建设规律，遵循城市区域化、区域城市化的现代城市区域空间组织格局和发展模式，按照生态文明理念科学分析生态发展成本，顺应信息化时代城市区域经济社会行为模式的新趋向，立足政策制度要求，构筑起高效、韧性的空间组织形态，营造美好的城市区域人居环境。最后，规划编制要突出主题和文化特色，探寻城市区域的精神标识和文化根脉，深入挖掘城市区域发展的文化内涵，助力绘制现代化城市区域发展蓝图。

春江水暖鸭先知，城市区域发展战略规划必须先行。

参考资料

（1）《长安县秦岭北麓经济开发带总体规划（2001—2010）》系列成果资料。
（2）《新长安战略》国际招标系列成果资料。

京津冀协同发展战略下的京津雄功能重构与产业协同发展

江曼琦

> **作者简介**
>
> 江曼琦，女，1963年7月生，南开大学英才教授、经济学院城市与区域经济研究所教授、博士生导师；中国城市经济学会学科建设专业委员会主任、中国区域科学协会副理事长、天津市城市科学研究会副理事长、天津市城市经济学会副会长，享受国务院政府特殊津贴专家。长期从事城市与区域经济、城市规划的教学和科研工作。曾获得教育部第八届高等学校人文社会科学研究优秀成果一等奖，主持完成国家社科基金重大项目"基于区域产业链视角的京津冀区域经济一体化研究"，在研主持国家社科基金重大项目"中国城市生产、生活、生态空间优化研究"，出版《区域经济运行机制研究》《城市空间结构优化的经济分析》等多部专著。在《中国社会科学》《中国软科学》等杂志发表论文多篇。

京津冀地区是我国政治中心所在地，也是我国经济开放程度高、创新能力强、人口密集的地区之一。自从2014年中央做出推动京津冀协同发展的重大决策部署以来，梳理京津冀地区发展的历程，把握发展现实，寻找实践和研究方向就显得非常必要。产业协同是京津冀协同发展的重要组成部分。与长三角的上海和珠三角的香港一直稳固占据区域经济中心地位不同，京津冀地区因拥有京津两个大城市，在打破了传统的区域分工关系后，京津的经济关系在不断调整，也使其区域合作复杂多变曲折前行。

一、事实：京津冀区域合作中的京津分工

分工是合作的前提，合作是更高形式的分工，但分工并不一定会引发合作。要了解京津冀地区的经济合作历程首先需要剖析京津分工格局的变化。

（一）京津传统分工格局打破时期（新中国成立至1980年）

新中国成立之时，北京市地区生产总值大约只有天津市地区生产总值的68.06%[①]，工业增加值为天津工业增加值的63.63%。随后北京在"变消费城市为生产城市"的发展思路下，几次规划都将经济中心纳入城市性质之中（表1），积极发展冶金、化工、机械、纺织等重工业产业，1953年北京市地区生产总值超过了天津，并一直延续至今。在北京"还要成为强大的工业基地"的发展方针指导下，1954年北京第二产业的产值超过了第三产业，1960年北京工业增加值也超过了天津，1970年北京的工业增加值和第二产业的产值占国内生产总值的比重分别高达67.2%和71.1%，1980年时北京规模以上重工业的比重已经上升到56.70%（图1），由新中国成立之时的消费城市变成了重工业城市。

历次城市总体规划关于北京和天津城市性质的表述 表1

城市	文件	主要内容
北京	1953年《改建与扩建北京市规划草案要点》	首都应该成为中国政治、经济和文化的中心，特别要把它建设成为中国强大的工业基地和科学技术的中心
	1958年《北京城市规划初步方案》	北京是中国的政治中心和文化教育中心，还要迅速把它建成一个现代化的工业基地和科学技术的中心
	1973年《北京市建设总体规划方案》	把北京建成一个具有现代工业、现代农业、现代科学文化和现代城市设施的清洁的社会主义首都

---

① 本文所用数据除了特别注明外，均为作者根据国家统计局网站上的相关数据整理、计算获得。

续表

城市	文件	主要内容
北京	1983年《北京城市建设总体规划方案》	北京作为伟大社会主义祖国的首都，全国政治中心和文化中心，国家级历史文化名城，国际旅游城市
	1993年《北京城市总体规划（1991—2010年）》	北京是伟大社会主义中国的首都，是全国的政治和文化中心，是世界著名的古都和现代国际都市
	2005年《北京城市总体规划（2004—2020年）》	北京市是中华人民共和国的首都，是全国的政治中心、文化中心，是世界著名的古都和现代国际城市
	2015年《京津冀协同发展规划纲要》	全国政治中心、文化中心、国际交往中心、科技创新中心
天津	《天津市城市总体规划方案（1986—2000年）》	具有先进技术的综合性工业基地，开放型、多功能的经济中心和现代化的港口城市
	1996年版《天津市城市总体规划（1996—2010）》	天津市是环渤海地区的经济中心，要努力建设成为现代化港口城市和我国北方重要的经济中心
	2006年版《天津城市总体规划（2005—2020年）》	天津是环渤海地区的经济中心，要逐步建设成为国际港口城市、北方经济中心和生态城市
	2015年《京津冀协同发展规划纲要》	全国先进制造研发基地、北方国际航运核心区、金融创新运营示范区、改革开放先行区

资料来源：作者根据相关文件整理，其中北京资料主要来源于：李建盛. 新中国成立后北京城市性质定位对全国文化中心建设的影响[J]. 北京联合大学学报（人文社会科学版），2015, 13（3）：1-8。

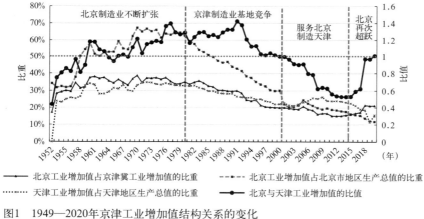

图1　1949—2020年京津工业增加值结构关系的变化

与此相对应，天津作为"京畿之门户"，曾经很长一段时间是"三北"地区的经济中心。北京经济的快速发展和天津一度由直辖市降为省辖市，天津在京津冀地区中的经济占比从1949年的59.5%下降到1970年的23.32%，历史上长期形成的北方经济中心的地位岌岌可危。1977年时北京与天津工业增加值比值达到1.40的一个高峰，至此，京津冀地区长期形成的"政治北京、经济天津"的区域分工格局被彻底打破，也拉开了京津冀地区制造业基地之争的序幕。

（二）京津制造业基地竞争时期（1980—2000年）

面对京津新的区域分工格局，1980年中央书记处对于北京发展的四条指示中提出"北京是我国的政治中心和国际交往中心"，从国家层面扭转了北京城市发展中对于制造业发展的偏好。1983年的《北京城市建设总体规划方案》中首次正式提出的"首都圈"概念，可将其作为京津冀区域合作思想的萌芽。该规划方案中不再提"经济中心""现代化工业基地"，并强调不再发展重工业①（表1），这一规划不仅冲破了就城市论城市的传统规划思维，也是对北京定位的一个纠偏。随后，为落实新修订的北京城市总体规划，"首都经济圈"概念被提出，希望通过与周边城镇的协调发展解决北京产业结构调整和转换问题[1]。然而，庞大的社会经济运行和发展规模，特别是"分税制"后对地方政府发展热情的刺激，在缺少国家足够财政支持背景下，北京"九五"计划中仍然提出了"以经济建设为中心，搞好北京市的各项工作"，但强调要"大力发展适合首都特点的经济"②，1993年的北京城市总体规划中又重申北京不再发展重工业，北京市工业产值在北京市地区生产总值中的比重开始逐年下降，直到1995年第三产业产值再次超过了第二产业产值。同时，通信设备、计算机及其他电子设备制造业等高新技术产业快速发展。

面对北京快速的经济增长，在北京经济总量已经超过天津和当时以制造业的竞争力判定经济中心的认识下，"首都经济圈"的构想并没有得到天津的积极回应，京津制造业发展出现竞争之局。为了重振

---

① 中共中央、国务院关于《北京城市建设总体规划方案》的批复（中共中央〔1983〕29号文件）。
②《北京市国民经济和社会发展"九五"计划和2010年远景目标纲要》。

天津的辉煌，天津转向加强与环渤海地区的合作，同时开拓新的发展空间，培育新的增长点。1994年3月，在天津市人大十二届二次会议上果断提出"用十年左右的时间基本建成滨海新区"的阶段性发展目标，扭转了不断上升的京津工业规模比值，京津工业规模差值开始缩小。1996年，面对我国社会主义市场经济体制刚刚确立，地区间盲目竞争问题严重的状况，国民经济和社会发展"九五"计划中适时提出逐步形成"多个跨省区市的经济区域"，以辽东半岛、山东半岛和京津冀为主体的"环渤海综合经济圈"被纳入国家发展战略[2]。与此同时，1996年和2006年国家在对天津城市总体规划的批复中都明确指出天津为"环渤海地区的经济中心"（表1）。至此，北京、天津两市的城市分工似乎已经明确。在国家战略的支持下，天津的经济有了一个快速的增长，京津两市优势工业从1985年的几乎一致到2000年时出现了一定的差异，同构现象得到极大缓解（表2）。

（三）服务北京、制造天津分工格局重构时期（2000—2014年）

尽管国家在北京与天津的城市总体规划中已经明确对于经济中心的批复，但从经济中心的内涵和条件来看，无论是地区生产总值还是工业总量，以及经济发展对区域的影响力和控制力，1996年时的北京都完胜天津，北京是京津冀地区乃至环渤海地区实际上的经济中心[3, 4]。从地理位置看，环渤海经济圈中心位置在天津，国家将环渤海经济圈的经济中心定位于天津，体现出国家对于京津重新回归"政治北京、经济天津"关系的期待。工业经济时代，以制造业的竞争力作为经济中心的认知条件下，天津滨海新区在自我发展十多年后，终于在国家"十一五"规划中被上升为国家发展战略。天津加速滨海新区工业发展，北京遵循国家对于城市发展的新定位，不断提升第三产业的比重，到2008年北京市第三产业占比已经达到了73.2%，比当时全国平均水平（40.1%）高出33.1个百分点。2000年后，京津地区重

表2

京津两市优势工业发展变迁状况

1985年		1990年		2000年		2010年		2016年	
北京	天津	北京	天津	北京	天津	北京	天津	北京	天津
化学工业 (16.17%, 2.17)	纺织业 (16.74%, 1.06)	化学工业 (13.92%, 1.74)	化学工业 (11.27%, 1.41)	通信设备、计算机及其他电子设备制造业 (32.87%, 3.73)	电子及通信设备制造业 (22.73%, 2.58)	通信设备、计算机及其他电子设备制造业 (16.27%, 2.07)	黑色金属冶炼及压延加工业 (16.36%, 2.21)	汽车制造业 (26.23%, 3.74)	黑色金属冶炼和压延加工业 (15.43%, 2.93)
机械工业 (13.10%, 1.05)	机械工业 (14.16%, 1.14)	黑色金属冶炼及压延加工业 (10.05%, 1.45)	机械工业 (10.12%, 1.13)	石油加工及炼焦业 (10.17%, 1.97)	黑色金属冶炼及压延加工 (7.82%, 1.42)	交通运输设备制造业 (15.90%, 2.00)	交通运输设备制造业 (11.49%, 1.45)	电力、热力生产和供应业 (23.01%, 4.73)	汽车制造业 (9.28%, 1.32)
黑色金属冶炼及压延加工业 (8.18%, 1.39)	化学工业 (9.69%, 1.30)	机械工业 (9.61%, 1.07)	黑色金属冶炼及压延加工业 (9.76%, 1.40)	黑色金属冶炼及压延加工业 (7.03%, 1.27)	化学原料及化学制品制造 (7.50%, 1.12)	电力、热力的生产和供应业 (15.48%, 2.67)	通信设备计算机及其他电子设备制造业 (10.28%, 1.31)	计算机、通信和其他电子设备制造业 (11.12%, 1.29)	食品制造业 (5.78%, 2.81)
交通、运输设备制造业 (7.99%, 1.65)	黑色金属冶炼及压延加工业 (6.58%, 1.12)	交通运输设备制造业 (7.78%, 2.04)	电气机械及器材制造业 (5.06%, 1.19)	专用设备制造业 (4.34%, 1.70)	交通运输设备制造业 (6.28%, 1.00)	石油加工、炼焦及核燃料加工业 (6.02%, 1.44)	石油和天然气开采业 (8.54%, 6.02)	医药制造业 (4.40%, 1.77)	金属制品业 (5.30%, 1.54)

续表

	1985年		1990年		2000年		2010年		2016年
	北京	天津	北京	天津	北京	天津	北京	天津	北京	天津
	电子及通信设备制造业 (7.11%, 1.79)	电子及通信设备制造业 (6.20%, 1.56)	电子及通信设备制造业 (5.97%, 1.91)	电子及通信设备制造业 (4.94%, 1.58)		石油和天然气开采业 (5.85%, 1.60)	煤炭开采和洗选业 (4.19%, 1.33)	石油加工、炼焦及核燃料加工业 (5.63%, 1.35)		铁路、船舶、航空航天和其他运输设备制造业 (4.91%, 2.77)
	电气机械及器材制造业 (5.58%, 1.07)	电气机械及器材制造业 (5.75%, 1.11)		金属制品业 (4.88%, 1.74)		石油加工及炼焦业 (5.17%, 1.00)		金属制品业 (4.05%, 1.41)		石油加工、炼焦和核燃料加工业 (4.67%, 1.57)
		金属制品业 (5.58%, 1.75)				金属制品业 (4.31%, 1.45)				通用设备制造业 (4.63%, 1.10)

注：1. 工业优势产业以北京市（天津市）某行业工业产值（工业销售产值）占北京市（天津市）工业总产值（工业销售产值）比重≥4%，区位商≥1为准则，且以产值比重为第一排位顺序。
2. 优势产业括号中第一个数字为工业产值（工业销售产值）比重，第二个数字为区位商。
3. 鉴于统计年鉴数据缺失指标一致性考虑，2016年使用工业销售产值指标，其他年份均采用工业产值指标。
4. 1985年数据来自《中国工业统计年鉴1986》，1990—2010数据来自《北京统计年鉴》《天津统计年鉴》，2016年数据根据《中国工业统计年鉴2017》整理得到。

返北京服务业、天津制造业的分工格局,并不断强化这种分工格局。

伴随着京津经济分工格局的重构,在不断深化的劳动地域分工中,京津优势制造业分工更加明显(表2),但仍缺少实质性的经济合作,没能在京津冀地区内形成区际产业链条。以技术服务业为例,北京向天津技术转移的交易额在省(市)级层面一直位列末端[5];以电子信息产业全产业链为例,北京是京津冀地区电子信息产品和营销中心,天津为电子信息制造业基地,2010年时北京和天津分别有占产品价值95.07%和66.03%的电子信息产品都在本市内销售[6]。

(四)京津经济分工再构时期(2014年至今)

2014年,京津冀协同发展上升为国家战略以来,京津围绕国家对其定位优化产业结构。北京加快构建"高精尖"经济结构,服务业的主导地位进一步加强,2020年第三产业的占比达到83.8%。但天津在长期快速增长背后积累下的偏重、偏旧的产业结构矛盾凸显,加上环境整治下大量重化工业被关停并转,新动能增长点青黄不接,2014—2020年天津的工业增加值占天津市地区生产总值的比重下降了7.6个百分点,北京与天津工业增加值的比值不断上升,2020年回到1.01(图1),"服务北京、制造天津"的经济分工格局再次被打破。

京津分工格局的再次打破,导致总量上,与长三角在全国的经济地位不断上涨相反,京津冀地区在全国的经济地位不断下降。缺少了一定经济规模的支撑,未来京津冀地区经济发展质量提升缺少回旋的空间。2008年全球金融危机之后,世界各国都不约而同地再次认识到制造业在国家和地区国民经济发展中的基石作用,新冠疫情冲击影响下,制造业的"压舱石"作用愈发凸显。经济结构上,天津制造业的下滑,京津冀地区制造业空心化现象凸显,2020年京津冀地区工业增加值占国内生产总值的比重只有23.09%,比2014年下降了6.77个百分点,比长三角少了10.91个百分点。与此同时,北京在京津冀地区中所承担的经济功能不降反增。2020年北京在京津冀地区的经济总量达到了41.78%，比2014年上升了2.78个百分点，比上海在长三角的比重多了23.01个百分点，相对于上海地区生产总值1977年后在长三角地区生产总值中的比重一路下降，北京经济规模在京津冀地区的比重一路上涨，京津冀地区经济发展还处在不断向北京聚集的阶段（图2）。

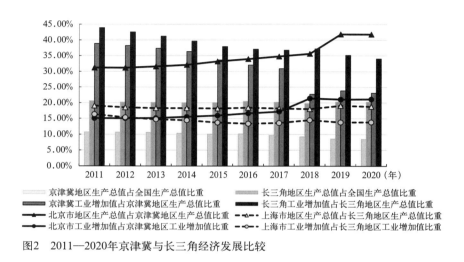

图2 2011—2020年京津冀与长三角经济发展比较

二、行动：京津冀协同发展中的京津经济合作历程

京津曲折前行的经济分工关系引发了曲折变化的合作历程，并反过来推进区域合作进程。从1980年代京津冀区域合作概念诞生伊始，到2014年京津冀协同发展上升为国家战略，不论是变化的"首都圈""首都经济圈""环渤海综合经济圈"的规划空间范围，还是"经济协作""经济一体化""产业协同发展"等合作内容和方式概念的变化，经济合作历史最为悠久。梳理京津冀区域合作的进程，2004年、2011年和2014年是三个关键的时间节点。据此，依据这三个节点可以将京津经济合作分为三个阶段：地方层面各自主导的松散经济

协作阶段、国家战略缓慢落实中的竞争合作阶段、中央强力推动下的政府主导型经济合作阶段。

（一）地方层面各自主导的松散经济协作阶段（1980—2003年）

京津冀地区的区域合作起源于对国土空间的整治和城市规划编制工作。早在1980年代初，在国家加强国土整治工作的决定下，国家建委组织编制京津唐地区的国土规划[7]，京津唐地区空间规划提上议程，但受到种种原因的影响，规划工作两年后暂停。随后，1983年《北京城市建设总体规划方案》中首次正式提出"首都圈"的概念，标志着地方政府方面有了合作的意识，从而拉开了京津冀地区合作发展的序幕。作为一个城市建设方面的规划，尽管规划对首都圈建设的内容没有具体的阐述，但中共中央、国务院对于规划方案的批复指出："北京的经济发展应当同天津、唐山两市，以及保定、廊坊、承德、张家口等地区的经济发展综合规划、紧密合作、协调进行"①，表明经济合作在首都圈建设中的重要地位。

除了城市空间发展战略制定中对于空间发展一体化考虑外，为了打破计划经济时代垂直关系高度强化、各区域间横向联系薄弱的局面，各种经济协作的组织应运而生。1981年，由京、津、冀、晋、蒙5省（区、市）组成的华北地区，率先在全国成立了我国最早的区域经济合作组织——华北经济技术合作协会，成为推动京津冀地区经济合作组织的最早雏形。曾在推动地区间物资调剂，加强技术协作和经济联合中发挥了良好的作用，但随着政府对企业控制力的减弱，该组织在1990年举办第七次会议后便不再活动。1986年，在时任天津市市长李瑞环的倡导下，环渤海地区15个城市共同发起建立了环渤海区域合作市长联席会制度[8]。然而，该联席会一直停留在务虚的层面上，

---

① 《中共中央、国务院关于〈北京城市建设总体规划方案〉的批复》（中共中央〔1983〕29号文件）。

缺乏更多实质性的合作行动。1988年，北京与河北环京的保定、廊坊、唐山、秦皇岛、张家口、承德6市组建了环京经济协作区。1994年以后，环京经济协作区因为生态环境遭到破坏，各县市重复建设问题严重，京冀区域的经济合作暂时陷入低潮，逐步名存实亡。

总体上，2004年之前，京津冀区域合作从空间一体化构想进入到探究区域经济协作，三地政府逐步认识到区域合作对于本地发展的重要意义，但各地政府的规划"自说自话"，规划始终停滞在"设想"的层面。受到地域邻近和经济差距显著的影响，北京更加偏好与河北进行经济合作。1990年代之前，由于计划经济占据主导地位，区域经济合作以地方政府为主导，采取松散的合作组织方式，以组织物资调剂为重点，辅以少量的技术协作，区域合作组织发挥了积极的作用。

（二）国家战略缓慢落实中的竞争合作阶段（2004—2013年）

2004年2月，京津冀三地政府在国家发展改革委于河北廊坊主持召开的京津冀地区经济发展战略研讨会上，围绕京津冀区域合作的必要性、现状、合作原则、合作制度、合作的主要内容等达成十条共识。《廊坊共识》提出"推动生产要素的自由流动，促进产业合理分工"[9]，把区域经济合作的主要内容从"调配物资"为主的贸易阶段转向了促进生产要素流动后的"产业合理分工"阶段，因此，《廊坊共识》也被许多学者视为京津冀区域合作进程中的里程碑。随后6月，京、津、冀、晋等7省（市）达成《环渤海区域合作框架协议》，三地间开始着手编制《京津冀都市圈区域规划》。尽管2009年以来国家相继出台了众多区域的发展规划，但是对于京津冀区域协同发展的规划纲要直至2015年4月才出台，京津冀规划编制时间之长，反映了中央对其发展的慎重考虑，也说明对规划中各自定位认识的不统一。环渤海经济区（圈）发展战略被"十一五"规划中的"京津冀城市群"、"十二五"规划中的"首都经济圈"所替代（表3）。

**我国历次国民经济和社会发展五年计（规）划中
涉及京津冀地区的主要表述** 表3

文件	主要内容
"九五"规划	进一步形成以辽东半岛、山东半岛和京津冀为主体的环渤海经济圈等若干个跨省（区、市）的经济区域
"十五"规划	①进一步发挥环渤海、长江三角洲、闽东南地区、珠江三角洲等经济区域在全国经济增长中的带动作用 ②加强以京津风沙源和水源为重点的治理与保护，建设环京津生态圈
"十一五"规划	①已形成城市群发展格局的京津冀、长江三角洲和珠江三角洲等区域，要继续发挥带动和辐射作用，加强城市群内各城市的分工协作和优势互补，增强城市群的整体竞争力 ②推进天津滨海新区开发开放 ③京津风沙源治理
"十二五"规划	推进京津冀、长江三角洲、珠江三角洲地区区域经济一体化发展，打造首都经济圈，重点推进河北沿海地区等区域发展
"十三五"规划	①推动京津冀协同发展 ②建设京津冀、长三角、珠三角世界级城市群
"十四五"规划	①加快推动京津冀协同发展 ②优化提升京津冀、长三角、珠三角、成渝、长江中游等城市群

资料来源：作者根据历次国民经济和社会发展五年计（规）划文件整理。

从2004年共同签署的《廊坊共识》开始，京津冀高层互访日渐频繁，合作协议、合作备忘录几乎每年都有签署，协议内容涵盖旅游、新技术产业、农业、交通、资源、环境等各方面（表4），合作的思路和目标初步清晰和明确，合作重点在于经济合作。然而，国家层面从"环渤海经济圈"到"首都经济圈"的变化，在今天看来带来两个方面的困惑：一是"首都经济圈"从字面上表现的显然是以首都为中心，通过经济联系而构建的具有内聚力的圈层。首都经济圈的空间范围取决于其经济辐射能力的大小，有关首都经济圈空间范围的争论中，无论是"3+2"还是"1+6+3""1+9+3"的方案，都将天津的全部或部分纳入其吸引的范围中[①]，同时首都经济圈又是环渤海地区

---

① "3+2"为在京津冀地区基础上，加入内蒙古和山东的部分地区；"1+6+3"为北京+河北的张家口市、承德市、保定市、廊坊市、唐山市、秦皇岛市+天津北部的宝坻区、武清区、蓟县；"1+9+3"模式在"1+6+3"基础上增加石家庄、衡水和沧州。

的一部分，这样，京津经济分工关系变得模糊，容易引发经济中心之争。实际上天津重点放在国家级滨海新区的开发开放，努力实现国家对其环渤海经济中心的定位，未能积极参与首都经济圈的建设。二是首都经济圈从字面上强调的是北京要对周边地区经济发展发挥指挥、协调作用，尽管这与北京全国政治中心、文化中心定位的空间影响范围不一致，但北京要在首都经济圈内发挥作用，就需要城市强化经济功能。因此，京津合作的诉求并不一致，中央政府推动"首都经济圈"建设行动成效有限。

2004—2009年京津冀地区签署的部分协议　　　　表4

时间（年）	协议名称
2004	《廊坊共识》《环渤海区域合作框架协议》《京津科技合作协议》《环渤海信息产业合作框架协议》
2005	《京津冀人才开发一体化合作协议》《环渤海16港口城市旅游合作框架协议》
2006	《推进环渤海区域合作的天津倡议》《北京市人民政府、河北省人民政府关于加强经济与社会发展合作备忘录》
2007	《京、津、冀旅游合作协议》
2008	《北京市　天津市　河北省发改委建立"促进京津冀都市圈发展协调沟通机制"的意见》《北京市人民政府　河北省人民政府关于进一步深化经济社会发展合作的会谈纪要》《天津市人民政府　河北省人民政府关于加强经济与社会发展合作备忘录》
2009	《北方地区大通关建设协作备忘录》《京津冀旅游合作协议》《京津冀地区共同建筑市场合作协议》《关于建立京津冀两市一省城乡规划协调机制框架协议》

（三）中央强力推动下的政府主导型区域合作阶段（2014年至今）

伴随着推动京津冀地区的协同发展上升为中国经济改革的"一号工程"，习近平总书记又多次就京津冀协同发展做出重要指示，中央领导频繁造访京津冀三地，迟迟没有批复的《京津冀协同发展规划纲要》经中央政治局会议审议通过[10]。《规划纲要》重新明确了京津冀地区及京津冀三省市各自的发展定位，京津冀协同发展的顶层设计和行动指南被进一步深化。2016年2月印发实施的《"十三五"时期京津冀国民经济和社会发展规划》，成为我国第一个跨省市的区域"十三五"规划，进一步明确了京津冀地区未来五年的发展目标。针对规划纲要提出的推进京津冀协同发展的核心问题就是疏解北京非首都功能，中共中央、国务院先后批复《河北雄安新区规划纲要》《北京城市副中心控制性详细规划》。至此，京津冀协同发展的战略布局基本完成，进入实施阶段。

京津冀协同发展作为一项重大的国家战略，核心是有序疏解北京非首都功能，行动上将交通一体化、生态环境保护、产业升级转移等作为率先取得突破的领域。在交通基础设施建设上，京津冀干线铁路、城际铁路、市域（郊）铁路、城市轨道交通融合发展，"轨道上的京津冀"已经初步形成，京津冀机场群和津冀环渤海港口群建设成效显著，交通一体化服务质量全面提高，极大地降低了京津冀之间交通联系的时空成本。生态环保联防联控不断深化，2020年京津冀地区$PM_{2.5}$平均浓度比2014年下降51%[11]，生态环境协同治理取得阶段性成果。

为了推进京津冀产业升级转移，中央各部委重点从两个方面推进产业转移和承接的工作：一是加强对产业有序转移和承接指导。工业和信息化部联合三地政府在2016年出台《京津冀产业转移指南》①，2017年京津冀协同发展领导小组办公室颁布了《关于加强京津冀产业转移承接重点平台建设的意见》②。二是以税收、交通一体化发展为重点，国家层面解决三地政府利益分配的问题，消除政府对于企业合理流动的障碍，降低区域间经济合作的交易成本。2015年，财政部和国

---

① 工业和信息化部、北京市人民政府、天津市人民政府、河北省人民政府联合发布《京津冀产业转移指南》。
② 北京市发展和改革委员会《对〈加强京津冀产业转移承接重点平台建设的意见〉的解读》。

家税务总局出台《京津冀协同发展产业转移对接企业税收收入分享办法》[①],随后国家税务总局又单独颁发《关于京津冀范围内纳税人办理跨省（市）迁移有关问题的通知》[②]。

在有序疏解北京非首都功能"牛鼻子"的行动策略下，京津政府间的经济合作工作大致可以分为三类：一是两地政府采取差异化的策略，直接推进京津冀的产业升级转移。北京通过对建设用地管控、差异化的区域电价和水价、资源和环境约束政策，倒逼一般制造企业、区域性批发市场、银行下属的电子银行、数据中心、呼叫中心等劳动密集型机构整体向外搬迁。天津则积极搭建承接产业转移的平台，从土地、信息、资金、子女教育、落户购房等多方面吸引北京外迁企业到津发展。二是两地政府共建共享产业载体，创新飞地经济合作方式。天津滨海中关村科技园、宝坻京津中关村科技城、中国科学院北京分院天津创新产业园等一批共建共享的产业园区诞生。其运作模式上，宝坻京津中关村科技城建立了"高层联席会"—"科技城管委会"—"项目公司"三层管理架构，科技城公司是项目开发的主体平台公司，中关村又是科技城公司的大股东，占股比例超过百分之五十。三是两地政府相关部门间签订合作协议，消除合作障碍。例如，2018年8月，京津冀三地科技、财政部门正式签订的《京津冀科技创新券合作协议》，共同推进"胜券在握、资源互通、互利共赢"的创新券区域合作机制[12]。2018年北京海关、天津海关率先启动京津冀海关通关一体化，并扩大至石家庄海关，北京经天津海运进口货物通关时间和运输成本均节省近三成。此外，产业联盟作为我国现阶段一种产业合作组织形态的重要形式，2015年后在京津冀地区得到蓬勃

---

① 财政部、国家税务总局《关于印发〈京津冀协同发展产业转移对接企业税收收入分享办法〉的通知》。
② 国家税务总局《关于京津冀范围内纳税人办理跨省（市）迁移有关问题的通知》。

发展。新组建成立的产业联盟已逾百个。这些产业联盟既有研发合作、产学研一体型的产业联盟，例如，京津冀钢铁行业节能减排产业技术创新联盟、京津冀石墨烯产业发展联盟；也有制造业一体型的产业联盟，如京津冀智能制造协作一体化发展大联盟；还有为推动三地各类要素资源自由流动建立的要素市场联盟，如"京津冀产权市场发展联盟""京津冀技术转移协同创新联盟"。

　　从中央到地方一系列改革举措和创新政策的推出，北京创新资源辐射外溢不断提速，京津经济合作中要素流动性不断增强。"十三五"时期，天津引进北京项目3062个、投资到位额4482亿元[①]。但是，京津经济合作中，一方面北京的疏解主要面向河北，按照"2+4+46"重点平台建设规划[②]，疏解承接地基本位于河北省范围[③]。而"十三五"时期，三地间的技术合作日益紧密，北京输向津冀技术合同项目数量、成交额和占北京技术合同成交额的比重逐年上升，分别从2014年的3475项、83.2亿元和4.8%上升到2019年的4908项、282.8亿元和9.9%[④]。但其中北京向天津输出的技术交易量只占其中的27.14%。另一方面，中央政府推进京津冀协同发展的坚定决心是京津冀区域合作的一大推力，但同时京津冀地区区域合作具有强烈的政治利益色彩，京津经济合作中基于市场导向的合作较少。不仅上述一、二、三类合作主要由政府主导，本应由企业主导的产业联盟也主要由政府和行业协会发起和运行，企业主体地位不明显。例如，京津冀智能制造协作一体化发展大联盟由河北省机械行业协会、天津市滨海新区智能

---

① 《天津市2021年政府工作报告》。
② "2+4+46"分别表示：北京城市副中心和河北雄安新区两个集中承载地，曹妃甸协同发展示范区、北京新机场临空经济区、天津滨海新区、张承生态功能区四大战略合作功能区，及46个专业化、特色化承接平台。
③ 中华人民共和国中央人民政府，《京津冀加强建设产业转移承接重点平台》。
④ 根据北京市科学技术委员会、中关村科技园区管理委员会的统计年报数据整理。

制造产业技术创新战略联盟等10个产业协会（联盟）共同组建，钢铁行业节能减排产业技术创新联盟由三地科技部门组建。

三、展望：谱写新时期"京津双城记"

（一）京津雄新型经济分工合作关系的构想

产业协同是京津冀协同发展的重要组成部分。产业协同实质上是一种合理高效的区域产业分工模式，可以说产业分工是产业结构调整、产业转移和产业合作的结果，实现协同高效的产业分工是京津冀协同发展的支撑、重点和难点。尽管经历过"政治北京、经济天津""服务北京、制造天津"的京津两市，早已不再争论谁是京津冀地区经济中心的话题，北京非首都功能疏解的主要承接地在河北，也不是天津，但是京津冀地区经济发展的重任仍由北京承担，不仅不利于京津冀地区发展，也不利于北京非首都核心功能的疏解。唱好新时代京津"双城记"，重塑京津发展关系，是落实疏解北京非首都功能任务的保障。

京津冀协同发展的出发点和落脚点是解决北京"大城市病"问题，北京在京津冀地区过高的经济比重，意味着过重的发展经济的压力，迫切需要"外向发力"，打造新的增长空间来疏解、分担其经济的职能。北京城市副中心和河北雄安新区作为北京非首都功能疏解两个集中承载地，已从规划建设为主进入到承接北京非首都功能和建设同步推进的时期。国家"十四五"规划中提出"高质量建设北京城市副中心""高标准高质量建设雄安新区"。这两个集中承载地，特别是其中的雄安新区，《雄安新区规划纲要》中将其发展定位于"现代化经济体系的新引擎"，要求"对河北省乃至京津冀地区发挥辐射带动作用"。如果能够通过高标准高质量的雄安新区发展，承载北京疏解出的生产要素，集聚全球创新资源要素，并利用其集聚的大量企业管理部门指挥调配其生产要素的布局，同时以建设雄安新区带动冀中南乃至整个河北发展，则可以促进京津冀区域经济发展从极化转向扩散。因此，加快雄安新区的发展，将京津冀地区经济双中心的格局演进到北京—雄安—天津的三足格局，对于京津冀地区协同发展而言，不仅是实现京津冀创新发展示范区功能定位的战略部署，也是改变京津冀经济功能过于集中于北京、促进京津冀经济布局均衡发展的重要契机。

新时期京津冀地区北京经济功能的疏解，新的分工格局的建立，需要京津雄的共同努力。尤其天津需要找准比较优势，练好内功，壮大经济实力。按照国家对于北京城市副中心和雄安规划的顶层设计，北京城市副中心"重点围绕前沿技术研发环节、科技创新服务环节进行布局"[1]，雄安新区重点承接著名高校和科研分支机构、高端医疗机构分院和研究中心、金融机构总部及分支机构，高技术产业和高端服务业[2]，而在《京津冀协同发展规划纲要》中，河北被定位为全国现代商贸物流重要基地、产业转型升级试验区。在目前京津冀地区制造业与服务业比例失调的状况下，作为我国曾经的工业重镇和国家对其全国先进制造研发基地的定位，加快制造业发展既是天津发展的机遇，也是天津落实国家对其发展定位，促进京津冀协同发展中的责任，还是天津与北京和聚集创新资源后的雄安，构建京津冀地区区际创新链、推进区际创新链与制造业供应链深度融合的基础。因此，天津首先要加快先进制造业的发展，保持制造业的合理规模和比重，积极构建"服务北京和雄安，制造天津"的新格局，为京津冀地区的发展奠定基石。其次，天津坐拥北方第一大港，是"三北"地区的海上门户、北京和雄安新区主要的出海口，"一带一路"重要的海陆交汇点。利用港口优势，加快以航运金融租赁业务和风险投资为重点的金融保险业，以服务西北、华北为主体的航运服务业，以面向西北、华

---

[1]《北京城市副中心（通州区）国民经济和社会发展第十四个五年规划和二〇三五年远景目标纲要》。
[2]《河北雄安新区规划纲要》。

北为重点的贸易业服务，统筹推进天津北方国际航运枢纽建设，并通过世界一流港口建设，提升北京和雄安跨境贸易便利化，是京津、津雄合作的又一重要支点。

传统的理论认为，产业分工越明显、差距越大，越可能建立分工合作关系，同时传统的经济分工关注行业间的分工，强调各地按照其比较优势、特色实现地域分工。然而，一方面，分工的产业间如果缺乏上下游关联，产业间很难形成互动合作关系；另一方面，随着劳动分工的加深，迂回生产链条延长，需要打破传统的垂直分工格局和构想，细化行业内的分工，建立有效的链接关系。因此，未来京津雄的经济分工，不应该是"北京创新、津冀转化"的简单劳动地域分工，这样的劳动地域分工实际上也会进一步极化北京的经济功能。在北京建设"全国科技创新中心"、雄安定位"创新驱动发展引领区"、天津建设"先进制造业研发基地"的定位中，要加强知识创新与技术创新过程的分解与融合，实现京雄知识创新与天津技术创新环节，京雄现代交通、电子信息技术、环保等领域和天津先进制造业、城市建设与社会发展等领域错位竞争，协同构建完整的创新链。同时，也需要天津着力将"制造"升级为"智造"，为北京的高科技创新提供应用市场，推进京津产业链和创新链的对接与升级迭代。

（二）京津产业协同发展的策略

从"九五"时期的"环渤海经济圈"，到"十二五"时期的"首都经济圈"，再到"京津冀协同发展"，战略名称变化的背后折射出的是区域合作内容、合作方式的根本性转变。在我国经济由高速增长转向高质量发展阶段、京津冀地区生态环境恶化的大背景下，伴随着我国政府职能的改革，京津冀协同发展战略把京津冀区域经济分工和合作延续和升华，区域合作从主要围绕经济发展的经济合作转向对生态环境的共同治理和交通基础设施一体化、公共服务一体化建设等方面，经济合作在区域合作中的地位由起初的中心任务演变到退居二线。区域经济合作内容也从最初松散型经济协作中的物资调配、商品贸易协作转到了促进要素自由流动。与区域环境治理和区域交通建设由政府直接推动相区别，区域经济合作中政府的职责变为了搭平台、保障合作竞争环境。未来需要更多研究要素调配的机制、产业的发展环境。

从政府层面，作为北京，在有序疏解北京非首都功能为"牛鼻子"的行动策略下，一方面需要疏散部分产业以缓解城市发展压力，但同时作为一个聚集众多人口的地区，在缺少国家常规性特殊财政政策制度支持下，北京需要为自身社会经济运转留出足够产业发展空间。2014年以来，尽管北京一般公共预算收入在不断上涨，财政自给率从2014的89.00%下降到2020年的77.06%，但无论是省级层面还是城市层面其财政自给率均位于我国前列。2020年北京市实现一般公共预算收入5483.89亿元，其中企业所得税和增值税占据预算收入的51.71%，表明北京城市发展对中央转移支付的依赖程度低、对企业经济发展的依赖程度高。因此，需要积极探索在中央预算科目下增设"首都建设专项补助"项目，增加中央对北京市的转移支付，赋予首都税收创制权，开辟地方自主税源，降低北京财政收入压力，增强北京疏解非首都功能的动力，为津雄经济发展腾出空间。对于天津，要承接北京转移出的高端产业，壮大经济实力，一方面需要政府以优质服务为市场主体办事增添便利，提供一流营商环境；另一方面则需要对接北京的转出产业所需要的产业生态环境，按照转移企业区位偏好聚集相关企业、人才，改善产业配套环境。

从企业层面来看，我国市场化进程的加速，在市场决定资源配置的今天，北京企业受严格执行《北京市新增产业禁止和限制目录》的影响，企业外移、扩张时会根据企业自身的发展需要从全国，乃至全球更广阔的视野来进行企业生产布局，并不一定流向天津和河北。例如，北京汽车制造业的扩张只有极少部分流向了津冀。北京现代河北沧州建设分厂后，最终在京冀渝三地布局五厂[13]。京津产业对接更多遵循市场经济规律。而北京外移的不符合首都功能定位的落后产业或夕阳产业很大可能也是天津不想承接的产业。因此，在我国市场化进程加快的今天，促进京津经济合作相对于建立高层次的合作磋商协调机制，更重要的是保障生产要素的自由流动。用建立小范围的行政壁垒来破除原有的行政壁垒，终究无法适应市场化改革的大势。为此，首先要围绕构建高水平社会主义市场经济体制，加快推进政府职能转型，明确政府与市场的界限，最大限度减少政府对市场要素资源的直接配置和对微观经济活动的直接干预，本着平等、公平、协商的态度，消除仍然阻隔京津协同发展要素自由流动的各种壁垒，积极推进包括资本、技术、劳动力、信息、产权等要素市场一体化改革，统一市场准入和退出机制，培育和开拓统一大市场，重点研究政策一体化的内容，为京津产业协同发展按照市场经济规律优化资源配置创造条件。其次，加快民营企业发展，培育壮大市场主体，增强企业活力。市场经济中，来自市场主体的自发联合行动才是协同发展的核心动力源。京津冀地区国有经济比重较高，民营经济发展缓慢。2020年京津冀地区国有控股企业法人单位数占企业法人单位数的比重和国有控股工业企业资产占规模以上工业企业资产的比重分别为1.3%和52.78%，而同比国内经济发达的长三角分别为0.87%和21.52%，广东省分别为0.73%和19.72%。其中北京该比重分别达到21.47%和72.47%。2020年中国民营企业500强榜单中天津只有9家上榜，且6家属于黑色金属冶炼、有色金属冶炼、金属制品和石油加工业。京津经济合作中市场难以在要素资源配置中发挥决定性作用。因此，要积极培育市场经济主体，并以此推动企业以市场为基础密织跨区域区际经济联系网络，变由政府和行业协会为主导的产业联盟为企业主导、行业协会牵头自发的联盟，让企业成为京津经济合作的主体和推动者。

（本文原载《上海交通大学学报（哲学社会科学版）》2022年第2期，纳入本书时有改动）

参考文献

[1] 首都经济圈协调发展调研组. 首都与周边城镇协调发展的大思路[J]. 北京规划建设, 1994（2）：13-15.

[2] 中华人民共和国国民经济和社会发展"九五"计划和2010年远景目标纲要[J]. 人民论坛, 1996（4）：6-9.

[3] 杨开忠. 北京经济基础的基本特点与变化趋势[J]. 地理学报, 1997（6）：3-12.

[4] 江曼琦. 京津二市的分工与合作[J]. 地域研究与开发, 2004（5）：38-42.

[5] 江曼琦, 刘晨诗. 影响技术转移效率的区位因素分析——兼论京津冀技术合作的障碍[J]. 天津社会科学, 2018（3）：107-113.

[6] 江曼琦, 刘晨诗. 京津冀地区电子信息产业结构优化与协同发展策略[J]. 河北学刊, 2016（6）：135-142.

[7] 李世义. 我国国土工作翻开新的一页[J]. 瞭望, 1982（9）：24-26.

[8] 孙虎军. 关于环渤海区域合作市长联席会第十五次市长会议有关情况答记者问[J]. 环渤海经济瞭望, 2011（6）：9-10.

[9] 廊坊共识[J]. 天津经济, 2004（4）：1.

[10] 中共中央政治局召开会议分析研究当前经济形势和经济工作审议通过《京津冀协同发展规划纲要》[J]. 城市规划通讯, 2015（9）：1-2.

[11] 温红彦, 张志锋, 贺勇, 等. "下更大气力推动京津冀协同发展取得新的更大进展"[N]. 人民日报, 2021-10-20（001）.

[12] 张璐. 手握创新券 行遍京津冀[N]. 天津日报, 2018-08-16.

[13] 鲁达非, 江曼琦. 京津冀汽车制造业转型升级的思路与策略[J]. 河北学刊, 2021（4）：164-172.

从省批到国批
——关于间隔20年的两次南京都市圈规划随想

邹军

> **作者简介**
>
> 邹军,男,1964年1月生,江苏扬州人。南京新时代国土空间规划研究院院长,研究员级高级工程师,享受国务院政府特殊津贴。1985年毕业于南京大学城市与区域规划专业,2001年获博士学位。曾任中国城市规划协会副会长,中国生态城市研究院院长,江苏省城市规划设计研究院党委书记、院长,中规院(北京)规划设计有限公司江苏分公司首席规划师,江苏省十二届人大代表、省人大常委会环境资源城乡建设委员会委员。作为负责人之一编制完成"江苏省城镇体系规划""江苏省都市圈规划"等。出版《城镇体系规划:新理念、新范式、新实践》《都市圈规划》等学术著作。曾获"全国优秀城市规划科技工作者""江苏省勘察设计行业优秀企业家(院长)""江苏省优秀科技工作者"等荣誉称号。所做项目曾获"全国优秀工程勘察设计银奖"。

2021年2月,国家发展改革委复函原则同意《南京都市圈发展规划》,作为最早编制都市圈规划的专业人士之一,自然又一次勾起我对20年前相关工作的回忆并引发不少随想。

一、都市圈规划是否有效,首先需要获得相关权力机关批准

20年来,全国各地都市圈规划编制的多,批准的少,南京都市圈规划此次获得国家发展改革委批准,是在国家层面第一个获批的都市圈规划,这是非常难得的成果,也是2002年江苏省政府批复《南京都

市圈规划（2002年—2020年）》后的历史性突破，开创了国家批准都市圈规划的先河（图1）。

图1　江苏省政府关于《南京都市圈规划》的批复

在世纪之交的中国，都市圈是开放的产物，是承载开放型经济的空间载体，都市圈规划则是重大制度创新，是改革的体现，作为1.0版的南京都市圈规划建立了应对经济全球化与全球城市化快速发展挑战的都市圈区域发展策略，提出了中心城市加快发展的路径和城镇密集地区的分区发展与管制要求，促进了都市圈区域基础设施、公共设施和生态环境建设一体化进程。正因为都市圈内城市以及江苏、安徽两省都能各取所需，20年来南京都市圈规划才能始终得到实施、修编、再实施，不断取得新成效，不断提出新目标。国家发展改革委在《南京都市圈发展规划》批复中提出"以促进中心城市与周边城市同城化发展为主攻方向，以健全同城化发展机制为突破口，着力推动基础设施一体高效、创新体系协同共建、产业专业化分工协作、公共服务共建共享、生态环境共保共治、城乡融合发展，把南京都市圈建设成为具有全国影响力的现代化都市圈，助力长三角世界级城市群发展，为服务全国现代化建设大局作出更大贡献。"体现了一张蓝图干到底、继承发展相统一的基本规划思维。

二、时隔20年的两次南京都市圈规划获批，区别很大

2000年前后，依据《江苏省城镇体系规划（2001—2020）》，江苏省政府组织开展包括《南京都市圈规划（2002年—2020年）》在内的3个都市圈规划编制，当时南京都市圈规划范围包括江苏宁镇扬和安徽马芜滁，得到6市积极响应。

《南京都市圈规划（2002年—2020年）》在编制之初，曾考虑过与安徽省联合编制或由国家主管空间规划部门（建设部）组织编制，但是安徽省有关部门一方面不反对马芜滁参与南京都市圈规划，另一方面对两省联合编制持不同意见，而主管全国空间规划的部门对开展包括南京都市圈规划在内的江苏提出的都市圈规划积极支持，但对直接组织编制以及后来批准涉及跨省的都市圈规划有所顾虑（至今仍然非常感谢时任领导们对江苏和我们团队十分睿智的支持和帮助，并授予江苏都市圈规划2003年度建设部优秀城市规划设计一等奖）。为此，最终由江苏省建设厅具体组织编制了《南京都市圈规划（2002年—2020年）》，并于2002年12月获得江苏省人民政府批准，效力仅限江苏省内，其中对安徽3市，只要求江苏自身"发挥现有协作组织、机构的功能和作用，加强与都市圈内邻省有关地区的联系和协调，促进都市圈的协调发展"。而此次国家发展改革委对《南京都市圈发展规划》的复函则是"请江苏、安徽两省共同推进规划实施……南京市及都市圈其他城市是南京都市圈建设的责任主体，要切实加强对规划实施的组织领导，完善都市圈党政联席会议机制，共同编制专项规划，科学制定年度计划，谋划推进合作事项，推动各项任务落到实处。《规划》涉及的重大事项、重大政策和重大项目按规定程序报批。"因此，批准的层级、效力明显不同。

可喜的是，20年来南京都市圈相关城市以及江苏、安徽两省态度越来越开明、思路越来越包容、行动越来越统一，规划范围也比20年

前扩大很多，大家持之以恒修编规划、联合报批规划、探索实施规划，自身获益的同时，这也为全国的都市圈规划带了好头。

三、在统一规划体系的背景下，发展规划与国土空间规划泾渭更加分明

如今，都市圈规划编制、审批、实施的框架逐步明确，出现了都市圈发展规划、都市圈国土空间规划等类型。但是20年前，江苏在编制、审批以南京都市圈规划为代表的江苏三大都市圈规划时，从一开始就没有把规划内容限定在今天所谓的发展规划内容或国土空间规划内容，始终坚持综合性规划、政府规划的定位和层次。以《南京都市圈规划（2002年—2020年）》为例，其内容包括：

都市圈发展背景分析
一、都市圈形成的条件分析
二、规划范围的确定
三、发展动力
都市圈功能定位与发展目标
一、功能定位
二、发展目标
都市圈空间发展与区域管治
一、空间发展
二、区域管治
都市圈专业规划
一、产业发展规划
二、基础设施规划
三、生态环境规划
四、社会事业规划

都市圈近期规划

一、产业发展

二、交通设施

三、物流体系

四、旅游发展

五、金融及服务一体化

六、生态环境

四、都市圈是自然形成与规划推动共同作用的产物

《江苏省国土空间总体规划（2021—2035年）》的公示稿中，全省空间格局继续坚持南京、苏锡常、徐州三大都市圈的提法，但《上海大都市圈空间协同规划》包括了苏锡常三市，南京都市圈包括了常州的溧阳、金坛，江苏"十四五"规划和徐州市甚少提及徐州都市圈，而提徐州是淮海经济区中心城市。对此，我认为南京、苏锡常、徐州三个都市圈是自然形成与规划推动共同作用的产物。从1997年初次编制江苏省城镇体系规划提出三个都市圈构想，到2000年江苏城市工作会议提出都市圈战略，再到2002年经国务院原则同意、建设部批复《江苏省城镇体系规划（2001—2020）》确认南京、徐州、苏锡常三个都市圈，各级党委政府、学界、社会以及我个人对都市圈的认识不断深化，但我自始至终坚持：苏锡常是上海大都市圈的重要组成部分，只是按行政管理体系，江苏的规划最初只能提苏锡常都市圈，随着改革的深入和区域一体化进程，国家和相关省市终将共同编制包括苏锡常在内的上海大都市圈划，今天我们看到这已成为现实；随着南京中心城市能级的提升，南京都市圈也会超出最初的苏皖6市而不断扩容，这一点今天也已实现；相邻都市圈之间是可以有空间交集的，无论是上海大都市圈和南京都市圈共有溧阳、金坛，还是南京都市圈和合肥都市圈今后将可能共有部分安徽城市。

徐州都市圈提出之前，1986年著名经济学家于光远先生提出淮海经济区，徐州是淮海经济区的中心。2002年江苏省批复《徐州市都市圈规划（2002—2020年）》（包括江苏徐州、连云港、宿迁3市，不包括安徽、山东、河南邻近城市，原因见前述），2017年国务院批复《徐州市城市总体规划（2007—2020年）》确认徐州是淮海经济区中心城市。各方对推动淮海经济区列入国家规划还是继续提升徐州都市圈规划、是追求跨苏鲁豫皖4省18市协力建设淮海经济区还是江苏省内3市率先协同建设徐州都市圈（江苏部分），长期纠结、莫衷一是，国、省、市三级战略摇摆不定，客观上影响了徐州都市圈规划的实施、修订、再实施。我认为，推动淮海经济区中心城市建设和发展徐州都市圈不仅不矛盾，而且还是有机统一的，只要工作步骤有序、区分层次重点、细化空间对策，可以做到相互促进、相得益彰。徐州作为淮海经济区中心城市可以争取国家政策支持，发展现代化都市圈已有明确的国家政策支持，不能为个性化政策争取而忽视普惠性政策运用。

五、新时代的都市圈规划任重道远

如果说20年前我国开始探索都市圈规划，进入新时代，都市圈规划的背景已发生变化：从"做大做强中心城市"转向中心城市与周边区域协同一体化发展；对"加快城市化进程"的关注从数量提高转向质量提升；都市圈建设的指导思想向生态文明、空间治理的新发展理念转变；国家赋予各个都市圈的差异化使命与要求越来越鲜明。然而跨行政区协调始终是都市圈规划的核心任务之一，从全国的实践看，南京都市圈做得较好，上海大都市圈更大突破值得期待，但隐忧尚存。《长三角生态绿色一体化发展示范区国土空间总体规划（2019—2035年）》草案公示稿中，提出"两核、四带、五片"的空间结构，其中的"两核"能否成立，对示范区"两区一县"，甚至长三角一体化进程产生重大影响。

首先,"两核"构建有隐患。规划提出"虹桥商务核"和"淀山湖绿核",然而对"虹桥商务核"成败具有决定性影响的虹桥枢纽本身位于协调区,并不在示范区内,"淀山湖绿核"所依托的淀山湖区域也不完整,其中昆山市淀山湖镇、锦溪镇和周庄镇都不在示范区范围,也位于协调区,规划对示范区外的管控效力不足,"两核"形成的不确定性较大。

关于"虹桥商务核",上海可以通过虹吸效应,借苏、浙两省之力,使虹桥地区获得发展先机,这从虹桥密集的功能性平台建设运营即可见一斑(虹桥进口商品展示交易中心、长三角电商中心平台、国家会展中心等)。作为示范区最重要的"经济核",虹桥地区仍处于重大项目密集建设、高端资源扎堆投放的集聚阶段,尚未真正走向资源扩散、共享共融阶段。这样不仅导致高端要素持续单向流动,也不利于示范区一体化发展,更不利于沪苏跨界地区的融合。但另一方面,虹桥枢纽高铁客流已经饱和(虹桥站2020年设计年发送旅客5272万人次,仅2018年累计到发旅客就高达1.31亿人次),航线又以国内为主,难以支撑跨国总部经济、会展中心的定位。可以说,虹桥枢纽国际航线不足、高铁客流饱和,已经成为"虹桥商务核"进一步发力难以逾越的瓶颈。

关于"淀山湖创新绿核",规划提出以环淀山湖区域为创新绿核,打造生态、创新、人文融合发展的中心区域。而现实情况是,环淀山湖周边五个乡镇为昆山市周庄、锦溪、淀山湖镇和青浦区金泽、朱家角镇。其中,除淀山湖镇以外,其余四镇均为国家历史文化名镇。该地区生态资源丰厚,水美乡村密集,作为示范区绿肺和高品质生态开敞空间具有得天独厚的优势,但高密度的水网基底和低强度的开发模式,龙头企业的缺乏和交通区位的相对偏离,使得该地区难堪示范区"硬核"重任。此外,该地区绿色创新发展新高地的定位与"水乡客厅"的关系也含混不清,发展过程中容易失焦。

基于以上分析,我曾向江苏有关方面提出两条建议,一是"主动作为求平衡",即推动苏州机场建设,与虹桥机场、浦东机场错位发展;推动苏州南、苏州北建设,与虹桥高铁站错位发展;依托苏州南、苏州北、虹桥高铁和机场形成长三角巨型复合枢纽。虹桥与浦东两个机场的分工、虹桥与苏州的区域交通关系衔接,多年来直接影响到江苏发展的绩效。纵观历史,1999年浦东机场通航,定位为国际枢纽机场,虹桥几乎将全部国际航线迁移浦东以支持其发展。因浦东机场与苏南地区相距较远,苏南又是浦东机场主要客源地之一(大数据显示,2019年,苏州市居民航空出行主要利用的机场前三位分别为:虹桥机场,出行旅客占苏州全市的33%;萧山机场,出行旅客占苏州全市的24%;浦东机场,出行旅客占苏州全市的22%),所以当时江苏力推苏南国际机场建设,以部分缓解苏南客流出境难的困境。2010年,无锡硕放机场更名为苏南硕放国际机场,并迎来了大发展阶段。而仅仅两年之后,上海又将部分国际航班重新迁回虹桥,并主打东南亚航线。这一"精明举措"有效遏制了苏南国际机场发展迅猛的势头,并导致近十年苏南国际机场不温不火的发展状态。而随着虹桥机场客流的饱和,上海第三机场最终落地南通,苏州航空条件仍未得到改善。但国际经验表明,苏州这样能级的城市和所在区位,没有干线机场是不可持续的,苏州机场也不是仅仅服务苏南地区。理想状况是虹桥机场、浦东机场均以国际为主、国内为辅,苏州机场以国内为主、国际为辅,共同服务长三角,苏州机场与苏州南应该具有快捷完善的换乘;高铁虹桥站到发的高铁以上海目的地客流为主、国内(铁)国际(空)换乘为主,苏州南、苏州北到发的以非上海目的地客流为主、国内空铁换乘为主。

二是"示范区内谋造核",即针对示范区"无核"的尴尬,在条件成熟地区尽快"造核"。规划"水乡客厅"位于"两区一县"交汇处，从一体化示范角度而言，区位绝佳。且苏州南站位于水乡客厅核心位置，未来苏州南站将成为通苏嘉和沪苏湖高铁黄金十字交会点，枢纽地位将今非昔比。因而，以苏州南站为依托，建设新一代枢纽服务区，吸引水乡客厅具有全球影响力的复合型文化中心依托南站布局（如规划提出的江南水乡博物馆、长三角艺术中心和长三角一体化发展展示中心等）。同时增加苏州南至虹桥的高密度城际快轨，构建面向长三角的现代服务业集聚区，吸引总部经济和创新经济落地生根，作为江苏自主可控和先期建设的战略空间，成为示范区内部的核心增长极。

在《上海大都市圈空间协同规划》（以下简称"《规划》"）公布之际，面对专家和媒体的提问，我又对该规划谈了四方面的看法：

首先，是对于上海大都市圈范围的认定。《规划》建立了"大都市圈（全域）—战略协同区（次分区）—协作示范区（区县级）—跨界城镇圈（镇级）"四层级的空间协同框架，江苏的南通作为长江口与沿海战略协同区的一部分，苏州、无锡、常州作为长江口与环太湖战略协同区一部分纳入，苏州的吴江、昆山还是淀山湖战略协同区的一部分。《规划》公布之后，社会上产生了一些有关规划范围问题的讨论，主要集中在对于南通入圈的兴奋和对常州"入圈"的质疑上。其实这两者背后某种程度上体现的是同一个问题。南通得以入圈，是基于近10年来南通的快速发展，基于上海的功能外溢的红利，是客观经济社会联系加强的结果。南通与上海在港口、空间、产业上的互补，在跨江交通条件改善和信息化时代的背景下，形成了相对于浙江方向对应城市的比较优势，形成了某种入圈的需要与紧迫性（基于同样的原因，虽然盐城主观上很希望，但还是未能被纳入《规划》的范围）。而有关常州的争议，其实早在世纪之交的《江苏省城镇体系规划（2001—2020）》中就有所讨论，当时江苏的规划工作者就认识到苏锡常都市圈作为一个整体并非独立存在而是必须与上海联合在一起。即便部分专家从各种断裂点分析中测度出沪宁之间联系强度到了常州存在断崖式的下跌，但并未影响达成苏锡常都市圈概念的共识。无论是南通的入圈，还是20余年来江苏的规划工作者对于苏锡常都市圈的提出和阐释，其实反映了这样一种前瞻性的观点，即中国的都市圈既是经济社会客观联系的结果，也是政府规划引导的结果，客观联系和规划引导是并重的，我们有比较强的政府力量，我们认识到市场对资源配置起决定性作用，但同时也要发挥好政府作用，这两者都是不可或缺的。当下中国的这一类规划，特别是都市圈的规划，是自然演化和行政推动相结合的产物。

其次，《规划》对江苏新发展格局构建带来的机遇与挑战。上海大都市圈空间协同水平的进一步提升，必将触发圈内城市在生态、人文、创新、流动等方面的诸多提升机遇，但不可避免地，也会对江苏省域新发展格局的构建带来一定的挑战。从二十年前提出的"三圈五轴"，到近十年前调整为"一带二轴，三圈一极"，再到后来的省域"1+3"和本轮省级国土空间规划提出的"345"，江苏的省域空间架构，放在一个更加开放、更加一体化的上海都市圈范围内，过于内生、略显封闭。这当然有江苏出于自身发展的考虑，将一些工作重心仍然放在省内的原因，但现在既然江苏作为上海大都市圈空间协同规划的编制方之一，我们还是要认识到《规划》出台之后，有必要重新反思一下全省的空间组织方案，思考是否应该进行一些适应性的调整。

第三，《规划》给促进江苏扩大开放带来了新的机会。《规划》的一个基本观点是"全球经济的竞争主体开始从城市走向区域"，一个核心目标是打造一个"卓越的全球城市区域"。《规划》认为"上海大都市圈对外的枢纽链接能力与国际一线区域总体接近；而对内的高端装备制造、内生创新集群、文化创意软实力、生态宜居品质等方面则与国际一流水平有较大差距，而这些功能恰恰需要周边城市的共同努力。"对于江苏这样一个参与国际贸易大循环的比重如此之大的地区而言，有上海这样一个我国最为重要的国际门户，在眼前可以预期的、充斥着不确定性的一段发展时期中，有意愿通过都市圈的协同一体化来分享对外开放的机会，其重要意义已无须多言。

最后，应该对《规划》带来的高水平都市圈一体化有新期待。就都市圈一体化的一般规律而言，往往有一个先易后难的过程：第一阶段最容易达成共识的是以交通为主的基础设施互联互通，第二阶段最有动力促成妥协的是生态环境的共保共治，第三阶段最为考验各方诚意的是高水平的公共服务共享，比如说医疗、教育等。让人觉得略有遗憾的是，《规划》在上述最具难度的第三阶段内容中，把寻找共识的重点放在了相对高端的创新、文旅服务领域，某种程度上回避了"最难啃的骨头"。此外，最近几年的内外形势变化让人目不暇接，特别是疫情带来的挑战，在很多方面甚至逆转了一般认识中的"一体化"进程。都市圈内的一体化意愿，在我们真正面临诸如疫情这样的底线安全问题时，是否迅速地退化为"画地为牢"的自保心态？这个其实是跟一体化的思路、跟都市圈建设的目标是不一致的。疫情前苏州、上海之间体现的同城化趋势，某种程度上已经是比空间协同更高水平的一体化，结果在防疫的时候，互相都视对方为"敌人"而严防死守，这些现象都启发我们思考在分享增量蛋糕和发展机会的同时，也要考虑共同应对重大挑战特别是安全挑战的规划策略。

基于自然生态空间用途管制实践的国土空间用途管制思考[①]

邓红蒂

> **作者简介**
>
> 邓红蒂，女，1964年7月生，湖北崇阳人。现任中国国土勘测规划院副院长，研究员。长期从事土地利用评价、土地利用规划研究与实践业务。主要参与三轮《全国土地利用总体规划纲要》的编制以及四级土地利用总体规划技术规范的编制；主持完成《建设用地节约集约利用评价规程》《开发区土地集约利用评价规程》等。发表多篇论文及出版多部专著，获多项国土资源科学技术奖和规划优秀成果奖。

当前，针对我国耕地、林地、草地、建设用地等绝大部分空间形态，都出台了有关法律法规，形成了部门分治下相互联系又相互制衡的国土空间管制状态。此种状态在保障支撑国家工业化、城镇化高速发展的同时，也因管制制度自身的分散与割裂，产生了一系列空间冲突和治理矛盾，难以有效解决国土空间上无序发展、功能错配、效率低下、公地悲剧等问题。本文在借鉴国内外不同国土空间用途管制

[①] 本文根据作者在第16届"中国城市规划学科发展论坛"上的演讲整理。受国家社科基金专项，区域—要素统筹"新时代国土空间开发保护制度研究"子课题二："统一国土空间用途管制与建立空间规划体系研究"（项目编号：18VSJ041）；自然资源部专项"建立并实施国土空间规划体系及用途管制制度"子项目："国土空间用途管制技术方法体系"（项目编号：GHGZ191220-01）等基金资助。

模式基础上,通过对自然生态空间用途管制试点工作的回顾及总结,结合国家空间治理改革的新要求,提出新时期的国土空间用途管制制度构建,要以山、水、林、田、湖、海等自然资源要素,重要的生态空间、农业空间、城镇空间等为对象,着重建设法律法规保障、国土空间规划、行政管理运行以及国土综合治理四大支撑体系。

现在谈及的"国土空间用途管制"是指近30年来我国空间治理领域"土地用途管制""空间管制"等一系列理论研究和实践经验的集合。我国的"土地用途管制"和"土地用途管制制度"的产生是在1990年代经济快速发展的背景下,旨在为纠正土地利用市场失灵,避免土地利用中的"负外部性"问题而采取的政府行为[1-2]。1998年修订的《土地管理法》明确提出"国家实行土地用途管制制度""使用土地的单位和个人必须严格按照土地利用总体规划确定的用途使用土地";与此同时,发端于国外的"精明增长"理论和新城市主义运动的"空间管制"理念也受到城市规划领域的重视,1998年国家建设部在《关于加强省域城镇体系规划工作的通知》中首次提到了"空间管制"的概念[3]。在随后的空间规划及空间治理实践中,从耕地、林地、草地到建设用地的绝大部分空间形态,相关的主管部门都出台了相应法规、规划等,形成了部门分治下相互联系又相互制衡的国土空间管制状态。此种状态在保障支撑国家工业化、城镇化高速发展的同时,由于管制制度自身的分散、破碎与割裂,产生的空间冲突与治理矛盾日益凸显,难以解决在发展进程中国土空间上无序发展、功能错配、效率低下、公地悲剧等问题。按照《中央全面深化改革领导小组2016年工作要点》部署,国土资源部会同发展改革委等9个部门印发实施《自然生态空间用途管制办法(试行)》,部署福建等9个省份开展试点工作,以自然生态空间为切入点,开展建立统一的用途管制制度的实践探索,笔者有幸参与了整个试点工作。本文通过对自然生态空间用途管制试点工作的梳理与总结,结合国家空间治理改革的新要求，提出了我国国土空间用途管制制度框架建设的初步设想和研究展望。

一、现行国土空间用途管制制度存在的主要问题

（一）现行部门分治的管制未能形成合力

长期以来，我国国土空间保护管理体制形成了纵向分级管理、横向部门管理相结合的方式。按资源分类，主要分散在国土、农业、水利、林业、环保和城乡建设等部门，多头管理、职责不清、审批繁琐、效率低下等问题一直存在，法规界定不明、缺位与越位兼有、后期监管乏力等是其深层次的原因，难以形成国土空间用途管制的政策制度合力。在规划统筹上，各类空间规划与专项规划都从管理事权角度出发，对同一或不同国土空间的开发与保护进行了统筹安排及管制设定。由于数据、分类、期限、目标、政策等方面的差异，导致了规划中国土开发保护的各类空间冲突、功能错配、监管真空。

（二）用途管制未能真正覆盖全部国土空间

当前，我国已建立包括耕地、森林、草原、水域、海洋等自然资源以及建设用地的用途管制制度，并通过各类功能区划或空间规划，划定功能区、管制用途区，确定开发利用的限制条件，实行用途审批及变更许可制度，但因诸多管理范围的交叉重叠或遗漏缺失，其实未能真正实现国土空间的全部覆盖及有效管理。在土地用途管制制度中，对建设用地与农用地间转换管制较为严格，但针对具有生态属性的未利用地缺乏管制设计；在城乡规划体系中，相对建成区内而言，城市建成区之外的空间管制流于粗放；在自然资源中，对于耕地、生态公益林的管控要求明确，但对于低等级的耕、园、林、草、水及其周边空间地带管制不足、利用随意；许多自然保护地未经系统性规划，管理体制建设滞后，出现了空间分割，生态系统出现破碎化、孤岛化现象。

（三）缺乏统一有效的用途管制行政运行体系

目前，较为有效的用途管制经验体现为：基于"土地用途管制制度"的耕地及基本农田保护制度、基于"两证一书"的建设用地管制审批制度。以耕地及基本农田保护制度为例，其由法律规定，全流程行政运行体制包括前期调查评价，中期规划与审批，后期整治复垦、督查执法、检查考核，因此，管制成效较为显著。其他各类用地（空间）、各类保护区的用途管制不论在机构设置、运行体系等建设上都不够完善。由此，在优化部门职责、改革规划体系、实施全域管制的同时，建立统一的国土空间用途管制制度必须包含统一顺畅的行政运行体系支撑建设，着力解决当前管制分散、多头审批、过程繁琐、效率低下等问题。

二、国家空间治理改革历程的简要梳理

针对上述现实问题，党的十八大以来，国家加快了推进生态文明建设的顶层设计和制度体系构建，带来了国家空间治理上的深刻变革。2013年，《中共中央关于全面深化改革若干重大问题的决定》提出："建立空间规划体系，划定生产生活生态开发管控边界，落实用途管制"。2014年，《关于开展市县"多规合一"试点工作的通知》（以下简称《通知》），提出在全国28个市县开展"多规合一"试点。2015年，《生态文明体制改革总体方案》指出："健全国土空间用途管制制度，将用途管制扩大到所有自然生态空间，划定并严守生态红线，严禁任意改变用途，防止不合理开发建设活动对生态红线的破坏"。同年，《中华人民共和国国民经济和社会发展第十三个五年规划纲要》明确：以主体功能区规划为基础统筹各类空间性规划，推进多规合一。以市县级行政区为单元，建立由空间规划、用途管制、领导干部自然资源资产离任审计、差异化绩效考核等构成的空间治理体系。2017年，在机构改革之前，国土资源部会同发展改革委等9个部门印发实

施《自然生态空间用途管制办法（试行）》，部署福建等9个省份开展试点工作，以自然生态空间为切入点探索建立统一的用途管制制度。2018年，《中共中央关于深化党和国家机构改革的决定》出台，组建自然资源部，改革空间规划体系"统一行使全民所有自然资源资产所有者职责，统一行使所有国土空间用途管制和生态保护修复职责"。

由上可以看出，国家推进空间治理和用途管制的初衷是一脉相承的，有其内在逻辑的一致与统一；国土空间用途管制是以空间规划体系建设为基础、以空间用途管制为主要手段的国土空间开发保护制度，是优化国土空间开发保护格局、推进生态文明建设的治本之策，是提升国家治理体系和治理能力现代化的重要内容。如果说，国土空间规划是实施用途管制的重要依据，那么国土空间用途管制就是空间治理中国家意志的集中体现、政府效能提升的着力点。因此，建立健全统一高效的国土空间用途管制制度，要与国土空间规划体系、行政运行制度机制一并统筹谋划，作好顶层设计。

三、自然生态空间用途管制研究

（一）国内外自然生态空间用途管制模式分析

自然资源是人类社会生存和经济发展的物质基础，不论从资源利用和管理还是从生态保护需求出发，各个国家都对其自然生态空间进行了不同程度的管制，实现国家对自然资源的所有权和控制权，减少资源开发利用过程中的负面影响，维护国家和区域的生态安全。但是，由于自然资源的多样性、生态过程的复杂性和自然生态空间的功能复合性等因素，各个国家针对不同尺度、管理目标、资源类型、不同生态功能类别等采用了丰富的空间管制手段，制定了相应的空间管控政策（表1）。通过归纳和总结，分为六种模式，这几种模式在各类空间规划及其管制应用中，既相互关联、相互协作，又存有相对独立的运行机制和发展脉络。

国内外自然生态空间用途管制对比　　　表1

类型	国外自然生态空间管制	国内自然生态空间管制
国家和区域战略	各级生态功能区划	国家、省市级生态功能区划
	国家生态安全格局和生态网络	生态安全格局与生态保护红线
类型区保护	国家公园制度	国家森林公园、国家湿地公园等
	自然保护区、水源保护区等类型区管制	自然保护区、水源保护区等类型区管制
地类保护	农地保护制度	耕地和基本农田保护制度
	其他各类土地（林、草、水等）的管理	林业、水利等各部门对林地、草地、河流水域的管理
规划管制	各类生态空间规划（绿隔、绿道……）	各类生态空间规划（绿隔、绿道……）
	Zoning（区划）	城市控规

1．区划模式

国土空间用途管制是一个跨尺度协作和传导的制度，国家和区域战略层面的空间管控就成为不可或缺的部分。"区划模式"是不少国家进行国土空间管控经常采取的一种手段。从最初综合的地理区划到现在专门的生态功能区划、禁限建区划等，都是针对自然资源开发和管理需求提出的。该模式依据区域主体功能或管控等级等因素进行规划，划定示意性边界，明确各区土地利用方向，虽有管制强度的要求，但主要管制手段更突出土地利用方向的引导。伴随我国人地矛盾越来越尖锐，在一些市域尺度的区划管理中，也逐渐呈现出边界明确化、刚性化的需求趋势。

2．类型区管制模式

基于宏观区划管理，对于需要特殊保护的区域，依据保护目标，通过科学评估，进一步明确其管控边界，对边界内土地利用基于用途和行为而设定严格、细致的准入制度、行为导则；在自然生态空间用途管制中，"明确边界"+"管控土地利用行为"的模式普遍存在，著名的有美国的国家公园制度，管理者通过明确的边界管理和精细化的规则管理，在严格保护荒野环境的同时，也为大众提供了公园内的驾驶、徒步、露营等游憩空间以及符合要求的经营空间（图1）。该模式也是一种基本模式，后文提到的地类管制、形态管制等模式均为该模式的扩展和变形。

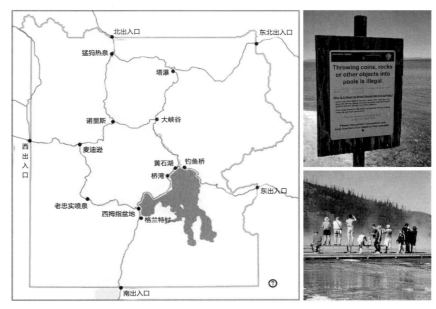

图1　美国黄石公园
（图片来源：地图来自黄石公园官网；照片为笔者拍摄）

3．重要地类管制模式

因农用地能够为人类福祉提供多项生态系统服务，许多国家专门制定相应的法律法规，对耕地、林地、草地、湿地、水域等实行普遍性保护，例如美国《野生与风景河流法》、德国《德国联邦森林法》等。在普遍性保护基础上，很多国家还通过质量等级评价，对重要的土地类型实施特殊的管制，较为典型的为我国的基本农田管理模式，主要管制手段包括刚性的边界管理、指标约束、土地利用行为管控和行政考核，近年来又增加了质量等级（高标准农田）、集中连片度、污染防治、农田生态改善、配套设施建设等重要管控内容。

4．形态管制模式

随着生态规划理念和方法的不断发展，自然生态空间保护从传统的区片式保护模式逐渐过渡到更注重生态格局的保护，即存在着特定的格局或者形态，能够更高效地维护区域整体的生态系统平衡。生态廊道、生态网络、绿环、绿楔等这些从格局中被抽象出来的空间形态被广泛应用于当代的生态规划之中。如荷兰的Renkumse Poort工程（图2）旨在恢复三条连接森林覆盖的高地与荷兰中部莱茵河区域的生态廊道。该廊道的恢复对保护本土野猪、红鹿、小型哺乳、爬行及两栖等动物栖息地具有重要作用，生态廊道恢复工程撤掉了两条机动车公路、一条铁路、一个工业区[4]。边界所形成的空间形态与生态过程和生态功能的发挥紧密相关；指标约束中包含了诸如连通度、廊道宽度等用以衡量形态稳定性的指标。

(a) 改造前　　　　　　　　(b) 改造后

图2　荷兰生态网络[4]

5．缓冲区管制模式

该模式广泛应用于自然保护区、水源保护区等保护区管理之中，缓冲区管制的目标是为了保护核心区，一般首先划定需要保护的核心区，同时在核心保护之外划定缓冲区。其特殊之处在于关注空间之间的相互影响，因为其外围地区的土地利用变化会影响核心区的环境质量，致使核心区达不到最佳保护效果（图3）。近些年来美国国家公园也在讨论界外管理，认为生态过程不会因为边界而戛然而止，界内不可避免会受到影响[5]。河流缓冲区是较为常见的缓冲区保护模式，多项研究证明了河流向外扩展，不同宽度内土地利用的状况对核心水域的功能有着显著的影响。

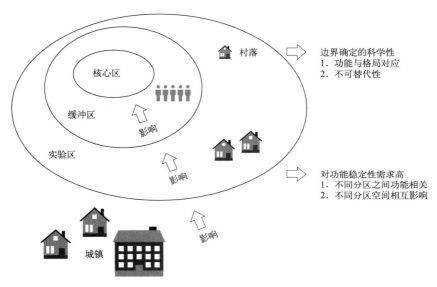

图3　缓冲区模式示意

6．地块（片区、图斑、宗地）管制模式

源自德国和美国的分区制度，国内城市规划针对建设用地的管制多为此种模式（控制性规划），应用于小尺度的规划管制中，地块规模较小，用地性质相对均一且功能明确，依据目标设定用途、面积、强度、位置、体量、形态、风貌、配套设施等一系列细化指标和要求。近些年，我国生态型片区的控制性详细规划中，也沿用了建设用地的管控模式，探索对城市周边生态用地的空间管制。

通过对国内外各种自然生态空间用途管制模式的分析，可得一些共性特征：①空间格局的重要性。保护目标是保护边界内土地生态功能的有效发挥，需要维护关键的生态过程、稳定重要的空间格局，因此，边界的划定、指标的设置的根本指向是对格局完整性和连续性的维护。②明晰的边界管理。以功能或者质量等级为标准，进行相关用地评价，基于评价结果划定明确的管制边界，执行土地利用管制的各类规则，在实践中体现边界精准落地和刚性化、差异化的需求的实现。③空间相互关系的关注。自然生态空间内部各类用地之间，自然生态空间与其他空间之间都存在着相互影响关系，管制的视角应从关注空间本身拓展到空间之间的相互关系动平衡及统筹。④管制规则的精细化和差异化。针对明确而细分的管制目标，制定相应的管制规则，包括管制指标的体系化、土地利用行为规则的具体化与差异化、准入清单的精细化等方面。

（二）自然生态空间用途管制试点实践

按照中央"将用途管制扩大到所有自然生态空间"的改革要求，原国土资源部经国务院同意，于2017年3月印发实施《自然生态空间用途管制办法（试行）》，部署福建、江西、河南、海南、贵州、青海以及上海、浙江、甘肃等省市开展试点工作。依照《自然生态空间用途管制办法（试行）》，试点的总体目标为："科学划定自然生态空间范围，制定用途管制规则，建立符合地方实际、覆盖全部自然生态空间的用途管制制度，加强山水林田湖草整体保护、系统修复、综合治理，确保自然生态空间规模不减少、生态功能不降低、生态服务保障能力逐渐提高"。同时，明确了生态优先、区域统筹、分级分类、协同共治的原则，以及以空间管理需求为导向的"划""定""管"紧密结合的技术实施路径。

1. 开展资源环境承载能力和国土空间适宜性评价，优化空间与要素配置，统筹划定自然生态空间

试点地区统一以土地利用变更调查数据为底数，充分采用、吸纳各类调查评价成果，开展资源环境承载能力和国土空间开发适宜性评价，统筹协调生态保护、城镇开发和农业的不同需求，优化生态、城镇、农业、海洋等空间格局（简称"三生空间"），协调形成了互不交叉重叠的生态保护红线、永久基本农田保护红线、城市开发边界等控制线（简称"重要控制线"），合理确定自然保护红线范围和自然生态空间[6]。

2．基于空间辨识与全域统筹，协调空间矛盾冲突，确保空间边界合理化、可操作性

一方面，科学的划定结果应与试点实地的地理边界、行政边界、线性地物等进行精准校核，必要时进行实地勘察保证现实与准确；另一方面，基于"三生"空间、重要控制线不交叉、不重叠的原则，协调各方达成共识，结合地方发展和自然保护的实际需求，解决空间错配、重叠、缺失等矛盾冲突，确保重要边界划定符合实际，管理手段具有可操作性。例如，浙江临安属丘陵山区，山核桃、雷竹是本区分布最为广泛的两种经济林，同时也是本区的两大农林重要产业。一方面保证三生空间的不交叉重叠，另一方面又充分考虑地方实际，将生态保护红线之外、坡度25°以下、具有一定规模、利用强度较大的经济林划入农业空间，其余的划为生态空间。

3．因地制宜，研究差异化的空间管制规则

鼓励试点遵循总体目标与工作原则，针对不同空间明确管制级别，制定差别化管制规则，实行分级分类管理。试点均按照试点工作要求，将自然生态空间分为生态保护红线和一般生态空间[7]，如生态保护红线可按禁止建设区严格管控，一般生态空间可按限制建设区管理；针对自然保护区、水源保护区、湿地公园、沙化土地封禁保护区等不同功能的保护区，分别制定不同的管制规则。再如，明确重要空间之间的相互转换规则，从严控制自然生态空间转为城镇空间、农业空间等；鼓励城镇空间、符合国家生态退耕条件的农业空间及其他空间转为生态空间。提出自然生态空间的准入条件、土地用途转用和山水林田湖生态整治修复要求。

4. 注重利益调节，探索配套制度机制

用途管制是国家基于公共利益的需要，对国土空间（土地）的利用行为进行限制和管控，是公权对私权的干预。为平衡不同主体的利益，促进用途管制的有效实施，试点鼓励探索直接针对保护生态的私人产权人的直接补偿机制，例如福建省开展重点生态区位商品林赎买，将划入自然生态空间内禁止采伐的商品林，探索通过赎买、租赁、置换、改造提升、入股、合作经营等多种方式调整为生态公益林，有效破解生态保护与林农利益间的矛盾。同时，作为强制管控和利益补偿的重要手段，也允许试点地区采取土地征收方式，强化对自然生态空间的保护。

（三）试点对全域国土用途管制的启示

围绕"健全国土空间用途管制制度，将用途管制扩大到所有自然生态空间"的要求，自然生态空间用途管制试点成果对国土空间用途管制制度建设提供了有价值的参考。

1. 研究概念内涵，了解空间关系

开展自然生态空间及其他空间的概念内涵研究，并与现行法律法规释义、国家生态红线划定要求紧密结合。明确生态空间是指除农业空间和城镇空间外，为本地区及广域地区提供重要生态产品和生态服务，由不同功能的生态用地、完整的食物链和稳定的生物生境组成的国土空间（图4）。不否认城镇空间、农业空间中含有具有生态功能的土地。

2. 夯实底图底数，解决空间冲突

统一的国土空间用途管制意味着管制的空间类型从单一到多样，管制的视角从局部到整体，从破碎到整体，从割裂到统一这个"合"过程至关重要[9]。统一的底数、科学的评价、权益的博弈是管理的基

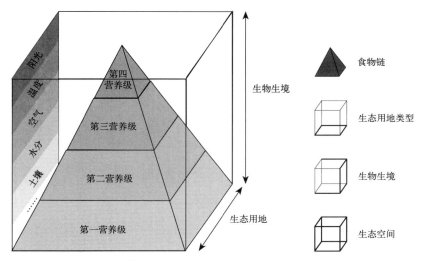

图4 自然生态空间内涵[8]

注：生态空间=生态用地（林地、草地、水域等功能性生态用地）+生物链（生物及所处的食物链）+生物生境（光、温、水、空气等生境）。主要包括森林、草地、山岭、湿地、河流、湖泊、滩涂、岸线、海洋、荒地、荒漠、戈壁、冰川、高山冻原、无居民海岛等生态功能显著的国土空间。在这个复合、动态、竖向的生态空间中，发生着各类次生态空间的胁迫、物种的繁衍生息、生境能量的流动与交互[8]。

础。试点均广泛比对和校核了来自各部门的调查评价数据，辨识差异冲突，以土地利用变更调查数据为基础，夯实工作底图底数；联合多部门共同实地调研、协商解决矛盾，确定"三生空间"的实体边界。

3．明确重要格局，兼顾功能混用

优先进行重要空间、重要控制线的划定，形成相对稳定的空间格局；其次规定不同空间的管制方向、相互关系，遵循主导功能制定分级分类的细化管制规则。不忽视自然生态空间与农业、城镇之间的相互影响关系，在农业空间和城镇空间内，也有基于生态目标的管制需求；在各空间的缓冲地带，充分考虑土地利用的混用功能，提高各类资源要素的配置与利用效率（图5）。

图5 水、陆、海资源与空间关系示意

4. 尊重客观规律，探索管理模式

相比以往的生态保护管制，自然生态空间用途管制试点本着"自然生态空间不是无人区"，从"物种的视角"到更加关注"人的需求"。在考虑地理分异和自然规律基础上，管制规则制定遵循地方生产规律和生活习俗，体现了人类活动和产业类型的差异化、精准化要求。江西新建试点根据鄱阳湖南矶湿地"涨水为湖、退水为洲"的独特湿地生态特征，探索实施丰水期、枯水期等不同"时间+空间"差异化管控。遵循"堑秋湖"渔业习俗，开展"点鸟奖湖"和"协议管湖"等管控方式，促进"鱼鸟双赢"、人与自然和谐共处（图6）。

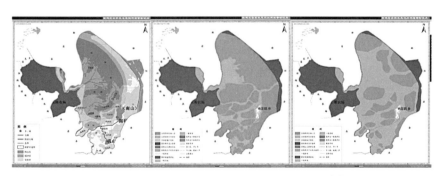

图6 江西省新建区鄱阳湖南矶湿地丰水期-枯水期空间布局变化[10]
注：丰水期正常管理，枯水期由湿地管理部门联合其他相关部门对核心区、缓冲区、实验区的空间范围根据水位变化、候鸟越冬情况以及生态价值进行重新调整、动态更新并向社会定期公告，将生态价值较高的子湖泊及湿地斑块纳入核心区管控。

5. 强化规划引导，服务用途管制

试点工作早于国土空间规划体系建设，但基本遵循了"以国土空间规划为依据，对所有国土空间分区分类实施用途管制"的相关要求[①]。形成的自然生态空间划定和用途管制规则的成果，与土地利用总体规划、"多规合一"规划以及城乡规划的目标、布局、政策有机衔接，强化了各级各类规划的引导与约束作用，并纳入"一张图"监管平台或规划信息管理系统，为用途管制实施提供了规划保障。

6. 立足"全流程"管理，链接行政体系建设

浙江临安等试点结合"最多跑一次"改革，推动用途管制"多审合一""多证合一"，借鉴国内外土地用途管制成熟经验，整合法律法规、梳理产业目录清单，以规划计划和准入许可为核心抓手，整合用地预审、农用地转用、城乡规划"一书两证"、林地占用、水域占用等审核审批制度，重构自然生态空间的审批流程，衔接贯穿用途管制的上下游业务环节，设计行政运行体系框架与建设方向。

四、国土空间用途管制制度建设框架的思考及研究展望

基于上述研究与实践结果，笔者以为新时期"国土空间用途管制"是提升国家治理体系和治理能力现代化水平的一项重大公共政策，其涉及社会、经济、生态、法律等众多研究领域。可将其定义为"为实现国土空间的科学开发、合理利用、持续保护与优化配置，通过法规政策及空间规划的强制力，所实施的一系列制度及其运行机制的总和"，体现出全域管制、统一管制、约束性管制、全流程管

---

① 《生态文明体制改革总体方案》；《中共中央 国务院关于建立国土空间规划体系并监督实施的若干意见》（中发〔2019〕18号）。

制和差异化管制的基本特征[11]。未来的国土空间用途管制制度构建，要以山、水、林、田、湖、海等自然资源要素以及重要的生态空间、农业空间、城镇空间等为对象，着重建设法律法规保障、国土空间规划、行政管理运行以及国土综合治理四大支撑体系；以智慧国土综合信息平台为基底，融合建设包括调查评价、确权登记、权益维护、评估监管、节约集约、科技创新、人才队伍建设、学科发展的基础支撑平台（图7）。

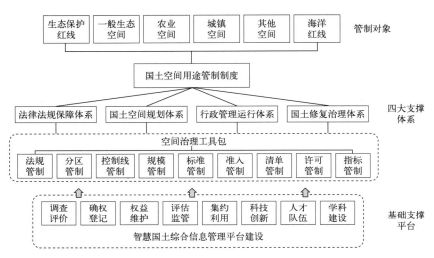

图7 国土空间用途管制制度框架

自然生态空间用途管制试点的实践证明，以空间管理需求为导向的"划""定""管"紧密结合的工作方法、技术路径具有现实性、可行性，经过两年多的探索，试点的部分总结性成果已被纳入国家《在国土空间规划中统筹划定落实三条控制线的指导意见》及《自然资源部 生态环境部 国家林业和草原局关于加强生态保护红线管理的通知（试行）》，这是从自然生态空间扩展到全域国土空间的重要步骤，有关国土空间用途管制研究需在以下方面进一步深化：①国土空间用途管制的理论框架构建；②"三生空间"等各类空间用途管制技术的深化探索和集成；③各类人类活动的功能影响评价研究，特别是对生态功能影响评价研究；④空间管制规则动态实施效果的监测评估和反馈机制研究；⑤生态资源向生态资产转换的价值显化机制，生态友好型产业发展的激励机制，两山转化过程中的保障机制研究。

（本文共同作者：袁弘，中国国土勘测规划院、南京师范大学，博士后，副研究员；祁帆，中国国土勘测规划院规划所，高级工程师。感谢自然资源部相关司局、自然生态空间用途管制试点单位及相关技术团队对本文的支持指导）

参考文献

[1] 王万茂. 土地用途管制的实施及其效益的理性分析[J]. 中国土地科学，1999（3）：9-12.

[2] 陈利根. 土地用途管制制度研究[D]. 南京：南京农业大学，2000.

[3] 汪劲柏，赵民. 论建构统一的国土及城乡空间管理框架——基于对主体功能区划、生态功能区划、空间管制区划的辨析[J]. 城市规划，2008（12）：44-52.

[4] BENNETT G, MULONGOY K J. Review of experience with ecological networks, corridors and buffer zones[J]. CBD Technical Series, 2006 (23): 1-97.

[5] 庄优波. 美国国家公园界外管理研究及借鉴[C]. 中国风景园林学会年会议论文集，2009.

[6] 邹晓云，邓红蒂，宋子秋. 自然生态空间的边界划定方法[J]. 中国土地，2018（4）：9-11.

[7] 祁帆，李宪文，刘康. 自然生态空间用途管制制度研究[J]. 中国土地，2016（12）：21-23.

[8] 张杨，叶剑平. 新安县自然生态空间用途管制试点技术方案[R]. 北京：中国人民大学，2018.

[9] 赵毓芳,祁帆,邓红蒂. 生态空间用途管制的八大特征变化[J]. 中国土地, 2019（5）: 14-17.

[10] 南昌市国土资源勘测规划院. 南昌市新建区自然生态空间用途管制试点成果[R]. 南昌: 南昌市国土资源勘测规划院, 2018.

[11] 邓红蒂. 国土空间规划与国土空间用途管制[J]. 城市规划学刊, 2019（5）.

预与立：宁波规划的实践与探索

王丽萍

> **作者简介**
>
> 王丽萍，女，1964年8月生，浙江宁波人，现任浙江省宁波市政协副主席，致公党浙江省委会副主委，致公党宁波市委会主委，全国政协委员。1989年8月参加工作，中国科学院地理与湖泊研究所研究生毕业，理学硕士、法学硕士，高级城市规划师，国家注册城市规划师。曾任建设部城乡规划司助理调研员、建设部城乡规划管理中心规划处处长、宁波市规划局副局长、局长，宁波市自然资源与规划局局长。长期在国家和地方城乡规划管理部门工作，曾主持或参与国家和地方重大规划的编制和实施管理。

  2002年我从建设部调到宁波市规划局工作，机构改革后到宁波市自然资源和规划部门工作。曾参与宁波重大规划项目的编制和实施，见证了城市成长和转型发展之路，也经历了空间规划变革关键时期。这近二十年，可以说城乡规划发挥了重要的引领作用，也是城乡规划日趋成熟的关键时期。"凡事预则立，不预则废"（《礼记·中庸》），对于一个城市的发展，规划是最具代表性的前瞻性工作，也就是"预"。但是否能落地实施，也就是能否"立"得住，还需很多其他要素，而作为地方规划工作者，一直在寻找"预"与"立"的统一。回顾改革开放以来，特别是近二十年城市发展，规划对一个城市发展的引领作用是关键的，宁波也不例外，有经验，当然也存遗憾。

  本文从我在宁波参与或熟悉的部分规划工作实践，看看宁波规划是如何伴随城市成长和转型的,是否也可以折射出中国城市成长和发展的一个缩影?在此,我从四个方面分享一下我的理解和观点。

一、宁波区域性规划编制和实施的探索

宁波区域规划实践基本可以分为两个阶段:

(一)自下而上,地方区域性规划探索

2000年后,随着城镇化进入快速发展期,规划视角开始拓展到全市域。宁波分别于1985年、1995年、1999年组织编制了宁波市市域城镇体系规划,主要是结合城市总体规划编制的。真正有探索意义的是2005年启动的市域总体规划和2006年编制完成的《宁波市区城乡一体化规划》。市域总体规划是浙江从省级层面部署的规划工作,也是浙江在城乡一体化方面所进行的积极探索,一定程度上替代了市域城镇体系规划,规划范围从传统的城市规划区走向市域全覆盖,重点围绕区域协调城乡一体来构建空间格局,建立起城乡统一的空间管控体系,把市域空间划分为适建区、限建区和禁建区,这是浙江在城乡一体化背景下所做的探索和创新。《宁波市区城乡一体化规划》核心是解决规划建成区之外的空间规划和布局问题,以弥补城市总体规划对城市郊区和乡村地区考虑的不足,重点围绕空间布局、基础设施和公共服务设施布局、生态环境保护和空间管控。这两个规划开启了区域和城乡一体化的全面统筹和管控时期。"十一五"期间,宁波提出了"东扩、北联、南统筹、中提升"区域发展战略,我们开始着手特定区域或特定对象区域性规划,先后组织编制了《象山港地区空间保护和利用规划》和《余慈地区城镇空间布局规划》等重点次区域规划,2014年编制了《三门湾区域空间布局规划》,对区域资源利用和城镇空间布局进行统筹规划和整合提升。在区域规划实施机制方面也作了一些探索,市里成立了余慈统筹办公室,后来三门湾区域还专门成立指挥部,来推进区域规划实施。

（二）自上而下，区域战略上升为国家战略

在长三角一体化背景下，宁波全面对接上海，围绕如何发挥长三角五大城镇群的核心城市作用，参与《上海大都市圈空间协同规划》。按照省里统一部署，宁波启动编制宁波都市区规划。2019年谋划编制《前湾新区空间规划》，推进建设沪浙合作发展区。"甬舟同城化空间协同发展"等相关规划研究也陆续启动编制。我想这里重点说一下宁波都市区规划，当时规划范围为宁波、舟山两市，后来参照长三角规划中五大城镇群宁波都市圈的范围又纳入台州市。浙江省成立领导小组统筹推进，宁波、舟山、台州三市共同委托浙江省城乡规划设计研究院着手宁波都市区规划编制。规划编制中有三个重点，即重导向、重协同、重实施，解决区域发展中急迫需要解决的问题。"导向"解决战略问题，提出五个方面战略导向，包括融合推进宁波港口经济圈与舟山江海服务中心建设战略、核心城市提升战略、产业高端化与差异化战略、一体化与网络化战略、国际化和创新驱动战略等。"协同"解决机制问题，重点以港口一体化为突破，以产业分工和功能互补为支撑，探索建立多层面协作共建机制。"实施"解决落地问题，重点以甬舟台三地共同关心的问题为焦点，以项目为导向，以重大交通、市政通道设施建设和公共服务设施的同城共享为重点。这为都市区规划实施奠定了比较好的基础，但是当时区域协同机制、制度供给等等尚在探索。

（三）区域规划实施路径

我觉得真正推动都市区规划走向实施的是在浙江省甬舟同城、甬台合作等区域协同推动下，逐步深入。2019年，宁波印发了《宁波市推进甬舟一体化发展行动方案》，2021年，三市在规划基础上联合出台了《宁波都市区建设行动方案》，在一体化方案中提出共同打造快速便捷通勤圈、共同打造优势互补的产业大格局、共同打造同城化民生服务体系、共同打造共保共植生态保障体系、共同培育高端资源自

由流动要素市场、共同打造政策叠加的改革开放新高地六方面主要任务，并且每年有年度行动计划，这样从规划到建设方案到行动计划，层层落实。应该说，这几年在港口一体化、交通互联互通、民生工程共享（公交一卡通、医疗等）、旅游共同推广等方面发挥了积极作用，另外，也积极推动了一体化合作先行区建设。但在产业协同、资源统筹配置、市民同城化待遇等方面还可以作更多文章。

区域性规划的实施问题一直受各界关注和争议。我在建设部区域处工作时也参与过全国城镇体系规划编制，同时也参与审查了不少省的省域城镇体系规划，这些宏观规划到底编制哪些内容、解决哪些问题和如何实施一直困扰着行业主管部门，也是专家研究和争议的焦点。我想区域性规划实施难不是尺度问题，从宁波都市区规划和实施中可以作一些梳理，应该说这个规划有省级政府推动，有地方城市合作，同时把规划转化为建设方案和行动计划，层层深化、层层落实并逐步推进，我认为这至少是区域性规划实施路径之一，关键是要建立好实施体系。当然受多个行政主体影响和相关政策制约，难度肯定会比单个城市更大，最终实施效果如何还需更长时间的观察和评估。

二、宁波城市总体规划实践与认知

宁波于1986年、1999年、2006年、2015年四次开展城市总体规划编制工作，我参与了2006年版和2015年版规划编制，在建设部工作时参与了宁波市1999年版的总体规划部分审查工作。有三方面体会较深：

（一）规划要顺应时代发展和变革需要

从四次城市总体规划的编制，基本可以看出宁波城市成长的脉络，从新中国成立到改革开放前，宁波受到海防城市等特殊影响，城市建设未有大的进展。改革开放后，面对不同时期的新问题、新矛盾和新挑战，城市总体规划引领下，城市实现了从海防前哨到国际港城的嬗变。每一次规划编制都是在特定历史时期、特定发展背景和特定发展目标下展开的,"1986年版总规"是最好的例子。

当时,宁波还处在发展的萌芽期,国内大背景是1978年国家改革开放政策和第三次中央城市工作会议要求,宁波面临港口对外开放、沿海开放城市地位确立、国家经济技术开发区设立以及行政区划调整等一系列重要政治、经济、社会变革。当时,宁波可以说是共和国的"宠儿",宁波成为首批计划单列市试点、是"七五"计划重点建设城市之一,国务院专门成立宁波经济开发协调小组(简称"宁波办"),来协调推进宁波重大问题,我想国务院为一个地方城市成立一个办公室,也是开创历史的。在宁波办的直接推动下,"快速审批"完成了宁波历史上首个获国务院批准的《宁波市城市总体规划(1986—2000年)》,即1986年版总规。1986年版总规全面落实国家对于宁波发展的战略意图;主动参与了经济计划,从原来的国民经济计划延伸到主动谋划参与到经济建设大潮中;凭借镇海撤县设区和北仑等开发区成立的大背景,基本实现了从以三江口为核心的小宁波到组团结构的"大宁波"的转变,三江片、镇海、北仑组团式城市结构一直保留至今,奠定都市格局基础。应该说这版规划,较好完成当时历史使命,也为今日宁波发展奠定了基础,在当时全国沿海城市总体规划中处于较高水平。

(二)战略引领下总体规划编制

宁波2001年起动第一轮城市发展战略研究,2009年启动第二轮,2017启动第三轮。中国城市规划设计院两任院长李晓江院长和王凯院长为宁波战略研究倾注了大量心血,也与宁波结下不解之缘。我作为地方规划工作者,也从他们身上学到了很多,不仅仅是专业素养,还有敬业精神。这几轮战略研究都是跟城市总体规划的编制紧密结合,在当时总体规划编制和审批周期过长、难以适应城市快速发展背景下,战略规划成为政府谋划发展的重要抓手,某种程度上替代城市总体规划的一部分作用。宁波2001年第一轮战略就是在这样背景下诞生了。当时国家正处在全球化和市场化大背景，城市发展也面临工业化和城镇化双重推动，而宁波处在经济和城镇化大发展的起步时期，港口蓄势待发，杭州湾大桥即将兴建，民营经济和产业发展处在从做活到做大的关键时期，急需战略引领。这轮战略确定8个方面专题研究，宁波城市发展中区域地位分析、宁波经济增长的可持续性研究、宁波产业结构调整战略研究、宁波港前景分析与发展战略研究、宁波城市交通发展战略研究、宁波经济发展中生态建设方略、宁波市新文化的发展战略研究、宁波城市空间结构演变及规划研究，从专题看涉及领域是全方位的，远远超越空间规划关注的内容。当时提出的战略目标是提升城市能级、做大城市经济总量、拉来城市框架，战略规划在内容和方法有了很大的创新，视野更宽、针对性更强。据了解，2001年6月，宁波市委中心组举行以城市规划为主题的学习会，用三天时间学习了解国内外规划、听取宁波战略规划介绍，我想可能也是史无前例的。在战略导向下，2000—2005年是宁波城市用地扩张最快的时期，2000—2005年城市用地增加161平方公里，东部新城、东钱湖等一些重大功能板块是在这一时期布局的。战略作用已经开始发挥，战略引领下宁波2006年版总规应运而生，宁波2006年版总规基本奠定了宁波现代都市的框架，确立了"东拓西扩、南工北居"的城市空间形态，布局了东部新城区、南部商务区、高教园区、东钱湖旅游度假区等一批重要功能板块，拉大了城市框架，规划从三江口单中心向三江口、东部新城"一城双心"以及南部新城等副中心组合而成的多中心都市空间格局转变，为现在的城市框架打下很好的基础。配合重大功能板块建设，轨道交通线网首次纳入城市总规，交通成为大都市框架重要组成部分。

（三）战略研究推动了对城市问题的纵深研究

自城市开展战略规划研究后，规划视角也从一个城市的局部转向城市宏观发展的问题。这么多年规划实践经验也告诉我们,战略研究或对涉及城市发展的重大问题进行超前研究,对一个城市发展、对我们规划工作者把握大局大势非常重要。规划部门要围绕中心、服务大局,但是我们还要有自留地,那就是我们要基于对城市发展规律和方向的判断,超前对城市发展中深层次问题进行研究。回想当时我们借鉴其他城市做法想成立规划编制研究中心,跟市里提申请,时任宁波市市长说这个中心不是为规划局服务的,而是为市委市政府对于城市发展战略和规划建设作宏观决策服务的,我觉得市长的这个说法非常正确。正因为如此,研究中心成立不仅得到市里支持,而且成立时该中心级别比其他事业单位高。这或许是战略规划的副产品吧。我们每年超前谋划一些课题,现在回想起来这些研究还是挺值得的,或许这些研究发挥作用会延迟,或没有那么直接,但这是规划工作的战略储备,提升了我们对城市宏观和全局问题的判断能力。

三、宁波"品质宜居城市"内涵的挖掘

从宁波城市快速扩张之后,不仅需要"外塑其形",更需"内炼其心",向城市功能完善、品质提升转型,宁波规划重心从"量"的扩张向"质"的提升转变。

(一)以城市形象提升为核心的整治行动

在"十一五"规划时期提出的宁波"中提升"发展战略指引下,对宁波中心城"十大功能区块"进行规划编制和落实,提升中心城区品质。同时,局部空间形态的提升和环境美化持续得到关注,宁波先后开展了中心城区背街小巷综合整治工程、"三改一拆"行动、城市棚户区改造、中山路综合整治工程等工作,主要聚焦城市形象。2015年,市政府又提出实施"提升城乡品质、建设美丽宁波"行动计划,包括中心城区品质提升、美丽县城创建与品质提升、农村品质提升三大专项行动,从三个层次全方位实施。

（二）以城市特色塑造为重点的城市更新改造

这一阶段重点就是抓住城市核心景观区域进行更新改造，以塑造城市特色。最典型的是宁波三江六岸区域开发和更新。宁波针对三江六岸区域开展了大量规划工作，主要分为两个时段：一是以2001年《宁波市核心区城市设计及三江六岸概念规划》国际方案征集为代表的起始阶段，形成了《宁波三江六岸百里文化长廊规划研究》《宁波三江六岸空间控制规划》等成果；二是以2011年《三江口核心区改造提升规划》为代表的提升阶段，不断扩大三江六岸规划范围，对三江六岸重点区段及"六塘河"两岸进行概念规划和城市设计，形成了"三江口公园方案征集""江北核心区重点地块规划研究"等多个重点区域规划，最终形成《宁波市三江六岸整体城市设计》。从两次规划变化看，规划理念和重点已经发生很大变化。该规划范围已经从2011年三江口核心区转为三江六岸全域，延伸到姚江上游余姚和奉化江上游奉化，内容上以功能完善和优化为核心，全面考虑滨江景观特色塑造和滨江活力激发，在用地上强调城市功能公共性的同时关注滨江区域历史文化保护，在综合生态、水利基础上考虑市民的可达性，城市特色、城市活力以及市民的需求得到更多关注。

（三）城市设计引领下的新城新区开发

新城新区的建设一段时间成为城市发展中普遍现象，如何强化设计引领，打造品质新城，成为宁波当时的重大任务。在宁波最具代表性的就是鄞州新城和东部新城。2002年，鄞县撤县设区，建设"鄞州新城"，根据《鄞州中心城区分区规划》和《鄞州中心区空间环境特色规划》及其他配套设计，历经了10年的滚动开发。东部新城从2001年开始选址，经过《宁波市东部新城区概念规划及核心区城市设计》《东部新城核心区城市设计导则》《东部新城核心区以东片区控制性详细规划》《宁波市东部新城地下利用控制性规划》等一系列总体、专项规划和重点地块城市设计，逐渐建设成为展现新世纪宁波都市形象的现代化品质新城。从宁波市两个新城开发建设看，城市设计引领下新城新区建设已成为城市功能的新载体，也是城市提升核心竞争力的重要抓手。

（四）以人的需求为核心，回归城市公共属性

围绕人的需要，宁波在构建城市公共空间体系方面给予更多关注。在围绕宁波三江六岸做滨水空间文章外，宁波围绕塘河等河湖水系自然本底，延伸扩张现有河岸空间，以河道和滨河绿廊构筑开放空间网络和城市空间框架，为市民留下生态休闲空间。同时我们在新城新区规划中注重构建公共开放空间体系，如东部新城规划提出的"H"形公共开放空间架构得到较好落实，特别是生态走廊，300~500米宽不等，东部新城范围内4~5公里长，在当时土地大开发背景下，很多人觉得规划太理想了，担心拆迁成本过高，由于规划的坚持，最终实施了，现在市民乐享其中，这也使我们体会到如果我们把目光更多地放在城市的公共领域，多为市民留下一些优质的公共空间，还是很有意义和价值的。

在关注公共空间同时，也更加关注市民对城市空间人性化和品质化的需求。我们在《宁波市东部新城核心区城市设计导则》中有了一些探索和创新，在设计阶段我们采取了一系列策略：围绕中央走廊构筑城市公共文化中心和都市景观走廊，塑造具有活力的公共生活地带；采用密路网、小街廓开发方式，通过小型邻里道路和河道对大型地块进行分割，创造一个更为步行友好、有亲切宜人尺度的街道空间；创造社区公共设施皆在步行距离之内的邻里社区；借由人性化的街景设计、多样化的街道活动、各具特色的邻里中心和邻里公园，营造人文都市氛围，建立邻里间的联系和归属感等。在规划实施中也进行创新，如地块绿地率指标平衡问题，在保持区域总体绿地率指标不变的前提下，减少地块绿地率指标，让市民享受更多公共空间，也是对现行法规和规范的创造性使用。所以，面对人民群众对品质城市的追求，面对城市更加精细化管理的要求，规划师的工作思路和方法也须真正转型，在服务发展的同时，需要我们更多关注城市公共领域，真正以人为本，回归城市的公共属性。

四、宁波规划实施保障机制的探索

规划的"预"做好了，如何能确保"立"得住，在制度层面上的保证也是非常重要的。特别是从长远发展角度制定的规划，如果没有一定的保障机制，很容易被各方面的短期利益所冲击，即使是局部的规划调整，也可能会对城市产生系统性影响。关于区域规划实施问题在前面有所提及，这里主要讲在城市层面的两方面尝试。

（一）生态带保护探索与挑战

在宁波1999年版总规中明确提出城市生态可持续的发展目标，划定了三条生态带，这里说生态带实际上是宁波三个组团之间的隔离带，以非建设用地为主，内部还是有村庄与零星工业用地等，且在2006年版以及2015年修订中加以维持。生态带确实在防止中心城无序蔓延、维持组团城市格局上起到了关键作用，由于规划控制，在生态带范围内保留下了像小浃江区域那样优美的田园风光，我觉得规划预留和控制还是值得的。

但是，如何保护生态格局一直困扰着我们，特别是在空间规划体制改革前，规划要控制，而土地有指标，地方要发展，生态带保护一直在这样矛盾中推进。2015年版总规在生态带基础上进一步划定"三区四线"，首次在市域层面明确生态红线划定要求，提出构筑"连山、串城、面海"网络化的生态安全格局。在此基础上，我们又编制了《宁波市生态保护红线规划》，经宁波市人大审议通过，成为浙江省首个生态保护红线规划，也是唯一由市人大审议通过生态红线规划，并建立了每年向宁波市人大报告制度。2017年，宁波市政府配套出台《进一步加强中心城生态带管理的实施意见》，这也是我们探索并推动从城市总体规划到生态红线专项规划到管理意见出台，层层深入，使生态带不断固化，特别是这个意见实施对生态带的保护起到了积极的作用，生态带违法建设得到遏制。但由于生态带内用地情况复杂，权属主体退出机制等相关政策供给不配套，而村庄新农村建设合理化需求得不到保证，给规划管理带来很大压力和挑战。所以，如果政策供给跟不上，实施也会遭遇困境，这方面确实值得好好总结。

（二）探索城市设计导则法定化的路径

《宁波市东部新城核心区城市设计导则》以政府批准和人大决议的方式，"替代"控制性详细规划，成为指导东部新城核心区开发建设的法定规划管理文件。宁波市人大同时作出决定，要求如调整的内容涉及核心区重大功能区块调整、重大公共设施调整、城市基础设施系统性调整、重大公共开放空间调整中任何一种情况，须由市人民政府向市人大常委会作出报告，并经市人大常委会同意，这为规划刚性实施奠定了基础。同时，我们突破常规，如在规划建设更多公共绿地的同时降低商业商务等地块绿地率指标，这些指标低于《宁波城市绿化条例》规定的最低限，在与法规有冲突的情况下通过人大审议和决定的形式给予一定认定，以保证总体规划所确定的愿景与目标能真正得以实现。宁波市东部新城核心区在20年开发建设中有过两次需要向市人大报告的规划调整，这两次调整的得失暂不去评价，我们总体觉得东部新城规划实施程度还是比较高的。规划编制是基础，实施是关键，在地方实践中可能存在"重编制、轻管理"现象，我觉得应该把更多研究和探索放到规划实施领域，这也是当下空间治理能力提升的必然要求。

城市成长和转型路上涉及方方面面内容，城市是一个庞大的系统，推动城市前进的力量是多元的，当然规划师是重要力量之一。规划工作的专业性很强，但仅仅局限于专业的眼光是不够的，要突破专业的视野，更需要全局性和系统性思维。规划既要对城市的发展具有超前的引领作用,也要服务于当下社会经济发展的综合目标,否则就很难"立"下来。规划的实施不仅仅需要规划师的理想情怀和坚守,更需要制度上的保证。未来城市发展如何担负国家战略,转变发展方式,践行高质量发展,守护生态价值,弘扬传统文化,值得我们每位规划人思考。而在这一历程中,规划又将发挥什么作用?在空间规划改革当下,期待新时期国土空间规划体系加快构建,探索更加有效的国土空间规划的实施机制和路径,确保更为可行的法规和政策供给体系,同时加快学科建设和专业人才的培养,不辜负时代赋予规划师的职责和使命。

珠三角城市群规划三十年
——我的区域规划经历

马向明

> **作者简介**
>
> 马向明,男,1964年11月生。广东省勘察设计大师,现任广东省城乡规划设计研究院有限责任公司董事、总工程师,教授级高级工程师。兼任住房和城乡建设部高等教育城乡规划专业评估委员会委员,中国城市规划学会理事、城市生态规划专业委员会委员,广东省国土空间规划协会会长,广州市城市规划委员会委员。本科毕业于中山大学,在英国伦敦大学获城市规划硕士学位。1986年起一直从事城市规划设计工作,参加了广东省大量的重要规划编制和规划政策制定,主持了"珠江三角洲绿道网总体规划纲要"等广东省重大规划项目。所做项目获国家优秀工程设计金奖、住房和城乡建设部全国优秀城乡规划设计一等奖等奖项。

一、从村镇到城市,从城市到城市群

我1986年大学毕业后,到广东省城乡规划设计研究院(以下简称"省规划院")就职。那时省规划院刚成立三年,职工共四十几人,有两个设计室。第一室为规划设计室,第二室为建筑设计室。1980年代规划设计市场化刚刚开始,在之前城市规划设计作为政府行为是不收费的。因为规划业务量不多,规划院的收入和业务也就不可避免地是以建筑设计为主。我入职的时候规划设计室里面也还有一个建筑设计组,室里的人数也是建筑组更多。

入职后最早接触到的规划项目是镇的规划。改革开放后的珠三角乡镇经济活跃，乡镇的发展是市场经济发展的结果，由此乡镇也最早接受规划的市场化行为。因此入职后参与的是南海、东莞的乡镇规划。两年乡镇规划的洗礼，让我对市场的力量有了感性认识。也让我鲜活地感受到现实中推动城镇发展的多元力量与角色。

1980年代虽然中国的城市化刚刚起步，但政府对城市的作用已经有了相当充分的认识。1988年，广东省政府在环珠三角的外围设置了阳江、清远、河源和汕尾四个新的地级市。这四个城市的经济基础都十分薄弱，政策决策的背后应该有城市发展理论的支撑，其目的很明显是要通过新的城市节点的发展来衔接和传递珠三角的辐射力。于是，我迎来了自己入职后深度参与的第一个城市总体规划——阳江市城市总体规划。

1980年代的广东是经济落后省，省政府设立新市的目的虽然很明确，但省里却没有什么项目或者资源可投入到新设市，当时广东流行的说法是"上面给政策，资源到市场去寻找"。因此我们作的虽然是阳江市的城市总体规划，但那时省里并没有"省城镇体系规划"之类的规划对各个地级市的发展进行"设定"，也没有大领导对城市未来的发展进行"指示"，因此，关于城市发展的动力、目标和定位，也要在市场中去寻找。怎么去寻找？规划师自然是运用区域发展分析的方法去寻找。这是我第一个把区域发展分析运用到规划中的项目。随后，随着广东经济的发展，城市越来越活跃，规划的市场需求越来越大，我参与城市规划项目的机会也随之增多。在完成阳江市的城市总体规划后，还先后负责了广州开发区扩区、惠州大亚湾、清远市和湛江市的城市总体规划。随着地级市城市规划项目的参与，让我逐步认识到一件事：虽然都是面向市场，但城市的发展逻辑与乡镇是截然不同的。

1992年，邓小平同志视察南方作出重要讲话，要求广东用20年时间赶上亚洲"四小龙"。广东省委省政府把特区、沿海开放城市和沿海经济开放区整合，设立珠江三角洲经济区。经济区设立后，省委省政府便着手编制珠江三角洲经济区规划——《珠江三角洲经济区现代化建设规划纲要（1996—2010年）》（以下简称"珠三角现代化规划"），其中珠三角城镇群的协调发展作为规划的重要组成部分，由广东省建设委员会来组织编制。广东省建设委员会在珠三角地区的规划局和规划院抽调了12名人员组成了编制组，我院的许瑞生副院长和我被抽调到了规划组。规划组由广东省建委陈之泉主任和劳应勋副主任任领导小组的组长和副组长，广东省建委规划处处长房庆方任城市群规划组组长，组员有广东省建委的蔡瀛、杨细平，中山大学的欧阳南江、张蓉，广东省科学院广州地理研究所的张鸿欧，我院的许瑞生和我，广州市规划局的叶浩军，深圳规划设计院的王富海，珠海市规划局的唐曦文等共12人。

《珠江三角洲经济区城市群规划——协调与持续发展》虽然是珠三角现代化规划的专题之一，但它却是省政府组织的珠三角城市群的第一个区域规划。规划提出的珠三角城市群将形成中部、东岸和西岸"三大都市区"的空间组织结构和划定都会区、市镇密集区、开敞区和生态敏感区"四类用地空间开发控制"的构想，为珠三角空间结构体系概念的形成奠定坚实基础，成为后来各区域规划采用的政策管制分区思想的雏形。

《珠江三角洲经济区城市群规划——协调与持续发展》也因它是国内第一个城市群规划而具有特别的意义。对于我来说，它也是我参与的第一个城市群规划而意义特别。这个项目经历不但让我对珠三角的区域特征有了全面的了解，更重要的是，在这个为时半年的工作组里，来自不同部门、不同专业背景的12位同行在集中工作中因交流和碰撞形成的强联系，成为我职业生涯中的宝贵财富。

2001年中国加入世界贸易组织（WTO），改革开放多年终于修成正果。但珠三角借助香港成为中国与世界经济体系接轨的角色因此改变，原有的在吸引外国直接投资方面的优势有所弱化。加之珠三角城市高速发展所累积的问题也日益突出。2004年，广东省委省政府决定再次组织编制珠三角城镇群协调发展规划，这让我有机会第二次参与珠三角城市群的规划。《珠江三角洲城镇群协调发展规划（2004—2020年）》由广东省政府与建设部共同组织完成，因此这次没有像上次一样抽调技术人员与行政人员组成混合编制组，而是由中国城市规划设计研究院、我院和深圳市城市规划设计研究院组成的联合编制组来承担。

如果说珠三角1994年编制的第一版城市群规划是以建设现代化的城市群为目标，规划围绕着这个目标展开城市化战略和基础设施布局，2004年开展的第二次城市群规划，就是围绕着如何应对已暴露出的问题和提高城市群的区域竞争力这两个主导性问题而展开。规划围绕着将珠三角建设成为"世界级城镇群"这一愿景，重点研究了珠三角的发展腹地建设，提出对内打造发展"脊梁"强化珠三角核心竞争力，对外重视泛珠三角的协同发展。由此提出八个行动计划，其中包括了"发展湾区计划"。这是珠三角的规划中首次出现"湾区"概念。

时任中国城市规划设计研究院副院长的李晓江作为项目负责人统筹技术团队。李晓江院长每会必到，2003—2004年一年间飞了珠三角四十多次。项目尾声时为了保证文本质量还亲自带领项目组到海南闭关一周。项目期间李院长主持的各种讨论与见解，让我理解了什么叫国家视角。本次区域规划的重要成果——区域空间管制思想和行动计划都在后来结出了硕果：前者为2006年广东省人大制定《广东省珠江三角洲城镇群协调发展规划实施条例》，将区域规划纳入法定化管理奠定了基础；而后者则为后来珠三角区域绿道网的规划建设作了很好的铺垫。

与国内其他城市群甚至与世界其他城市群相比，由于历史的原因，粤港澳湾区城市群是个不同的政治经济体制下的集合体，具有制度环境多元性的特点。在过去,澳门受葡萄牙的管制,香港受英国的管制,这种制度环境的多元性给珠三角带来了迅速与西方经济体接轨的便利,但随着港澳与珠三角经济一体化的推进,这种制度环境的多元性带来的三地衔接问题也逐步显现。香港、澳门相继回归后,粤港澳三地开始探讨区域发展合作。2006年,经国务院港澳办和粤港澳三地政府同意,粤港澳三地合作开展"大珠江三角洲城镇群协调发展规划研究"(以下简称"大珠城镇群规划研究")。

这个区域性的项目定位为规划研究而不是规划,是由于在"一国两制"下粤港澳三地的政治、法律和行政体系都有差异。它是粤港澳三方在"一国两制"框架下,通过粤港、粤澳城市规划及发展专责小组两个合作平台,首次合作开展的策略性区域规划研究,也是我国第一个跨不同制度边界的空间协调研究。项目由北京大学周一星教授主持,北京大学和我院承担,这是我参加的第三次珠三角区域性城市群项目。

大珠城镇群规划研究从2006年开始,2010年完成,是我参加过的历时最长的珠三角区域项目。项目分别对香港、澳门两地特区政府部门进行了深度调研。这次项目调研让我认识到,港、澳虽然回归了,但由于历史的原因,在"一国两制"下,粤港澳三地的政治、法律和行政体系都有明显差异;三地分属三个不同的关税区,香港和澳门为单独关税区和自由港,具有一定的关税贸易权和对外交往权,在经济和政治上享有不同的决策权。三地的三个法域分属大陆法系和英美法系。这个地区所特有的"一国两制三法域"不但对城市群的发展产生影响,也对城市群的规划发生影响。

区域规划作为政府区域管理的政策,规划编制的过程就是"立法"的过程。由于两大法系存在明显差异,如大陆法系的传统是实体法,重视法律的制定与修订,而英美法系则重视程序法,使得三地对规划的过程和成果有明显的不同要求。大珠城镇群规划研究除了规划编制组,还成立了由三地著名专家学者组成的庞大的顾问团,规划研究的每个阶段都听取顾问团的意见。在研究成果形成后的征求意见阶段,粤、澳方面侧重关注研究结论的合理性;而香港方面则十分关注成果产生的程序。在这个背景下,三地合作开展的大珠城镇群规划研究展现了两个特点:一是愿景推动。规划研究是在三地共有一个明确愿景的前提——建设世界级城市群下开展。二是有限规划。研究聚焦于具有区域"跨界"合作意义的领域,是限定在一定范围的"有限规划";是在共同愿景之下对与三方未来发展关系密切的要素进行研究并提出建议。

从1994年第一次参加开始珠三角城镇群规划,到2010完成的大珠城镇群规划研究,近二十年参与的三次珠三角城市群规划,每一次都是自己认识区域、认识城市发展规律的机会。第一次城市群规划让我认识到了全球化对区域发展的影响;第二次区域规划让我看到了区域腹地对全球竞争力的重要作用;而第三次区域规划研究则让我意识到了历史因素对未来的影响。经过三次区域规划的历练,我对珠三角的区域认识,也得以逐步提高和完善。

二、负责珠三角全域规划

随着城市化的进程,珠江三角洲地区逐步成为我国最大的河口三角洲城市群之一,经济体量大、人口密度高,是中国经济的重要引擎,也是世界最大的城镇连绵地区之一。在国际环境不断变化、国内经济进入新常态的宏观背景下,珠三角经济社会发展正处在转型升级的关键时期,这对珠三角"空间转型"提出了更为迫切的要求。2014年,广东省委省政府作出"对珠三角进行全域规划"的部署,规划的任务由广东省住建厅来组织完成。

本次全域规划可以说是珠三角最雄心勃勃的规划,规划的提出者——时任广东省委书记胡春华在提出"对珠三角进行全域规划"

时，要求把规划覆盖到珠三角城市、乡村的每一寸土地，统筹考虑功能布局、基础设施建设、产业规划、环境生态保护等方面，推动珠三角全面、协调、可持续发展，建设成为世界级的城市群。于是，广东省住建厅组织了强大的编制组，由广东省城乡规划设计研究院联合中国城市规划设计研究院、广州市城市规划编制研究中心、深圳市规划国土发展研究中心、北京大学、清华大学、中山大学、华南理工大学等国内多家规划、研究机构组成的全域规划编制项目组，我有幸成为这次"全域规划"的项目负责人。

接收到这个任务后，首先摆在项目组面前的第一个问题是，这次规划的内容应该怎么界定？因为广东省委省政府的决定是编制"全域规划"，全域的要素很多，规划应该以什么作为自己的范围？回顾历史，自改革开放以来，广东省委省政府已针对珠三角地区的发展组织过三次大规模的区域规划，第一次是1994年《珠江三角洲经济区现代化建设规划纲要（1996—2010年）》，内容涵盖全面；第二次是2004年《珠江三角洲城镇群协调发展规划（2004—2020年）》，内容侧重于城镇群的发展；第三次是2008年《珠江三角洲地区改革发展规划纲要（2008—2020年）》（以下简称"2008年版规划纲要"），内容涵盖全面。在已有经国务院颁发的内容全面的2008年版规划纲要的情况下，本次的全域规划侧重点应该在哪里？为此，广东省住建厅组织项目组专门赴北京召开专家咨询会，清华大学吴良镛院士、住房和城乡建设部唐凯总规划师以及清华大学、北京大学、中国城市规划设计研究院的知名专家对编制珠三角全域规划提出了建议。经过充分的研讨，最后，确定本次规划聚焦空间，定名为"珠江三角洲全域空间规划（2014—2020年）"（以下简称"珠三角全域规划"）。

虽然是确定了本次规划聚焦于空间，但与我前面参与过的历次城市群规划有根本的不同：一是过去的三次城市群规划都是侧重于城市的发展与空间管控，区域的分析侧重于分析珠三角城市在全球化中与全球城市网络的关系和分工；二是2014年大数据、GIS等新技术在规划中已大量应用，新技术的应用让我们可以更好地进行区域画像；三是"多规合一"的试点已取得了相当多的经验，这为实现规划在全域空间尺度统筹安排生产、生活、生态要素，协调功能布局、基础设施建设、产业发展、环境生态保护等规划有序实施提供了经验和手段。这让我认识到，我们有条件编制一次基于全域空间的富有科学性、富有深度和广度的珠三角区域规划。

于是，借助本次项目组强大的参与团队，项目进行了珠三角历次区域规划以来最大规模的跨专业专题研究。于2014年9月至10月，共召开19场专题研讨会，组织省内有关专家81人次与专题编制单位对各专题研究进行研讨。

通过这些研究，这次珠三角全域规划：一是充分运用"大数据"分析技术揭示珠三角发展的特征。研究组通过企业大数据分析，对珠三角产业发展格局、珠三角对外联系格局以及内部城市联系网络进行研究；并通过网络大数据（大众点评数据、微博签到数据）的挖掘，对珠三角建设用地、道路交通、环境污染、公服设施以及开放空间等要素品质进行评价，揭示珠三角优质建成空间以及未来可能成为热点的非建成空间。

二是从历史与自然演进的视角分析并谋划珠三角未来发展。项目组认为，历史和自然是城市群区别于其他城市群的独特"基因"，深刻影响城市（群）的功能定位与空间发展格局。因此，规划研究一方面从全球化发展历史、我国不同历史阶段发展重心转移对珠三角的影响着手，研究珠三角不同时期承担的历史使命，在国家"一带一路"倡议格局下判断新时期珠三角的功能定位；另一方面则从自然地理演进的视角，分析不同自然地理环境对三大都市区空间形态的影响，基于城市的发展要尊重自然过程，提出未来城市群发展的空间格局，并根据自然环境独特性提出打造宜居环境的具体举措。

三是应对"全域规划"的要求,在"宏观—中观—微观"三个层面进行"愿景—战略—抓手"相结合的规划思路。规划突破传统区域规划重宏观、重战略的局限,按照"覆盖珠三角每一寸土地"的要求,在以全球视野、国家战略尺度加强宏观战略研究的基础上,将区域规划的研究深入都市区、城市的中观尺度,部分内容按照微观尺度设计的深度为城市、乡村发展提供示范。同时,对于珠三角不同类型地区未来的转型升级,规划也针对性地提出了一系列可操作、可衡量的工作抓手。

在前面广泛的研究的基础上,规划以建设世界级城市群为总目标,围绕珠三角如何进一步汇聚高端功能以提升国际地位、优化空间秩序以支撑经济社会转型、保护利用自然生态基底以创造优质人居环境等紧迫问题和重点目标,以城市群"全域协同"为主旨,以"转型升级"为主线,以空间"重塑提升"为主题,制定出省市共同推动珠三角优化发展的行动纲领。

本次规划参与的机构多达20余个,编制的时间也较长,从2014年开始,到2017年结束。是我参加过的跨界机构最多的规划,在这个跨界研究的过程里,让我对历史地理、自然地理演变和大数据技术在规划中的应用都产生了浓厚的兴趣,让我对珠三角的理解上升到了新的维度。

三、对我国城市群规划的几点认识

虽然在大学读书的时候学习过区域规划的课程,但是那时从来没想到过区域规划在中国会扮演如此重要的角色。从1994年参与第一次珠三角城镇群规划,到2014年主持珠三角全域规划,再到现在正在负责的都市圈规划,前后跨越了近三十年的时间,经历了珠三角的全球化高峰期和正在进行的创新转型期,算是见证了区域规划在珠三角的兴起与演变,因而对区域规划在中国的发展也有几点自己的粗浅看法。

（一）中国特有的"市域城市"催生了城镇体系规划，全球化竞争强化了城市群规划

1980年代中期，我国确立了市带县的行政区划模式，这个发源于西方的"城市"建制，来到中国半个世纪后由西方的"实体城市"演变为了"市域城市"。为强化对市域范围的城镇发展指导，中央政府在法定的城市总体规划里要求开展与行政层级相对应的各级城镇体系研究，并纳入法定城市总体规划的成果组成中。市域城镇体系规划，作为小版本的区域规划，开始进入城市规划领域。

1990年代以来，经济全球化重塑了全球经济，城市是介入全球分工的重要方式。我国"市带县"的行政区划模式下，城市政府纷纷在整个市域辖区范围内调配资源参与全球竞争与合作，"城市（镇）群"恰好与我国这种"城市区域化"的行政管理模式相适配。于是，城市群的研究和规划实践开始进入行政管理层面。同时，作为区域，中国的"市域城市"使得城市政府得以在市域范围来谋划城市功能布局的优点，但带来了城市功能跨界影响的问题，以及市域边界成为城市基础设施和公共服务的边界。于是，随着城市化的扩张，在城市密集地区催生了城市群规划的介入。珠三角的第一次城市群规划正是在这样的背景下产生的。

2001年，我国加入世界贸易组织后，国内大城市与世界的联系进一步加强，全球化带来的产业国际分工与协作，促使城市之间要加强连接，若干个城市往往抱团协作，以"城市群"的形式参与国际竞争与合作。于是，"城市群"战略被中央和各省（自治区）政府当作一种"施策工具"，用于引导区域资源要素的集中高效配置。国家"十一五"规划明确提出"要把城市群作为推进城镇化的主体形态"，清晰地表明了政府借助"城市群"战略打破行政壁垒、优化资源配置、统筹区域协调发展的决心。

由此，"城市群"战略在中央和地方都成为热点。从国家"十五"

时期到"十三五"时期,我国各地编制了大量的城市群规划。

(二)城市群规划是一种尺度重构

我国城市是一级行政单元,城市的规划实施主体很清楚,是城市政府;而城市群往往是多个城市组成的,城市群的规划通常是超越城市行政范围的规划。因此,城市群规划通常具有协调性的特点,而城市群规划的实施,有立法、行政和建立共同基金等手段,在我国通常通过行政手段实施占主导,城市群规划一是通过上一级政府对各个城市法定规划,如城市总体规划、交通专项规划等的审批过程来落实城市群规划的意图;二是通过区域基础设施的建设来引导和实现城市群规划的思想;三是通过体制机制的改革来推动城市群规划的实施,如2008年珠三角通过一系列体制机制的改革,包括交通年票、住房公积金等方面的改革来促进城市群的一体化进程。

尼尔·布伦纳的"尺度重构"(re-scaling)理论认为,在不同时代背景下,不同尺度相对固定的空间社会地域结构会被不断地"创造""调整"与"转型",不同尺度地域间的关系由此也发生变化,以适应与承载新的发展环境。从这个视角看,中国1980年代把城市建制由传统的实体城市转到市域城市,是一种尺度重构,而1990年代开始出现的城市群规划,也是一种从一个城市的规划到城市群的规划的尺度重构。

在地方面对的机遇和挑战越来越多元复杂的情况下,从区域层面展开规划应对,如设定共同的发展愿景,可以形成有利于可持续发展的功能布局,通过区域协同推进基础设施网络的布局和建设走向共同受益。也就是对原来城市尺度的规划管理进行调整重构,引入区域尺度的规划管理,以起到引领和城市协同的作用。

另外,2000年之后,我国经历了二十多年的高速增长后,土地开发失控、环境污染扩散和基础设施重复建设等问题日益显现,通过区域尺度规划管理的引入,可以让中央政府加强了对地方在土地利用、基础设施和环境方面的管控。这样，城市群规划成为地方突出地方发展意图和中央体现管控目标的适当尺度的对话和管控工具。

随着城市和区域发展的变化，可能会引起新的一次规划应对的尺度重构，都市圈规划可能会继城市群规划之后成为区域规划新的侧重点。2019年2月，国家发展改革委发布《关于培育发展现代化都市圈的指导意见》，使"都市圈"这一概念在城市群之后成为又一个引起广泛关注的超城市尺度概念。这也表明了我国区域规划管理的尺度又在发生一些新的变化。

（三）国土空间规划时代的城市群规划的变化

我国城市群规划由1990年代至今，已有快三十年的历史。三十年间，我国城市发展日新月异，变化巨大，城市群的规划也发生了显著变化。回顾起来，城市群规划存在四方面明显的变化：一是规划导向由目标导向为主向问题和目标双导向转变。早期的规划侧重于城市群共同愿景的营建，后来的规划对面临问题的解决日益重视。二是规划的内容不断拓展。早期的规划内容主要包括城市群在国际国内的发展定位、城市间的分工和重要基础设施的布局三方面，后来逐步增加产业、生态和公共服务方面的内容。三是规划编制的技术手段进步巨大。GIS、大数据等等新技术应用广泛。四是规划的实施方式不断丰富，早期的规划实施主要依靠行政手段，后来出现了立法手段，如珠三角在2006年设立了《广东省珠江三角洲城镇群协调发展规划实施条例》，以及经济手段，如广州和佛山设立了联合投资公司专门对广佛同城的基础设施进行投资。

当今，城市规划已进入国土空间规划时代，城市群的规划也将随着时代的变化而发生变化。首先由于发展阶段的不同，城市群面临的问题和战略导向已与过去有很大的不同，生态文明、"双碳"目标等成为时代对城市群发展的新要求。其次，国土空间规划给予了规划更多的技术和管理手段去应对挑战，但是，珠三角全域规划的经历给我的启示是，区域规划不能追求全，要突出重点，面面俱到的话会让规划过于庞大而无法决策。基于以上两点不同，当下国土空间规划下的城市群规划，还是要突出重点，围绕创新引领和生态文明方面，在强调规划的战略性的同时加强保护方面的内容。

生态文明强调人与自然的和谐相处。城市与自然关系最密切的是与河流的关系。自古以来，人与自然之间的相互适应和协同进化是人类文明得以可持续发展的"必要条件"。但工业革命后带来的城市化过程，建设用地和各类开发的急剧扩张，造成河流水质污染问题日益严重，河流的物理形态被改变，对河流水系生态系统造成了严重的冲击。"社会–生态复合系统"理论认为，好的社会系统应该与自然生态相互耦合。

为了落实生态文明，国土空间规划的编制中创新性地引入了前置性"双评价"，但遗憾的是，"双评价"的对象是以国土空间规划对应层级的行政辖区为单元进行划分的，然而自然要素的分布却并不受行政边界制约，以行政区单独截取一段进行的评价，必然存在局限。对于与河流水系关系密切的地区而言，在对城市群资源环境要素的评价中，不应忽视流域作为一个完整地理单元的影响，应将"流域分区"作为一个不可分割的生态资源评价单元，整体纳入"双评价"体系中，对"流域分区"内的各类生态资源专门进行系统性评价，从而为城市群的规划提供更加客观且有价值的支持。

我经历的辽宁区域规划历程

邢铭

> **作者简介**
>
> 邢铭，男，1965年8月生，山西大同人。现任辽宁省城乡建设集团有限责任公司党委副书记、副董事长、总经理。兼任住房和城乡建设部城乡规划专家委员会委员、中国城市规划学会区域规划与城市经济专业委员会委员。1987年毕业于同济大学城市规划系，美国伊利诺伊大学芝加哥分校城规学院访问学者，2011年获得东北师范大学博士学位，辽宁省优秀专家、国务院政府特殊津贴专家、教授级高级工程师、国家注册城市规划师。主要研究方向为区域与城市规划、城市更新、规划管理等。参与主持完成"辽宁中部城市群发展规划"等省级重大规划项目数十项。多次获得住房和城乡建设部全国优秀城乡规划设计奖、辽宁省优秀工程勘察设计一等奖。近年牵头和参与智库建设、指导省市国土空间规划、完成《关于从国家战略高度加快建设沈阳现代化都市圈的建议》等调研报告和咨政报告十余篇，多次获得辽宁省委省政府主要领导批示。

  1987年是改革开放的第九个年头，我从同济大学城市规划专业毕业来到辽宁省城乡建设规划设计院从事城乡规划工作，从一个普通规划师起步，一直到担任技术负责人和中层领导，2000年获得国家留学基金资助的公派留学机会去美国做了一年访问学者，学习城市设计和规划制度，回国后担任院总工、副院长，2004年年底到抚顺市人民政府挂职担任副秘书长、抚顺市规划局局长，2009年年底回到辽宁省城乡建设规划设计院担任院长，现在又担任省城乡建设集团的总经理，集团整合了辽宁省建设行业的六个大型设计院和辽宁建工集团，重组为四家设计院和五家施工企业。无论是做规划设计、在地方政府参与城市管理，还是经营管理规划院乃至做大型企业集团的管理工作，经过改革开放从快速增长到强调高质量发展的三十年，都有不少亲身经历和体会，希望跟大家分享。

20世纪90年代的时候，改革开放初期的中国刚刚睁开了朦胧的双眼看世界，感到什么都是新奇的，那时候我们跟美国等西方国家的差距是巨大的，当年我们从芝加哥去亚特兰大参加国际规划师年会，走在亚特兰大十车道宽的高速公路上，下坡时看到满满的车流和车尾灯形成的画面，充满了惊奇和羡慕，想着中国什么时候也能发展到这样就好了！现在这种情景在国内大城市已经随处可见了。改革开放的前三十年，实现现代化是我们努力奋斗的目标，所以"发展就是硬道理"，追求GDP增速成为社会主流。从规划工作角度看，规划滞后于建设情况比较普遍，制度缺位、规划缺位的现象也不少。如，拆除半新建筑、建设形象工程、在不当选址上建设开发区、无实际用途的城际交通等。归根到底就是缺少科学规划、理性规划。四十年来我国城镇化发展速度很快，但很多城市也存在着严重的交通拥堵、环境恶化、公共服务与社会服务不够均等化等诸多"城市病"，需要我们付出更多的努力。

在2000年中国刚刚加入WTO的时候，我在美国伊利诺伊大学芝加哥分校（UIC）学习，当时美国规划界最热门的话题是精明增长（smart growth）、新城市主义（new urbanism）、解决城市分化（urban segregation）和城市蔓延（urban sprawl）问题，时任UIC教授的张庭伟先生作了大量中美规划比较方面的研究，也使我受到很多启发。比如关注城市发展中的制度影响、社会公正、驱动城市发展背后的关键因素等问题，因此我编译了纽约和芝加哥的区划条例和一些与土地利用法规有关的材料。

关于城乡规划工作的属性，我觉得可以用一句话来概括："预测未来，管理当下"。规划具有较强的政策工具属性，在体制转轨、改革不到位、地方政府和各种利益集团不断博弈的情况下，规划也参与其中，政府主导规划，但是各种社会力量也能不同程度发挥影响。由于财政体制和事权划分的影响，来自地方政府的自下而上的发展动力有时会冲破规划法所规定的上下级政府规划决策关系，中央和省级政府的规划部门经常疲于应付或不断承认早已"生米做成熟饭"的建设行为，从而使规划这项以超前性为主要特征的工作难以完全奏效。党的十九大以来，政府职能转变中突出了规划行业作为自然资源管理的属性，强化了刚性约束。从更大的系统考虑，更加注重以下问题：一是区域统筹，避免城市间恶性竞争，重复建设、基础设施不能共建共享，要素不能合理流动，经济布局上形不成一盘棋格局。二是城市建设统筹协调，避免在规模、设施、布局、特色方面自行其是，各唱各的调。三是强化规划法定地位，避免该管的管不住，不该管的管了一大堆，各阶段的工作定位不清晰。四是强调保护属性，对于生态环境更加重视，对于历史文化更加珍视，解决随意破坏等问题，彻底改变城市生态和文化"荒漠化"现象。

在2005年初我刚到抚顺工作的时候，一方面组织制订380万平米棚户区改造规划，一方面着手开展抚顺转型升级的艰巨工作。首先是规划上的拨乱反正，抚顺以前城市定位和发展方向都存在结构性问题，必须先统一思想，变向东发展为向西融入沈阳，布局结构转变成沿浑河发展生活空间，把产业功能用地搬迁到南部的产业区去。同时把开发区（即现沈抚创新区）已经批复控规的精细化工园区整体调规，按照沈抚同城化要求重新规划。通过市中心商业步行街改造、采煤沉陷区生态治理以及劳动公园、儿童公园、高尔山公园改造建设改善人居环境。打通高山路、南环路以完善城区路网结构，几年内使城市规划建设发生质的转变，受到了抚顺市委市政府领导和干部群众的一致认同。

抚顺在旅游资源方面具备作为资源枯竭型城市转型接续产业的巨大潜力，因其同时具备自然生态（三块石、岗山猴石、红河谷漂流等）、历史文化（清永陵、赫图阿拉城）、工业遗产（西露天矿、龙凤矿竖井等）、爱国主义教育（抚顺战犯管理所、雷锋纪念馆、平顶山殉难同胞遗骨馆等）、民族风情（清原、新宾等满族自治县）等多种资源禀赋。我主持了抚顺市旅游发展规划，提出了"龙头牵动、区域联动、体系优化"的"三位一体"旅游战略，在与沈阳、本溪等市错位联动基础上策划了包括红河漂流、皇家极地海洋世界、热高乐园、聚隆滑雪旅游度假区等十大旅游龙头项目，现在这些项目多数已经建成而且取得了成功，成为辽宁省内乃至周边区域有影响力的旅游目的地。

当时中国城市规划设计研究院主持编制《抚顺市总体规划（2005—2010）》，在研究战略规划时，我强调区域一体化发展是本轮规划的关键，要突出抚顺和沈阳的一体化发展定位。从2005年提出一直到2007年6月，经过抚顺市委市政府的反复推动，引起了时任辽宁省委主要领导的重视，在其的推动下，省委常委会最终形成推进沈抚同城化建设的决议。当时正处于党的十七大召开前夕，中央提出五个统筹战略，沈抚同城化作为沈阳经济区战略中的一个区域统筹的典型，受到了积极的重视和推动。辽宁省政府成立了沈阳经济区一体化发展领导小组，办公室设在辽宁省发展改革委，在省一级统筹下，沈阳和抚顺两市分别成立相应机构，开展了规划、招商、起步建设等方面工作。后来我把当时的一些思考和规划经验进行了归纳总结，撰写了《沈抚同城化的若干思考》一文，刊登于《城市规划》2007年第10期。

由于工作关系，我参与了沈阳经济区城市群规划的许多理论和实践研究，包括早在1996年开展的辽宁中部城市群专题规划，2007年由顾朝林教授主持的"辽宁中部城市群发展规划""沈抚连接带总体发展规划"以及"沈阳经济区新城新市镇总体发展规划"。2009年年底我回到辽宁省城乡建设规划设计院工作，当时辽宁省政府在推进沈阳经济区一体化建设，编制了沈阳经济区新城新市镇的规划，为推进沈阳现代化都市圈建设奠定了基础。在这些重大事件的实施过程中，深刻地感受到规划工作要有预见性、区域观和大局观，要统筹考虑。英国规划理论家彼得·霍尔说："真正的城市规划是区域规划"。新加坡前任规划局局长刘太格提出了"星云城市"的概念，我也深有同感。作为沈阳经济区新城新市镇总体规划审查领导小组的成员，我负责组织国内专家评审了这些新城新市镇的总体规划。重点关注了城市群规模、发展模式、产业布局、新旧城联系、新城特色塑造等问题。

在沈阳经济区新城新市镇规划的指导下，沈阳连接抚顺、铁岭、本溪地区的同城化新城都得到了较快的发展。一些专业园区也快速地培育起来，在宽松的政策、资金、税收优惠和配套设施的刺激下，迅速地形成了投资洼地，经济区一体化建设对于老工业基地振兴改造，作为国家综合配套改革试验区开展了大量的实践。这其中发展条件和建设成果最显著的是沈抚同城化，这是沈阳经济区始自2007年1月由省委省政府推动的相邻城市同城化，并且作为沈阳经济区建设的突破点或者示范区，以此带动都市圈的建设。随着沿海经济带、沈阳经济区上升为国家战略，对"十一五"期间辽宁经济的转型发展起到了积极的作用。2018年，沈抚改革创新示范区在沈抚新城基础上成立统一的管委会，由一名副省长兼任党工委书记。选择浑河南岸适合产业发展的区域，划定171平方公里作为沈抚新区，其中，沈阳片区69平方公里，抚顺片区102平方公里，目标是建设为同城典范、转型示范、活力振兴的生态之城。

值得反思之处在于：都市圈一体化建设道路、城市化和区域化模式、基础设施统筹、人口和产业布局、城市建设模式等。而解决这些问题还没有现成的完整模式，必须在总结国内外理论经验的基础上，探索出一条适合中国特色社会主义的理论和模式来。推进经济区的一体化建设的关键是什么？我觉得就是协同，根本上是取得协同的共识和战略层面的行动。如果没有科学的总体规划和统筹，各城市之间的产业布局、基础设施、交通、社会事业等等根本谈不上协调，沈阳经济区的一体化建设就无法实质性地推进下去。因此，产业的协调是个至关重要的难题，这并不是靠喊喊口号就能做到的。第二个问题是处理好城市化和区域化的关系。我觉得在工业化的中后期（城市化水平超过50%），区域化就变成需要足够重视的问题，除了空间发展，区域化也为城市化和工业化提供新的驱动力。一般会存在这样的演变规律，即中心城市逐步扩大，原有的城市外围地区被开发成城区，加之乡村地区按照城市经济要素进行重组形成了新城或新市镇，同时各类专业化园区和购物中心、旅游基地也发展为城市化"斑块"，在大都市区范围内，若干这样的核心加外围地区连绵起来，形成了一个大都市区的城镇网络结构。就像刘太格强调的"星云城市"。第三个问题是基础设施统筹。城市群的城市之间要实现一体化或同城化发展，就必须实现基础设施的统筹规划和建设，这是一件说起来容易做起来难的工作。这些设施包括：公路、城际铁路、机场、水厂、污水处理厂、通信设施、能源甚至生态保护区等等，对这些基础设施的统筹规划是解决区域一体化发展的关键。第四个问题是人口和产业布局，核心是活力，关键是规模和质量。规模跟活力有很大关系，比如沈阳这个中心城市，它具备发展为东北亚区域型国际性中心城市的特质，其人口规模应该达到1000万人左右。出于产业分工的需要，经济区必须建设足够有竞争力的产业集群，才能满足人口增加、保持活力的需要。第五个问题是城市建设模式。由于改革开放前三十年的大规模建设是在规划理论相对滞后、边学习边实践的情况下进行的，因此我们的经验和教训并存，在取得成就的同时我们也付出了不小的代价。现在学界对过去的一些建设模式提出批评，还需要从理念和制度方面去深化，把人民对美好城市生活的追求作为出发点和落脚点。

都市圈建设实质上是把解决交通拥挤、环境不佳、活力不足、便利性不够、城乡差距大等城市问题放到一个更大的空间单元去审视,这是我国城市化发展到新阶段的必然选择,也是推动新型城镇化和区域统筹发展的主动选择。西方的新城市主义、公共政策理论、区划等规划法律制度等等都为我们提供了很好的借鉴,中国的城乡土地制度和投融资体制改革,政府把城市建设和乡村振兴纳入五年规划等推动机制等,都是我们探索中国特色的城市发展道路的重要组成部分。

党的十八大以来,"创新、协调、开放、合作、共享"新发展理念的提出,为区域规划工作指明了方向,区域规划工作也发挥着越来越重要的作用。十九届五中全会提出"加快构建以国内大循环为主体、国内国际双循环相互促进的新发展格局",更把都市圈发展提升到一个前所未有的新高度。刘世锦指出:"我们提出一个'1+3+2'结构性潜能框架,'1'指都市圈、城市群发展为龙头,通过更高聚集效应为下一步中国的中速高质量发展打开空间。今后五到十年,中国经济百分之七八十的新增长动能将处在这个范围之内……"下一阶段全国将规划建设26个都市圈,分为成熟型、赶超型、成长型、培育型四个等级。辽宁省确定了"一圈一带两区"区域发展战略,省委政研室赋予我们辽宁省城乡建设规划设计院"新型城镇化重点智库"职能,2021年在省委政研室的直接领导下,智库起草了一份专题研究报告——《关于从国家战略高度加快建设沈阳现代化都市圈的对策建议》。这份报告对于"十四五"时期加快建设以沈阳为中心的现代化都市圈意义重大,是贯彻落实习近平总书记关于东北、辽宁振兴发展的重要讲话和指示精神,形成区域协同发展合力的重要任务;是履行维护国家"五大安全"政治使命,发挥国家重大"安全稳定器"职能作用的重要举措;是服务和融入新发展格局,落实党中央关于东北打造国家对外开放新前沿部署要求的重要内容;是抢抓新一轮科技革命和产业变革历史机遇,落实国家科技自立自强战略部署的重要途径;

是尊重经济发展规律,增强我国东北地区乃至东北亚地区综合承载力和辐射带动力的重要手段;是开启全面建设社会主义现代化新征程,引领东北地区实现社会主义现代化目标的重大战略。

从发展基础看,沈阳现代化都市圈具有六大优势。一是产业优势突出,拥有一批关系国民经济命脉和国家安全的战略性产业;二是区位优势明显,是连通东北与国家重大战略区域、面向东北亚开放合作的重要门户枢纽;三是城镇化水平高,具有建设都市圈的优势条件;四是教育科技资源丰富,科研实力位居全国前列;五是公共基础设施较为完善,人员交流和经济往来密切;六是合作基础良好,区域一体化发展成为共识。同时,沈阳现代化都市圈建设也存在一些短板和问题,区域整体竞争力有所下降,中心城市辐射带动作用不强;产业同质化竞争较重,新动能培育不足;市场经济体系不够完善,对外开放合作水平较低;发展方式粗放,生态治理和低碳转型压力较大;人口结构性问题凸显,老龄化和人口外流并存;区域协调机制不健全,现代化治理能力有待提升等。

从发展思路和目标定位看,要提升沈阳中心城市能级和辐射带动作用,提升都市圈连接、聚合、扩散能力,促进产业、人口及各类生产要素合理流动和高效集聚,加快形成优势互补、高质量发展的区域经济布局,加快塑造创新发展新优势,加快培育改革开放新动力,加快拓展参与国内国际合作新空间,加快开创同城化、一体化发展新局面,努力建设成为国家先进制造业基地、国家科技自立自强重要支撑区、东北亚开放合作新高地、国内国际双循环东北陆海新通道重要枢纽、高品质生活宜居地、全面建设社会主义现代化的东北窗口。

据此提出"十强"具体举措。要强核心、带周边,共同构建分工协同的区域发展新格局;强优势、促转型,协同构建高质量现代化产业体系;强引领、促转化,共同建设国家科技自立自强重要支撑区;强开放、促联通,共同打造国内国际开放合作新高地;强市场、增活力，共同建设统一开放市场；强网络、保民生，共享都市圈现代化成果；强治理、优环境，共同建设人与自然和谐共生美丽家园；强人才、重关怀，共同建设全龄友好幸福都市圈；强改革、优机制，共同推动都市圈制度协同创新；强保障、促落实，为都市圈建设提供支撑保障。这份报告受到省委省政府的高度重视，下一步将在深化规划、完善机制、统筹实施等方面着力。

可以预见，区域规划在国家治理中必将发挥越来越重要的作用，区域规划和城市经济学委会的工作一定会受到更多重视和关注。祝行业人才辈出，长盛不衰！

战略引领，源于广州城市发展战略规划的感悟

袁奇峰

> **作者简介**
> 袁奇峰，男，1965年12月生，华南理工大学教授、博士生导师。曾任广州市城市规划勘测设计研究院总规划师，中国城市规划学会常务理事，全国高等学校城乡规划专业教学指导委员会委员。擅长于决策型和研究型的城市发展战略规划、大尺度的城市设计。主持过多项国家自然科学基金和社会科学基金课题。发表学术论文150余篇，出版学术著作9本，其中《城市化与土地资本化 珠江三角洲"二次"城市化中的南海模式》一书获钱学森城市学金奖提名（2022年）。

2000年是广州转型发展的关键一年。在城市发展战略研讨会上，参会专家与广州市领导就广州的发展和定位进行了热烈讨论，语锋犀利。

确实，广州在计划经济时期一直是全省的经济中心，大中型国有企业较为集中，GDP占珠江三角洲近一半。但作为广东省省会，在改革开放初期也是思想解放、经济体制改革相对较慢的城市。当年广州最值得骄傲的事件就是为举办"第六届全国运动会"建设了天河体育中心，引进港资建设了几个五星级宾馆。但到1990年，在珠江三角洲超速发展的背景下，广州经济在取得自身历史上较快发展速度的情况下，占珠江三角洲GDP的比重仍然下降到30%左右，省会城市经济的相对优势不再。

为打破广州发展这一潭死水，1990年代初期，作为从农村基层拼搏上来的"波佬（农民）"市长，黎子流市长从鼓励各个机关单位破

墙开店搞创收、发奖金开始破局，到学习香港强力推动地铁建设、启动新城市中心——珠江新城，再提出建设"国际化大都市"的战略，初步勾勒出新广州的蓝图。虽然他率先布置了"广州东南部发展战略研究"，期望能够将市域南部、由广州代管的番禺（县级）市纳入广州城市总体规划，但是受制于"市带县"的行政体制约束，广州还是只能在市辖八区1443平方公里"云山珠水"的狭小空间里构思自己的"城市规划"。

1997年亚洲金融危机，林树森市长上任伊始就提出"三年一小变、五年一中变、2010年一大变"的刺激内需的行动路线。首先整治城市街景，全面拆除沿街破墙开店时的"违章建筑"、打开单位围墙搞绿化；然后又在财力十分困难的情况下，提出"一手抓适应、一手抓发展"的思路，利用有限的金融手段加快轨道交通投资，完成了26.7公里的内环路建设；整合经济技术开发区、高新区、保税区，将市级财政应收部分全部返还园区以培育产业；开始了以汽车产业为突破口的"再工业化"产业战略。

一、回顾：广州长期受"控制大城市规模"城市发展方针的约束

1996年，我刚来广州不久就旁听了《广州城市总体规划（修编）》专家评审会，同济大学陶松龄教授提出一个尖锐的问题："既然已经认定城市应该向东南部发展，而且建设用地向北跨过流溪河会导致全市主要水源地的破坏，为什么还要把北翼大组团搞得这么大？"其实在陶教授给我们讲的《城市规划原理》课程中，广州1980年代通过天河体育中心建设，集中力量东拓突出旧城、开辟东部新城区就一直是国内重大设施建设拉动城市结构性拓展的成功案例。因为这样将决定性地提升城市结构性增长的弹性，超越了长期以来国内大中小城市普遍"摊大饼"的城市发展模式。如果在向东拓展的同时大

规模向北翼发展是否意味着广州城市结构重新回归以旧城区为中心的"摊大饼"的格局？

1978年《中共中央关于加强城市建设工作的意见》提出了"控制大城市规模，多搞小城镇"的口号。1980年国务院批转《全国城市规划工作会议纪要》明确了城市发展的总指导方针是："控制大城市规模，合理发展中等城市，积极发展小城市。"1989年颁布的《中华人民共和国城市规划法》第四条规定："国家实行严格控制大城市规模、合理发展中等城市和小城市的方针，促进生产力和人口的合理布局。"广州因此长期受国家严控大城市发展的政策限制。

改革开放初期，广东经济高速增长的主导力量是以东莞、南海、顺德、中山等"四小虎"为代表的农村社区工业化。大量乡镇企业、"三来一补"的加工贸易型外资企业也多落户小城镇。仅1985—1990年，广东省建制镇就从421个增加到1297个。另一方面，在"分权以促竞争、竞争推动增长"的思想下，广州代管的番禺、花都、从化、增城"整县改市"。市、县为了争夺发展资源，形成地方保护主义，强化了"行政区经济"，阻碍了市场要素的流动，导致产业结构雷同、无序竞争，基础设施重复建设、效率低下。这也是为什么广州的东南部发展战略无法落地的原因——广州市和其所代管的番禺市都是一级政府，分属于两个独立的财政区域。

1992年邓小平同志南方视察讲话后，国家对大城市发展的控制开始有所放松。而《广州城市总体规划（1984—2000）》的建设用地规模早已经被突破，因此才会有《广州城市总体规划（修编）》。

其实，直到党的十六大报告明确提出"农村富余劳动力向非农产业和城镇转移，是工业化和现代化的必然趋势。要逐步提高城市化水平，坚持大中小城市和小城镇协调发展，走中国特色的城市化道路"才明确了国家城市发展方针的变化。广东省也开始了以"撤市设区"为特点的新一轮的行政区划调整，推动县级市转变为大城市的市辖区。

二、成就：以"城市发展战略规划"应对行政区划扩张

2000年国务院批准广州调整行政区划，同意撤销广州代管多年的番禺、花都两个县级市，改为广州市的行政辖区。市政府即刻面临着在较短的时间内统筹好社会经济发展的挑战：如何适应市区面积从1443平方公里到3718.5平方公里的急剧变化，尽快形成城市整体空间发展共识？如何在获得空间增量的情况下取得新的经济增量？

两个县级市"撤市设区"的本质就是将其人口、土地和财政资源全部交给广州，且冀望能够因此获得"1+2>3"的效益，所以不能简单地将两个县级市和广州原有的规划拼贴起来。大广州亟需一整套的城市经营、城市经济和空间发展战略！但城市规划是未雨绸缪，哪能临渴掘井？广州1996年版城市总体规划仅编制就用了5年，上报到建设部，2000年还未获批准，显然即刻着手编制新的城市总体规划在时间上根本来不及。

2000年发端于广州市的"城市建设总体发展概念（战略）规划"，应该是新千年以来中国城市规划编制最具革命性的探索——在城市发展环境面临重大变化的情况下，城市政府选择以技术咨询的方式，试图通过诉诸"理性"——在短期内统一各个部门和各行政辖区的发展思路，尽快形成城市发展的"共识"，并在此基础上展开各个部门和行政区的工作。显然，向社会释放市政府经济社会和空间发展意图，将全市政治、经济和社会资源凝聚起来，有利于减少利益调整过程中的社会成本。

这项工作的另一个特点就是在项目组织上分为"咨询"和"深化"两个阶段，持续辨析城市发展的关键问题、聚焦主要挑战，以图集中全市资源寻求突破。参与广州城市建设总体发展概念（战略）规划咨询的团队是豪华的，项目负责人更是群星闪耀，中国城市规划设计研究院李晓江、赵燕箐、张兵，清华大学建筑学院尹稚、袁昕、

袁牧，同济大学建筑与城市规划学院赵民、陶晓马，中山大学城市与区域研究中心许学强、闫小培，广州市城市规划勘测设计研究院李萍萍、吕传廷、袁奇峰、赖寿华等一起为广州出谋划策。

在咨询阶段以编制单位为主体，集思广益，各自展现自己的技术理性。其中，中国城市规划院在接受广州市城市规划勘测设计研究院《广州东南部发展战略研究》"控制北翼大组团、重点向东南部（番禺）地区发展思路"的前提下，凝聚出了"北抑、南拓、东进、西调"的总体空间发展思路，把重心聚焦在"南拓"，试图通过"跨越式发展"，在原番禺市南部建设一个"广州新城"——把机场搬到狮子洋中的海鸥岛；将省政府迁移到珠江三角洲的几何中心，在现南沙区建设一个"新广州"。

清华大学则跳出广州，将佛山纳入视野，在广佛都市区尺度上勾画了一个跨越两个地级市的"十字"空间格局，南北连通番禺的南沙和花都的新机场，东西构筑了从佛山禅城经广州老城到经济技术开发区的城市发展轴线，这是"广佛都市圈"第一次呈现在给政府的规划文件中。

广州市城市规划勘测设计研究院首先从空间尺度上突破，提出"大广州"空间格局要从1443平方公里"云山珠水"的郡县之城，走向全域7434平方公里具有"山、城、田、海"特色的大山大海的国际性城市；然后才将城市空间拓展的重心放在番禺的北部地区，试图将沿江东进的经济技术开发区向南扩展。

由于有多方案参考，有专家意见，在城市政府主导的概念规划的深化阶段较之传统的总体规划工作方式在决策上更具学术民主性，有较多的理性成分，我们的战略深化规划编制过程就成为市政府与规划技术部门协调的过程。关键的是，由于政府部门全程参与了规划的决策，譬如将"广州市政府没有权力要求省政府搬迁""广州要重新成为拥有世界级深水港的国际性城市！实在不行也要有一个工业港，以支持重化工业发展""南沙要变成大阪、东京湾那样的重化工业区"都融入规划中,使得概念规划深化的成果——《广州城市建设总体战略概念规划纲要》能够建立在坚实的基础之上,明确了广州的城市定位、发展方向、发展重点、功能布局、空间结构以及交通建设、生态建设等重大战略问题,确立了"拉开结构、建设新区、保护名城"的城市空间总体发展战略,按照"南拓、北优、东进、西联"的八字方针,使广州从"云山珠水"走向"山城田海",引导城市重点向南、向东拓展,概念规划对广州城市的长远发展和现实的建设安排发挥了积极的指导作用(图1、图2)。

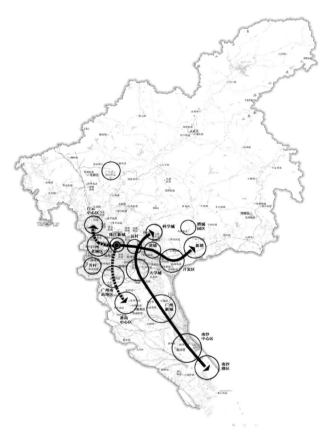

图1　广州2020年城市发展战略空间结构解析

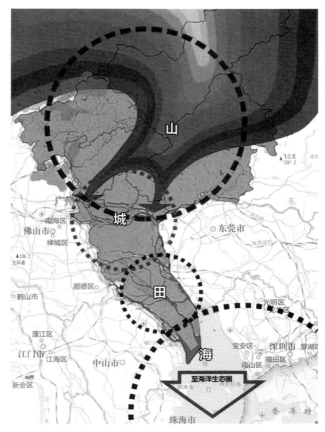

图2 广州"山城田海"人文山水格局

三、遗憾：再次参与广州城市发展战略规划

曾经为广州城市规划工作达10年之久，我在离开广州市城市规划勘测研究院两年后的2007年终于再有机会代表中山大学参与编制广州第二轮城市发展战略规划。我决计要充分检讨2000年我作为主要完成人之一的从"云山珠水"走向"山城田海"和"南拓、北优、东进、西联"战略。

2000年后，广州城市空间外拓的战略为产业空间拓展和升级提供了大量土地储备，对于提高城市竞争力十分关键。在"再工业化、重型化"的经济发展战略指导下，广州重点发展装备制造和重化工业，经济实力得以迅速提升，2004年重工业比重首次超过轻工业。三大日系汽车项目的落户、南沙新港区和广州大学城的建设，以及借力亚运会而启动的广州新城等重大项目建设，使广州基本上实现了城市空间拓展和经济发展的双重跨越。

广州2000年行政区划调整后，中心城市发展的巨大动力得以释放出来，城市发展的区域化倾向日益明显。城市空间已经从"云山珠水"跨越到"山城田海"；产业结构也从"商贸轻工"提升到"重化工业"。但是城市拓展的特点是以产业拓展为主，城市在南、东以及北向的外拓，制造了大量单一功能的新区——广州经济技术开发区、南沙经济技术开发区、大学城、汽车城……

对照2000年"多中心、组团式、网络化"的城市结构设想，2007年的广州已经完成了单一功能的"多组团"拓展，但是"多中心"城市空间体系建设却远未形成，由于放射形交通网络的格局使得"网络化"的目标无法达成。以城市战略拓展为名的单一功能"外溢"，进一步加剧对中心城区的综合功能"回波"。单一功能的城市组团在市域的广域分布和放射形交通网络的结合，使得各组团（新区）对中心城区的依赖日益加剧。这种大尺度的"外溢回波"加剧了城市中心区的困境。

再对照2000年"拉开结构、建设新区、保护名城"的城市建设总体战略，"拉开结构"基本完成，"建设新区"正在推进，但是由于"外溢回波"加剧了城市中心区的困境，"保护名城"面临巨大挑战。经过七年的发展，中心城区内部的外溢回波不仅没有得到减缓，而且还增加了中心城区与外围地区产业新区之间的外溢回波效应，从而形成"双重"的外溢回波效应（图3、图4）。

在城市化快速发展期，广州作为华南中心城市，必将承担更大的区域责任。在广州市空间战略性拓展基本完成的前提下，新时期广州城

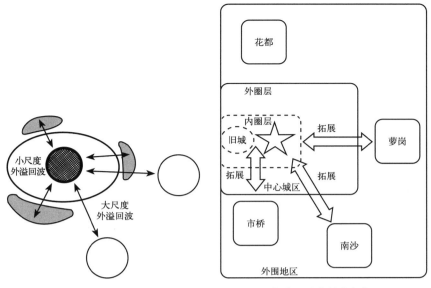

图3 广州2007年的"双重"外溢回波　　图4 2007年广州城市结构解析

市发展战略应从"积极构筑空间据点"转向"全面提升优化空间结构"。

"外溢回波"加剧的原因主要在于：一是由于以城市单一功能区的形式外拓，导致大量的"钟摆式"交通，给城市交通带来很大的压力。因此，需要通过完善外拓地区的综合功能，强化其本地居住功能，构筑强有力的"反磁力"中心来解决。实际上，在2000年版广州战略规划中已经提出，现阶段应该继续下大力气把"反磁力"中心做好。

二是城市中心体系不完善，表现为广州城市单中心结构的加剧。由于服务功能未同步疏解，依靠老城区的消费、教育和相关服务，加剧了中心城区的压力。因而在中心城区外围构筑能够截流"外溢回波"的城市副中心就显得尤为必要，进而完善中心城区的内部结构，疏导过于集中的城市功能。

三是放射性的交通网络。目前广州的道路网络和地铁网络都是基于中心城区呈放射状，这种放射结构会导致形成一个更为聚集的市中心，因此完善交通网络规划也是"多中心"建构的一个重要内容。

由于城市空间的拓展与市场"合成谬误"不会自然推动城市结构的优化,这需要城市规划进行主动干预。在巨尺度的外溢回波的被动局面下,我们认为新时期的广州城市战略应该从积极构筑空间据点转向全面提升优化。从"拉开结构、建设新区、保护名城"转向"多极提升、内调外优、保护名城"——在市域层面积极培育远郊新城,多极提升,构筑"反磁力中心";在城市中心城区积极优化空间结构,内调外优,建设城市副中心,构筑"截流中心";在历史城区积极控制开发,保护名城,突显特色(图5)。推动多中心网络化城市结构的形成,进而疏导中心城区功能、缓解外溢回波效应,从而达到提升城市品质和城市竞争力的总体发展目标,让广州"走向大城市格局"。可惜这个方案却未能落地。

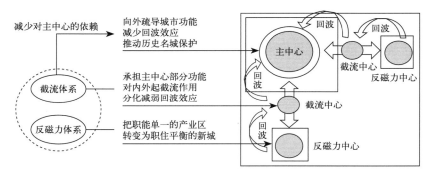

图5 构筑多中心的大城市结构

为收回从化、增城,2012年广州新一轮城市总体规划提出"1个都会区、2个新城区(南沙滨海新城、萝岗山水新城)、3个副中心(花都、增城、从化副中心)"的"1+2+3"城市结构方案。这个规划严重混淆了"行政城市"与"实体城市"的概念。其实在"行政"上的广州是一个城市群,三个独立的县城被作为副中心掩盖了"实体"城市(都会区)亟待建设多中心城市结构的问题。增城、从化、花都都是历史上形成的独立城镇,这些从前的县城的生产、生活社区对广州中心城区的依赖性很小，它们是行政上的次中心而不是城市结构上的副中心。但是它们定位于副中心，就使真正可能发展副中心的地区的公共财政投入机会减少了，从而掩盖了广州都会区亟待多中心化的现实。

四、喜悦：在巨型城市区域时代"再造省城"

在华南理工大学建筑学院任职的第6个年头，又代表学校主持了第三次广州城市发展战略研究咨询。再次与赵民教授、尹稚教授和中国城市规划设计研究院、广东省城乡规划设计研究院、广州市城市规划勘测设计研究院同台为广州城市发展出谋划策，甚感喜悦。

我们认为广州自古就是"中华农耕帝国的海洋文化亚区"，应该延续"世界大港—千年商都"的基因，建设"一个创新、共赢与可持续发展的全球海洋城市"。2049年的广州应该顺应粤港澳大湾区一体化的趋势，在珠江三角洲"巨型城市区域"时代，拉住佛山、联合东莞、协同深圳，构筑"一城双港、双心三轴"的城市结构，在引领"巨型城市"区域形成的过程中，强塑广州在粤港澳大湾区的中心性——"再造省城"（图6）。

其中"狮子洋战略"（图7）将南沙作为联结狮子洋、伶仃洋"两洋战略"的枢纽，助力中国特色社会主义先行示范区、支撑国家的港澳战略，并以此定义"黄金内湾"战略！发挥广州开发区既有的创新发展优势，将黄埔区的海丝城、西区与莲花湾北部的大学城、创新城、汽车城融合起来，建设"未来科创海岸"——后湾；拓展庆胜枢纽、香港科技大学和港人社区，重启莲花湾南部的"广州新城"，建设跨越番禺水道的"广州—香港城"——支撑香港年轻人创新创业的新社区——中湾；打通南沙与顺德、中山、深圳、东莞以及莲花湾的联系，启动南沙枢纽建设，以"明珠湾+科创湾"整合港口、临港工业区、南沙—顺德高质量融合发展试验区和庆胜片区，建设"湾区之

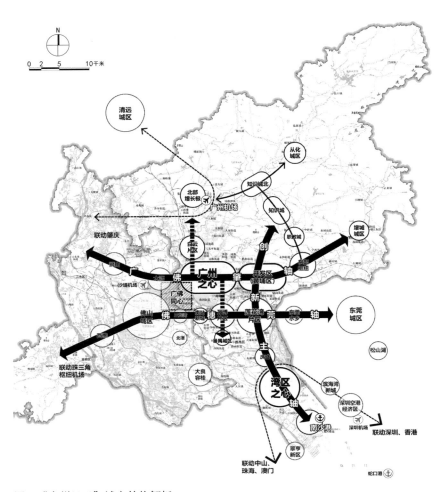

图6 "广州2049"城市结构解析

心"——前湾。以新空间支撑新产业、开辟新赛道,营建广州新产业突破的主阵地。

推动荔湾区与佛山市南海区的合作,推动"广佛同心"战略,深化广佛全域同城,夯实广州传统市场区。规划将荔湾区的白鹅潭和佛山三龙湾、千灯湖两个重大平台整合起来,抱团发展,"三心一体"构筑"广佛之心、湾区极点",做实"广佛第三极",承担起粤港澳大湾区"广佛极点"的定位。

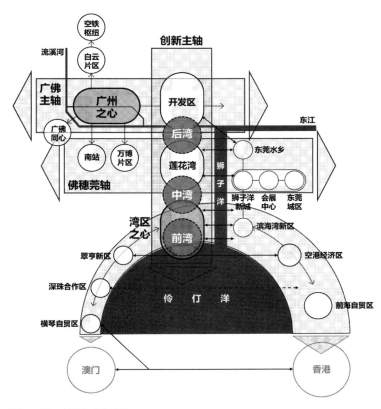

图7 "狮子洋战略"解析

五、拓展："城市发展战略规划"作为城市发展决策平台

城市规划在计划经济时代只是"基本建设程序"的一环；1978年后，中国加入世界经济大循环，城市规划成为政府招商引资、推动产业发展的工具，2000年后又为城市政府的土地财政服务。在市场经济条件下，城市规划既是一个城市的发展愿景、一种空间使用安排，更是一份社会契约，因为从产权的角度来说规划决定了不动产的价值。

改革开放以来，城市建设从计划经济时代政府的"独角戏"，演变为政府、市场、社会、村庄和个人共同的事业，城市规划体系一直面临着市场经济的冲击；但另一方面，随着政府逐步退出企业经营后，利用有限的"公共财政"为社会提供"公共物品"和服务成为其主要职责，城市政府只有增加财政税收能力才能扩张行政能力，而要以廉价工业用地招商引资、用经营性土地获取土地财政，城市规划就成为市场经济背景下政府推动经济发展的重要方式。

如果说当时城市总体规划在全国范围普遍面临"遇着红灯绕着走"的消极状况，那么由广州开始的"城市总体发展概念（战略）规划"则开始了一场理性的、对城市总体规划体制的自下而上的积极变革，因为市场经济下的城市发展迫切需要与之适应的规划指导，而规划的方式必须有所突破。战略规划因成为连接上级与下级、政府与社会、政府与资本的枢纽，并兼具研究的弹性和程序的合法性，因此当仁不让地成为城市政府部门进行城市发展决策的平台。

在广州之后，中国不少大中城市开始进行城市发展战略规划的编制，如北京、南京、杭州、哈尔滨、沈阳、成都、太原、合肥、杭州、宁波、台州、厦门、佛山、惠州等。概念规划成了我国规划界的热点。学者普遍认为城市发展战略规划是一项很有意义的工作，对城市的未来发展具有长远指导意义。战略规划的出路究竟会怎样？当时看来有三种可能：①成为总体规划编制前制度化的规划研究阶段，替代当时的规划纲要；②成为新的城市总体规划编制框架的改革方向，其成果是粗线条的，主要提供给中央和上级政府审查并与之在城市发展战略的层面达成共识；③部分为新的城市总体规划框架吸取，成为城市总体规划长远战略方面的补充。

我参与过最有挑战的工作是2006年承接的"珠海市东部沿海地区总体发展概念规划"，清华大学提出了在伶仃洋填海35平方公里的方案；同济大学把重心放在唐家湾填海区；我们提出了"花开六瓣、一心两翼"的东部空间结构，建议在拱北东侧海域港珠澳大桥一地三检人工岛北部填海4.5平方公里建设"新拱北"RBD，既可以有效分流

"一地三检"人工岛客流,也给珠海市区提供一个大桥入口,规避大桥经济跨越中心城区的挑战。但是珠海最终选择了中国城市规划设计研究院的方案,把CBD放在城市边缘、港珠澳大桥隧道出口,位于珠澳和横琴三个关税区的边缘的十字门,这个决策对珠海CBD的建设多少是一个冒险。

我觉得最有趣的项目或许是2009年的"南宁市区域性国际城市建设规划研究",作为"命题作文"我们必须回答把一个省会建设成为国际城市的问题,答题则从北部湾城市群南北钦防一体化入手,从南宁城市结构优化出招,即不管能不能建成区域性国际城市,城市规划在引领区域一体化、改善城市结构方面仍然可为,既回答了政府层面的关注,又能够切实帮助城市规划部门的空间和技术决策。

2013年的"汕头城市发展战略规划咨询"让我们有机会深入考察汕潮揭这个被行政区划切割得七零八落的完整经济地理单元。汕头经济特区建设没有达到预期效果,但是辖区的县域经济却热火朝天,我们因此提出了把县域品牌变成城市品牌、从"低质量均衡"走向"极化"发展,通过高端化战略从产业上纵向整合练江、榕江和韩江流域,汇集汕潮揭三市高端服务业合力打造"汕头都市区"的战略,构建"一核多元、两主三副"的大区域城镇群体网络。

而最为长情的战略规划开始于2003年我主持的"佛山市南海东部地区发展战略研究",预判广佛同城化会极大地改变这个地理上处于广佛之间的洼地,而区位的改变将会让这个地区从农村社区城镇化走向更高质量的城镇化。南海实施了东西板块战略,经济发展的主战场逐渐从东部的"农村社区工业化"转向西部的"园区工业化"。

2007年我们在"佛山市南海区城镇发展战略咨询"中获得第一名,基于广佛同城化空间结构提出在原东西两大板块战略之上,构筑"东部建设城市、西部发展工业、西南部保护生态"的三大板块战略;适时推动东部地区从"工业南海"向"城市南海"转变。

2008年在广东省委省政府推动下,国务院颁布了《珠江三角洲地区改革发展规划纲要(2008—2020年)》,明确提出珠江三角洲地区一体化要"以广州佛山同城化为示范,以交通基础设施一体化为切入点,积极稳妥地构建城市规划统筹协调、基础设施共建共享、产业发展合作共赢、公共事务协作管理的一体化发展格局,提升整体竞争力。"南海东部地区已经从两个城市交界的价值洼地,变成新的广佛高地。十年来所作的一系列规划和构想随着土地区位价值的急剧提升而逐渐为市场所认同进而变成现实。

我们在2007年的"南海城市中心区北延战略"中建议将千灯湖中轴北延到大沥联滘村,并依托此轴线在广佛之间建设南海中心城区,推动东有广州"天河城"、西有佛山"广佛新城"的大战略。2013年我们在"佛山市南海区东部片区城市轴地区城市设计"竞赛中再次胜出,得以进一步发展千灯湖中轴线,集聚城市功能,形成北起"省城西护龙山"里水展旗楼,跨越佛山水道,南抵桂城雷岗山魁星阁,长达12公里的南海城市轴线方案,与"省城东护龙山"瘦狗岭南的12公里广州城市新中轴线相对而立(图8)。

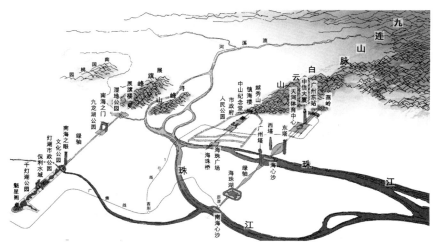

图8 广佛大都市区城市人文山水格局意向图

广佛地铁开通以后提出的千灯湖轴线周边地区土地区位价值迅速提高。我们在"广东（南海）金融高新技术服务区C区城市更新策略与控制性详细规划"中致力于农村集体建设用地的二次改造，通过谋划、策划、规划和计划，充分研究三旧改造政策的实施途径，通过精确的计算，明确城乡利益边界、分配土地增值收益，确立了一整套开发模式，使得多方利益得到保证，让城市政府、开发商和农民共赢，构筑了围绕农村集体建设用地的新的城市增长联盟，推动了地区的改造更新。由于得到了南海区、镇两级政府和社会的充分认同，我的团队这些年有机会成为南海区城市发展政体中一股积极有为的专业技术力量。"城市发展战略规划"也得以成为城市发展的决策平台。

六、展望：战略引领、设计先导、刚性管控、弹性实施

改革开放以来，我国从计划经济向社会主义市场经济转型，在摆脱贫困、追求发展效率的背景下，国土空间资源不断被赋予产权特性，为发展社会主义市场经济保驾护航。"行政分权+GDP锦标赛"的做法激发了市、县经济建设的积极性，在土地财政的导向下，地方政府更加关注"自然资源开发"。

但是过于强调国土空间资源的经济属性，必然会危及自然生态系统的安全和农业资源的保护。在经济发展取得巨大成就的今天，生态保护和环境问题开始成为重要议题，国家日益重视"自然资源保护"。

2018年开始建立的"国土空间规划体系"本质上是可持续发展观在国土空间领域的落实。就像山水林田草是一个完整的系统，区域开发、城乡发展也有自身的规律。新的"国土空间规划体系"显然不能一味强调"自然资源保护"，也不能放任地方政府过于强调"自然资源开发"，必须要通过优化"自然资源配置"，提高利用效率来保护地方推动经济社会发展的积极性，既要最有效地开发经济资源，也要最大规模地保护自然资源。

（一）战略引领求共识

国土空间规划面临着若干相互冲突的价值取向，需要统筹人与自然、城市和乡村、城市不同系统，以及政府和市场、中央和地方、处于不同发展阶段的不同政府层级之间的关系，建立国土空间使用的共识需要高超的智慧。

2000年发端于广州市的"城市总体发展概念（战略）规划"可能是新千年以来城市总体规划编制最具革命性的探索，这个规划的重点是城市生态系统化、空间结构优化和交通体系现代化，虽然其成果是粗线条的，但却成功通过技术咨询和公开的讨论形成了城市发展战略共识。检验国土空间规划体系是否科学，关键看其能否遵循自然生态、农业发展和城乡发展的规律；能否服务于国家和城市发展战略；能否帮助政府规避发展风险，拥抱不确定性；能否在发展和保护之间保持刚性与弹性的平衡。现实中，规划又是一系列城市增值行动的选择，是公共财政投入的指南，因此国土空间规划必须帮助地方政府做正确的事，并顺应规律把对的事做好，最终形成空间使用共识，切实推动高质量发展。

（二）设计先导定目标

要提高自然资源利用效率，就需要运用城市设计来提高国土空间规划的精度，通过沙盘模拟来平衡城市建设的投入产出、合理确定城市建设标准、明确城市发展的目标。

总体城市设计可以落实人文山水格局，探索城市与自然、中心与边缘、不同功能区域以及城乡之间的空间关系。作为人为事物的农业产业空间、城市空间和作为人类环境的生态系统是有功能的，功能的实现需要结构的支撑，而结构就是国土空间资源的合理配置。

而片区城市设计则是确定公共空间、公共设施布局，确保城市品质的关键性工具。尤其在新增国土空间资源有限的前提下，通过优化结构提高存量国土空间资源使用效率，通过城市设计保障空间品质是应有之义。

（三）刚性管控保公益

国土空间规划是由政府制定，以空间和土地资源为对象，协调和处理社会中不同利益群体在空间和土地资源上的利益诉求，保障公共利益；由国家强制力保证实施，反映了政府对土地和空间资源的权威性的价值分配，是地方政府中具有典型意义的公共政策，并作用于城市中与空间相关的公共领域。

要提倡政府理性，发挥政府在公共产品配置中的主导地位，保护农田和生态空间，调控社会群体间不断扩大的经济差异，在市场失效时主动出手，维系社会的和谐。

国家和省级层面确定的耕地保护量、生态保护线、文物保护区、区域性基础设施和环境保护要求应该是刚性的。市县级国土空间规划在落实上层次规划确定的相关责任时，必须遵循生态系统、农业发展、区域开发、城乡建设的规律，创造性地构筑合乎当地实际情况的国土空间系统，必须把公共服务、历史文化保护的责任落到实处，以保障可持续发展。

（四）弹性实施求活力

要善用市场理性，发挥其在资源配置中的主导作用，避免政府失效。面对不确定的未来，没有必要过分强调"底线"之外的规划管理"刚性"，任何规划都只能看清楚有限时间内的趋势。地区长远发展面临社会、经济、生态的不确定性，必须保持一个有弹性的国土空间规划体系。

必须要打破一管就死、一放就乱的"治乱循环"，在强化底线刚性控制的前提下，应该增加规划管理制度的弹性，在规划编制、决策、管理过程中获得"刚性"与"弹性"的平衡，以适应社会经济系统的持续演化。要善于利用科学、民主两只手，把科学可以解决的问题解决好；把科学难以解决的问题交还给民主决策体系，通过法定程序去解决。

在政府和市场之间，政府不能既作"运动员"又作"裁判员"的角色，应实现"决策"与"执行"的分离，实现治理体系的现代化。而规划委员会不但可以在利益相关方的博弈中作为冲突裁决机构，还可以把地方知识带进决策过程，有利于实现行政管控向地方治理的过渡。

经济区位理论的再总结与思考

张文忠

> **作者简介**
> 张文忠，男，1966年1月生，中国城市规划学会副理事长，中国发展战略学研究会副理事长，中国城市规划学会区域规划与城市经济专业委员会副主任，中国科学院地理科学与资源研究所研究员，中国科学院大学岗位教授。1995年在东北师范大学获理学博士学位，1993—1997年在日本一桥大学、驹泽大学学习和研究。主要从事经济区位理论、城市和区域发展等研究。主持和参与了国家自然科学基金、国家发展改革委等有关部委的各类研究课题50余项，出版《经济区位论》等代表性学术著作，发表论文200余篇。

一、区位理论的重要性

"区位、区位还是区位"，这一基本原则长期左右着住房选择、商业和服务业等设施布局。其实，我们日常的生活、工作和居住以及企业的生产活动都离不开区位，区位是经济活动的载体，社会生活的舞台。正如奥古斯·勒施所言：找到正确的区位对于人生的成功是不可或缺的。理查德·佛罗里达在《你属于哪座城市》一书中也曾写道：选择在哪儿居住是我们生活中的关键，这一决定将影响我们的所有其他决定——事业、教育和爱情。正确的区位选择对于个人和家庭获取最大效用，以及企业赢得最大利益具有重要的作用。阿尔弗雷德·韦伯甚至认为国家和地区的兴衰与区位的变化有密不可分的关系，他在《工业区位论》中讲道："'帝国的兴盛，帝国的衰落'，这显然是区位变化的结果，我们追随着这些发展，并带着对区位重要性的强烈意识，我们预测未来积累、分布、工业国的发展与没落的趋势。"从全球、国家、区域和企业发展的历程和现实来看，大到国家的昌盛与衰落、地区的发展与衰退、企业的成长与消亡，小到家庭生活质量或个人幸福指数的高低，区位发挥着不可或缺的作用，区位不仅影响着不同经济活动的空间集聚规模和水平，企业、产业空间布局的成本和收益，也影响着区域经济社会发展的不平衡和差异，甚至也或多或少影响着我们每个人的居住、工作和生活水平。德国人文科学学者迪特里希·施万尼茨在《欧洲：一堂丰富的人文课》书中讲道："在真实世界中蕴含着基本的模式——基本的规则和基本形状，它们是构造现实世界的基础；而且，这些基本形状是简单的、易辨的和理性的。"各种经济活动的区位空间选择也同样，企业或个人所从事的各种经济活动在特定的区位空间进行生产、经营或集聚通常遵循一定的经济或社会规律，自觉或不自觉地按照经济和社会法则来进行区位空间选择。如企业区位选择的目标是追求成本最低或者利润最大化，遵循的原则是成本最小化或利润最大化区位选择原理。我们个人在选择居住区位时，通常遵循追求效用最大化原理或满意度最大化区位选择原理。公共服务设施区位选择则追求福利最大化，或服务效率最佳化，或者两者间的平衡。

二、区位论的主要流派与特征

（一）最小费用区位论

1. 杜能的最小费用研究框架

杜能在1826年出版的《孤立国》一书，标志着区位论的产生，他被后人推崇为区位论的鼻祖。保罗·萨缪尔森盛赞他是空间经济学的"造物主"。韦伯提出在围绕一个城市（市场）周围的平原地区，农业和林业等作物生产的空间分布理论。杜能理论的核心是在均质的大平原上，以单一的市场和单一的运输手段为条件，在城市和乡村之间有着明确的劳动分工，在城镇当中，生产的制成品和提供的服务被用来交换来自乡村的农产品。农产品空间经营方式取决于运输成本、产品的易腐烂性、耕作的强度等因素。随着与城市之间距离的增加，运输费用会不断增加，将会产生一种特定的经济活动布局。围绕城市形成的农产品经营方式的空间差异，产生于如何降低生产成本，生产者追求的是成本最小化行为。

在杜能的理论中，决定农业经营空间形态的因子是地租。但在一定的空间内，地租的大小与运费有关，而运费又与距离成比例，换言之，与城市（农产品市场）的距离不同，地租也不相同。因此，运费最小的区位就是地租最大的区位，也就是生产者选择的最佳区位。随着离市场距离的增加，地租也将减少，区位的比较优势也会不断降低。

因此，对于同一种作物来说，在离市场近的区位要进行集约化经营，而在离市场较远的区位应粗放经营；对于不同作物来说，在离市场近的区位要种植能带来高额地租的作物，而在离市场较远的区位要种植地租相对低的作物。这样，以市场为中心就形成了一个呈同心圆状的农业空间经营结构，即所谓的"杜能圈"。杜能的区位论虽然涉及作物的收益问题，但在他的理论前提假定条件下，收益不过是一个固定的常数，而运费才是他关注所在，因此，他的理论是属于最小费用区位论。

杜能之后，对农业区位论贡献较大的学者是德国农业经济学家特奥多尔·布林克曼，布林克曼在1914年以杜能的理论为基础，阐述农业生产集约度等级、农业经营制度及农业区位布局问题。他认为影响集约度的因素有农场的交通位置、农场的自然情况、社会经济发展水平和经营者本身的特征等，集约度的高低影响农业的收益和土地利用方式。布林克曼认为，在接近市场的地区，即交通位置比较好的地区是实施集约经营的区位，相反，在远离市场的地区是实施粗放经营的区位；交通位置不同造成的土地集约度的差异不仅表现在资本集约度的差异上，也表现在劳动集约度的差异上；接近市场的地区是特殊集约型作物的区位，远离市场的地区是特殊粗放型作物的区位。因此，土地利用的集约度增加不仅意味着各种作物耕作费用的增加，也意味着向集约化的作物转变。

2. 韦伯的最小费用研究框架

在工业区位理论中，韦伯无疑是最小费用学派的代表。韦伯在1909年的《工业区位论》中，从费用角度来分析企业经营者的区位决定，他认为，经营者一般是选择所有费用支出总额最小的区位空间进行生产，也就是说费用最低点即为企业最佳区位点。

韦伯综合分析了工业区位形成的诸因素，认为工业区位的形成主要与运费、劳动费用和集聚（分散）三因子有关。他把运费和劳动费用作为一般地区因子，而集聚力作为一般局地因子来看待。运费具有把工业企业吸引到最小运输费地点的作用，而劳动费和集聚（分散）具有使区位发生变动的可能。在分析上他运用了"区位三角形"和"等费用线"等几何方法来研究三因子对区位形成过程的影响，可以说，韦伯对区位费用的分析至今都是区位理论研究的基石。

对于经济学家而言，韦伯提出的集聚和分散效应是他们关心的重点，在一定地区中的企业集聚会导致正向和负向外部效应。这一理论思想对区域经济学和新经济地理学影响很大，当然，现代经济学关于正负外部性的内涵有了更进一步的扩展，比如正的外部效应包括了企业之间信息交换的改进以及交通和交流成本的减少，而负的外部效应则包括了土地价格升高、交通拥堵和污染等。

韦伯的分析框架是属于完全竞争，研究方法包括马歇尔的微观经济局部均衡分析方法、力学的方法和抽象的实证分析方法。韦伯假定所有的买方都集中在给定的消费地，所有的卖方都具有无限的市场，当价格已给定时，就单个企业而言，产品的需求与供给相比是无限的，因此，从韦伯的区位不可能派生出垄断利益，也就是说韦伯假定了一种在区位决策中需求因子不发生作用的市场类型，即完全竞争市场。

继承了韦伯思想的其他学者也大多忽视了需求因子的作用，只是从其他方面对韦伯区位理论进行了修正，如里彻尔（Ritschl）从历史角度研究了费用与区位模型的变化，韦伯的弟子林克（Link）等试图测定工厂最小运费点的区位变化，并通过劳动和集聚力的结果来说明这种变化。也有学者对不同投入要素费用替代进行了深入的研究，还有一些学者将工业区位从原料、劳动、市场和其他费用指向角度进行了分类，但这些研究都是在假定需求因子一定的前提下进行区位决策。

综上所述，最小费用区位理论具有以下几个特点：一是假设在某特定地点需求给定，且它对企业区位选择无影响，即不考虑需求因子的作用；二是忽视企业区位间的相互依存性，即研究的是单一企业区位的选择问题；三是利用静态的局部均衡分析方法；四是企业区位选择的动机是追求最小成本，即最小成本点就是最佳区位点；五是市场空间是一个"点"（图1）。

（二）区位间的相互依存关系理论

继韦伯之后，对区位理论作出重要贡献的是瑞典经济学家帕兰德（Palander）和美国经济学家胡佛（Hoover）。帕兰德和胡佛对市场空间的分析和对运费理论作出了巨大贡献。总的来看，他们两位的理论与韦伯的理论既有相似之处，也有不同之处。胡佛虽然对市场空间大小与区位的关系进行了分析，但他基本的出发点是在假定区位的生产者之间存在着完全竞争、生产要素具有完全移动性的条件下，研究运费和生产费对区位决定的影响，正如史密斯（Smith）所说，胡佛对费用因子的研究远超过了对需求因子的关心，因此，他的理论也属于完全竞争区位理论。

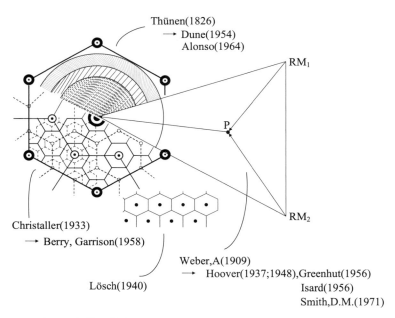

图1 主要区位流派的关系
[资料来源：据松原宏（2002）修改]

区位相互依存学派的代表人是哈罗德·霍特林（Hotelling）和爱德华·张伯伦（E. Chamberlin）等经济学家。他们把不完全竞争理论引入区位论研究中，使区位理论由完全竞争逐步走向不完全竞争。不完全竞争最简单、最典型的一种形式是空间竞争，即区位不同的生产者之间的竞争。关于霍特林的理论贡献，藤田昌久和雅克-弗朗斯瓦·蒂斯给予高度评价："直到20世纪80年代，霍特林的重要贡献才被人所认识，人们发现他的理论用途超出了起初的地理解释的范围——通过在一个给定的市场中引入不同维度实现企业和消费者的差异化。确切地说，霍特林提出的空间分析框架可以成为处理经济、政治和社会领域的经济主体异质性和多样性问题的强有力工具。"

该学派是假定生产费一定，市场不是韦伯假定的点状而是呈线状分布。企业的销售价格因区位的不同而不同，各个企业都尽力以低于竞争企业的价格向消费者销售，而销售价格与克服工厂到消费者间的距离所付出的运费大小关系密切。各个企业在选择区位时，都想尽量占有更大的市场空间，这样市场空间的位置和大小受到消费者的行为和其他企业的区位决策的影响。某企业如果以低于竞争者的价格能够在某市场空间销售产品，那么该市场空间将会被该企业所垄断。综上所述，区位和市场空间之间的模型产生于需求空间的差异和企业区位间的相互竞争关系。

区位相互依存学派模型建立的条件是：①买方分布在相同的直线市场上；②买方对于卖方是没有差别的，也就是说买方对于所有卖方和产品不存在差别对待；③卖方对于买方也是没有差别的，卖方对于所有的买方在各点都是同质地对待；④在吸引买方和生产费用上，各地都相同；⑤各个竞争者以无差别的工厂生产价格销售，即对于买方只需支付相同的单纯的工厂生产价格；⑥各个竞争者的产品能供给整个市场；⑦运费率在整个市场空间不变；⑧各个竞争者可自由地随时变动其区位；⑨确定的动机不影响区位选择；⑩各竞争者支付同样的纯粹工厂价格。

在此假定基础上，格瑞哈特（Greenhut）归纳出下列几点结论：①分散的趋势取决于运费的高低、需求函数的弹性和边际费用，这些因素依据历史的事实决定区位竞争水平；②各个卖方都追求能够占有最大的市场空间，实际区位取决于其与竞争者之间的相互依存关系；③卖方和买方如果从地理上的竞争者中分离出来，且销售的产品是采取无差别的F.O.B.价格（离岸价）的话，各个竞争者就成为空间的垄断者；④有效需求在两者选一的情况下，因运费和竞争者的区位而变化；⑤如果其他情况相同，三个或更多的企业和两个企业的区位选择情况也一样。从区位相互依存关系论的前提条件和结论可发现该理论并未脱离完全竞争条件的框架，只是侧重于空间垄断条件下的区位决策，但已表现出向不完全竞争市场的发展。相互依存关系论所讲的市场空间由"点"发展为"线",这无疑是该学派理论的一大突破。

综上所述,相互依存区位论具有以下几个特点:一是引入了不完全经济市场或垄断市场;二是研究的是两个或多个企业区位的选择均衡问题;三是企业区位选择的动机是占有最大的市场空间;四是区位决策取决于竞争者之间的相互依存性关系;五是市场是"线"空间。

(三) 最大利润区位论

最大利润区位论的代表人物是克里斯泰勒和勒施。以杜能和韦伯等为代表的最小费用型区位论和以霍特林等为代表的相互依存关系区位论的缺陷是忽视了需求因子。与此不同,以勒施为代表的利润最大化区位理论从需求因子出发,对区位选择进行了详细的分析,这意味着经济区位理论突破了完全竞争市场的假设,走向了不完全竞争市场。勒施在《经济空间秩序》一书中谈到,正确的区位是纯利润最大的地点,即影响区位的因子不仅包括费用因子也包括收益因子,更确切地说是二者的差。

杜能和韦伯等假设需求和价格一定,即把收益看作是一定的,但事实上,需求在某种程度上随着价格的变化和市场空间的大小而变化,同时也与选择的生产区位有关。勒施的区位理论以供给在市场约束下的不完全竞争市场结构为条件,以扩大市场来实现利润最大化目标,受边际经济学家瓦尔拉斯一般均衡思想的影响,开始利用一般均衡分析方法来分析区位问题。假定在各区位的生产价格不同,那么,各区位所占有的市场空间大小也不同,其总需求也将不同,总之,价格、需求和区位之间有着密切的关系。价格的变化会引起最佳区位的空间变动,这是勒施之前的区位理论学者所忽视的一个因子。但仅注重于需求而忽视供给同样是错误的,正如勒施所说,如同追求费用最低点一样,认为销量最大地点是最佳区位的想法同样是错误的,只有利润最大的地点才是最佳区位点。

最大利润区位理论与最小费用区位和相互依存区位理论相比较，市场不是最小费用学派的"点"状市场，也不是相互依存学派的"线"状市场，而是蜂窝状的正六边形"面"状市场。勒施的区位论在垄断竞争情况下，首先着眼于确定均衡价格和销售量，即平均生产费用曲线和需求曲线的交点，再通过此来确定市场空间均衡面积和形状。也就是说在给定的经济空间内随着生产区位数量的极大化，使各区位得到的利润最大化，由这一条件出发来规定市场范围和形状。

勒施区位论的研究前提不是建立在完全竞争的市场条件下，而是以不完全竞争和垄断竞争为前提来寻找利润最大化的区位点。总之，以勒施为首的利润最大化区位论是比较完善和系统的区位理论。勒施的区位理论存在的缺陷主要是他对空间的费用考虑不足，尽管他认为最佳区位是收入和费用两因子所决定，但他主要考虑的是需求因子。他认为在均衡状态下，能够存在的区位是指占有一定销售空间的区位，费用因子是通过制约市场空间大小的运费或有效需求最大时的集聚利益来反映。

综上所述，最大利润区位理论具有以下几个特点：一是由完全竞争经济市场走向不完全竞争市场，考虑需求对区位变动的影响；二是研究多个企业的市场区位均衡问题；三是利用一般均衡的分析方法研究区位问题；四是企业区位选择的动机是追求最大利润，即最大利润就是最佳区位点；五是市场空间是"面"状空间。

三、区位理论的发展

在20世纪40年代，经济区位理论作为一门独立的、系统的学科已形成，之后的区位理论基本是在上文所述的新古典经济区位理论基础上的发展。在20世纪40年代之前，区位理论体系的形成和发展与经济学的发展密切相关，经济学理论的突破也在一定程度上带来区位理论的发展。这一阶段地理学尽管对区位理论的发展起到一定的作用，但与经济学相比其影响程度相对要弱许多。但是，从20世纪40年代之后，地理学对区位理论的发展和完善起到了重要的作用。

（一）农业区位论的发展

在韦伯和布林克曼的农业区位论研究基础上，达恩（Duen）和威廉·阿朗索（Alonso）作出了巨大的贡献。达恩把区位主体分为三个研究层次，即企业水平、产业水平和社会经济总体水平来分析，但他把重点放在了产业水平的分析，最后建立了农业区位的一般均衡模型。在分析方法上由静态研究发展为动态研究，力图使自己的区位理论与现实相吻合。他的区位理论受到勒施和沃尔特·艾萨德（Walter Isard）的区位思想影响较大，但又不同于他们的区位理论，可以说达恩在现代农业区位论上的研究达到了一个新的高峰。

阿朗索的理论不仅仅局限于农业区位上，对土地经济学特别是城市地租理论的发展作出了巨大的贡献，他建立的土地利用和地价的一般均衡模型是城市经济学的理论基础之一。阿朗索把杜能的中心市场由中央商务区（CBD）所取代，随着与城市中心的距离的增加，土地租金、土地价格和人口密度都会下降，企业或个人在区位决策时会权衡土地租金与通勤成本。阿朗索的模型认为，随着远离城市中心，住房成本下降而通勤成本上升，靠近城市中心的高房价由通勤时间缩短所抵消，也称为权衡理论。

（二）工业区位论的发展

在工业区位论研究上，格林哈特、艾萨德、摩西（Moses）和屈恩（Kuenne）等学者以古典工业区位理论为基础，运用替代原理分析区位均衡，对一般区位理论的发展取得了引人注目的成绩（麦卡恩）。地理学者格林哈特（Greenhut）的区位理论的特色是：综合古典的费用理论和企业间的相互依存关系理论，并通过一些事例验证由此推导出的理论，把区位理论和垄断理论相结合，并检验由此推导出的一般理论。艾萨德于1956年出版了著作《区位和空间经济》，其被认为是"区域科学之父"。他试图将杜能、韦伯、克里斯泰勒、勒施等人的模型整合为一个统一的研究框架，试图建立"一般区位理论"。他在区位理论古典分析框架中引入距离投入变量并论证了引入这一变量的有效性，提出了最优区位选择的一般原则，他也引入市场边界函数，把区位理论新古典分析框架中的单一生产区位分析方法扩展到多生产区位，对新古典区位论与生产经济理论进行比较与综合。艾萨德引入市场区位边界条件函数，把生产者的市场空间划分为不同部分，进而对市场边界线地域空间位移所引起的空间经济变量变动进行分析，属于宏观经济区位均衡理论。

美国经济学者诺斯（Nourse）从微观和宏观角度，对城市体系、产业区位模型、土地利用、收入和交易的区域理论和区域经济增长及公共政策等进行了研究。诺斯的经济区位理论属于区位宏观分析的动态研究范畴。

地理学者史密斯（D.M.Smith）在拉什顿（E.M.Rawstron）的研究基础上，把韦伯的新古典经济区位论的成本思想引申为空间成本曲线，并将它与勒施的空间收入曲线相结合起来，建立了收益空间界限理论（Smith）。通过收益的空间边界分析来寻找"最佳区位""接近最佳区位"或者"次最佳区位"。史密斯的区位理论摒弃了他之前的区位论的过分抽象性，将收入和费用与空间相结合，提出了收益空间界限理论，并研究了在不同的条件下收益空间的变化。

（三）城市与城市内部产业区位论发展

1933年克里斯泰勒出版了《德国南部中心地原理》一书，研究了一个地区中的各类中心地（城镇和农村）的分布规律和模式。在一个地区中，能够提供核心商品和服务的数量和种类越多，中心地的等级就越高。在一定的假设条件下，中心地与其服务的市场区域呈六边形的分布格局。中心地理论是研究城市和城市内部产业空间分布和组织的重要理论。

在克里斯泰勒中心地理论研究基础上，大量的地理学家从零售业、批发业、金融、公共服务等角度，拓展区位理论的研究内容和方法。地理学者贝利（J.L.Berry）、戴维斯（Davies）、加纳（Garner）、比冯（Beavon）、万斯（J.E.Vance）、贝克曼（Beckmann）、帕尔（Parr）、戴西（Dacey）、斯坦因（Stine）和社会学家施坚雅（G.W.Skinner）等对中心地理论的发展作出了具大的贡献。贝利和加纳对零售业区位和中心地理论的研究，戴维斯和毕维恩对城市内部商业中心地系统理论的发展，维斯对批发业区位论的研究，贝克曼、帕尔和戴西对中心地等级系统模型的发展，斯坦因和施坚雅对集市区位的研究，瑞典地理学家哈格斯特兰（T.Hagerstrand）对空间扩散等问题的研究，他们的理论和学说构成了现代区位理论的重要部分。

区位论在研究服务设施和居住区位上，也取得了很多成绩，特别是随着第三产业比重的提高，服务设施区位研究意义也越来越显得重要。如各种事务机构（银行、咨询机构、软件公司等）和行政办公机构在大城市区位布局中的地位与日俱增，研究这类区位问题成为现代区位论的一个新趋势。

（四）行为主义区位论

新古典经济区位论假定经济和社会活动的行为主体是"经济人"，即人们掌握了所处环境的一切信息，并且具有能够以稳定的选择水平正确地选择所有决策的能力。受福利经济学、行为经济学的影响，区位理论开始研究在不完全信息条件下，企业和消费者的区位选择效用问题。在现实中，企业和消费者所获得的信息是有限的，其区位行为决策目标与其说是利益最大化，还不如说是心理满足最大化。

在工业区位选择中，地理学者格林哈特强调个人因素在区位选择中的重要性，他认为个人行为不可能完全一致，区位因素除成本、需求、收益等经济因素外，个人成本和个人收益因素对区位的影响也很重要。地理学者普雷德（Pred）把"满意人"的概念引入区位理论中，建立了更加接近现实的区位行为研究理论，他运用行为矩阵来研究区位选择，重视不完全信息和非最佳化行为对区位选择的作用。普雷德关于区位论的行为研究也被人们称为地理区位论，他的理论得到了许多经济学者和地理学者的推崇。西蒙（H.A.Simon）则认为，在有限信息条件下，区位决定行为就是有限合理性的行为，并在理性合理性条件下，经济人会追求利润最大化。戴依（R.H.Day）和史密斯等学者对行为区位论都作出了重要贡献。

（五）新经济地理学与区位理论

从20世纪90年代开始，主流经济学者开始关注区位问题，他们发现传统经济学在分析现代经济问题时的局限性，如经济学理论一般都忽视现实的空间，认为生产要素不需要费用，瞬间可以从一个活动空间转移到另一个活动空间，在研究国际贸易时不考虑"空间摩擦"对国家之间贸易实现的作用，也就是说不分析运费对国际贸易的影响。经济区位论可以弥补这一问题，如经济区位论认为生产要素可以自由移动，但需要运输费用；生产企业在空间上不断集聚可产生出规模效益，一个城市或地区的发展与企业的高度集聚产生的规模效益有关。

保罗·克鲁格曼采用1977年迪克西特和斯蒂格利茨的"垄断竞争"理论，在1991年建立了核心－边缘模型，提出了立足消费者和企业的区位选择的一般均衡分析方法，利用迪克西特和斯蒂格利茨（Dixit and Stiglitz）模型，解决了区位理论或者传统经济地理学无法对空间经济进行一般均衡分析的难题。克鲁格曼的模型分析了规模报酬、运输成本和要素流动的相互作用下地区经济的形成和演变，为经济活动进行区位空间分析提供了理论基础。

报酬递增带来的规模经济、运输费用、生产要素的不可移动性、历史发展的偶然性、路径依赖等相互作用是新经济地理学研究经济活动的区位选择和经济发展的基本视角。新经济地理学研究经济活动的空间问题具有以下独特的思维和方法，一是认为初期条件的状态对今后的发展路径具有较大的影响作用；二是表示区域、城市和国际贸易发展和变化的运动方程式是非线性数学模式；三是认为看上去混乱的经济运动，随着时间的变化可能会表现出某种秩序，即认为经济空间变化是一个自组织过程；四是认为经济事物的运动规律在某一时间会出现突变现象。总之，以城市经济学者和区域经济学者为首，对现代区位论的发展起到积极的推动作用（张文忠，2003）。

参考文献

[1] 理查德·佛罗里达. 创意经济[M]. 方海萍，魏清江，译. 北京：中国人民大学出版社，2006.

[2] 迪特里希·施万尼茨. 欧洲：一堂丰富的人文课[M]. 刘锐，刘雨生，译. 太原：山西人民出版社，2008.

[3] 张文忠，等. 经济区位论[M]. 北京：科学出版社，2000.

[4] 张文忠. 新经济地理学的研究视角探析[J]. 地理科学进展，2003（1）.

[5] 张文忠. 经济区位论[M]. 北京：商务印书馆，2022.

城市和区域政策研究的一些回忆与体会

刘云中

> **作者简介**
>
> 刘云中，男，1968年6月生。中国城市规划学会区域规划与城市经济专业委员会委员，国务院发展研究中心发展战略和区域经济研究部研究室主任，研究员，博士。毕业于北京大学经济专业，2001—2003年在中国社会科学院金融研究所从事博士后研究。主要研究领域为经济发展、区域经济和城市经济。多次承担国务院发展研究中心、国家自然科学基金等部门的重点研究项目，在《经济研究》《管理世界》等报纸杂志发表论文数十篇。主持完成《从重要都市圈的基本特征看推动都市圈建设的着力点》等国研报告，出版《2030年的中国经济》《中国中长期能源发展战略研究》等学术著作。

接中国城市规划设计研究院陈明兄的要求，写点参加城市和区域研究的体会，自己本无资格来写，一者在大部分的研究过程中，我都是打酱油的，二者这些研究的参加者大部分都还在一线工作，我的回忆和叙述很容易被打脸。不过，加入中国城市规划学会区域规划与城市经济学术委员会很多年，不写一点似乎也对不住，勉为其难动笔，文中的内容是我个人的经历和体会，为免挂一漏万，这些研究的领导者和参加者也都不在文中直接提及。

一、对区域一体化和地方保护的研究

我是2001年年初到国务院发展研究中心（以下简称"国研中心"）发展战略和区域经济研究部正式工作，不久就参加了对区域一体化和地方保护课题的研究。这个话题的研究大致可以分为两轮，第一轮的研究是在1980年代末和1990年代初，当时的情形是在改革开放后，各地方的工业有了较快发展，原材料供应不足，商品的市场竞争加剧，在财政包干制的环境下，地方政府对包括原材料和产成品等在内的有形商品给予保护，保护的手段可以说是明火执仗地断路设障。当时那一轮对地方保护的研究为1993年的《中华人民共和国反不正当竞争法》提供了支撑，伴随着《反不正当竞争法》的施行以及后来的财税和产权改革，这些地方保护的形式大为减少。第二轮始于2002年前后，此时的内外部环境已经发生了巨大变化，从外部环境看，中国即将正式加入世界贸易组织WTO，需要降低国内贸易成本，形成国内统一的大市场，以更好地抓住加入WTO的机遇；从内部环境看，国内的经济发展水平已经大幅提高，劳动人口的跨区域流动大量涌现，人们对于区域一体化的内容和要求已经逐步扩展到公共服务等诸多方面，反映到地方政府的保护行为，人们诟病较多的则体现在劳动力流动和就业障碍以及地方政府在司法、政府采购和公共服务方面的一些偏袒行为。

  但是，这些认识还大多处在新闻报道以及较为零散的分析之中，如何从新闻报道演进到系统的实证分析和政策应对，还有大量的工作要做。我们当时采取的是较为笨拙的做法，首先对企业和地方政府进行小范围的调研，初步了解地方保护的形式和动机，在此基础上，设计了面向企业、地方政府以及劳动者的问卷调查，为内容较多的长表，问卷中所列的保护的形式包括了商品、服务、要素流动和地方政府采取的一些行为。为了提高问卷调查的真实性以及一定程度上的随机性，我们在问卷调查的组织方面下了很大气力，大部分省、自治区和直辖市的发展研究中心以及北京大学参与了调查，回收了上万份问卷，应该说这是针对地域范围、保护形式和调查对象最全面的一次调查分析。对于企业问卷的分析性文章已于2004年在《经济研究》杂志发表,而对于地方政府问卷的分析报告,未能正式发表,仅作为内部参考资料,撰写的多篇调研和政策分析报告收录于国研中心、世界银行的报告中,为后来在促进劳动力流动、减少劳动力异地就业限制、提供社会保障以及约束地方政府在政府采购、地方司法保护等方面行为的政策措施提供了支撑。我从这项工作得到的体会就是,要把一个新闻和时事中的热点现象转变为一个系统的研究,并能够为政策讨论提供支撑,所需要花费的时间和成本是很大的。

区域一体化的内容更为广泛,是一个更大的话题和课题,我参加比较多的是对区域一体化程度的定量测度。如果只是着眼于推进一体化的具体措施,是没有必要测量区域一体化程度的,而且通常也不是政策研究的重点,但是,在对区域一体化课题的研究过程中发现,如果能够对区域一体化程度的测算给予一个确定性结论,留下比较深刻的印象,是研究能够起到实践作用的一个方式。定量测度区域一体化程度的方法很多,如生产法、贸易法、价格法等,我当时从多地区经济波动相关性的角度提出了衡量国内区域一体化程度的方法,并根据中国的数据进行了相应实证研究,该成果发表在2011年的《财政研究》等杂志。

二、对中国城镇化的研究

城镇化是中国经济社会发展的重大战略,在不同的时期多次反复强调,我比较多地参加到中国城镇化的研究是在2008年国际金融危机之后。当时,国际市场的需求状况堪忧,迫切需要思考中国经济增长动力的转型,城镇化作为促进中国经济增长最大内需之所在被提到一个新的视角来给予讨论。通过城镇化战略扩大内需的认识也有一个逐步深化的过程,从最初的城镇建设、基础设施以及房地产的投资拉动,到进城务工人员市民化释放消费需求以及体制机制的改革释放城市创新活力,对于城镇化的研究也从重大的、临时性安排转变为日常性的年度研究任务，我个人参加得比较多、体会比较深的研究任务主要有3项。

第一项是在2010年间，国务院办公厅秘书二局请国研中心准备关于城镇化的小册子，针对当时城镇化过程中面临的重要话题给予较为系统的介绍，相当于一个综述，事情本身的复杂程度并不高，但如何确定话题、形成多少词条、不同观点的取舍平衡，一直到行文的风格、报送形式，却也颇费周章。刚开始时是根据接到的具体任务编写条目内容，采用活页、小册子的方式及时灵活报送，到后来装订成册已是2013年。

第二项是国研中心在2010年将加快进城务工人员市民化进程的研究作为当年的重大课题，我参加了其中城乡公共服务差异、进城务工人员收入区域差异的研究，对分区域、分城市的进城务工人员市民化成本以及提供公共服务的政策有了大致的认识，跟着当时中心的领导到湖北、内蒙古和广东等地调研，也实实在在地感受到了进城务工人员的期望。

第三项是国研中心和世界银行在2013—2014年的重大国际合作课题——"走向高效、包容和可持续发展中国城镇化"，包含6个专题和一个总报告，组织方式由国研中心和世界银行按照约1∶1的比例出人进行合作研究，我负责其中的专题二，这是一个关于城市和区域规划的专题，也采用定量分析的方法讨论了中国的城市规模与效率、城市结构多样性等话题，这项课题举行过多轮外部专家的评论，非常荣幸地邀请到了中国城市规划设计研究院的邹德慈院士和王凯院长作为专家对该报告提供了宝贵的修改意见。

这些研究都有很多的政策转化成果，为国家新型城镇化规划（2014—2020）、中欧城镇化对话、国家户籍制度改革以及国家领导人的出访活动提供了支撑，在进城务工人员市民化课题成果基础上后来有一本正式的出版物，得过孙冶方经济学著作奖。我个人还在此基础上参加了全国城镇体系规划经济发展专题的研究，也有幸被自然资源部聘任为《国土空间规划纲要（2020—2035）》的编制专家。这个方面的研究体会主要是，学术和政策研究服务于政策实践的多样性和灵活性，不仅是提供正式的研究报告，还需要及时提供灵活多样的成果，例如形式生动的介绍性册子等。

三、对具体区域和城市发展的研究

区域和城市研究的一个应用就是讨论具体区域和城市的发展路径或者战略，参与的这类课题不少，体会比较深的有对东北和西部地区发展的研究。对于东北地区，参加过2013年和2021年两轮的研究，这两次研究虽然相隔近十年，但分析思路的连续性很强，都是从东北人口流动入手，按照理论—实证—政策相对完整的链条进行分析，其中所依据的理论文献主要有Edward Glaeser教授2005年发表在《政治经济学杂志》（*Journal of Political Economy*）那篇有关城市衰退的文章，数据处理和经验证据的内容较多，得出的一些政策建议，如不宜大规模地基建拉动、实施和强化对东北地区的对口帮扶、减缓高学历人员流失的激励政策等，为东北振兴的相关规划和政策提供了支撑。西部地区的发展是一个长期受关注的话题，其中在2013年，丝绸之路经济带刚提出之际，如何更好地服务丝绸之路经济带的建设，并抓住其发展机遇，这涉及西北五省在其中的定位、目标和政策支持，需要作深入研究，并在实地调研了很长段时间。由于这项研究是一个面向远期的课题，思辨的内容会比较多，实证的内容相对较少，讨论和争论的内容多，充分体现了政策研究中的平衡关系，相关的研究为后来的规划以及构建西部开发新格局提供了支撑。

为了配合城市的长远发展、编制城市总体规划，部分特大和超大城市通常会作一些有关发展战略的研究，如上海、广州和杭州等城市都曾委托国研中心进行过相关的研究，而发展战略和区域经济研究部又通常具体负责这些研究课题，我参加了这3个城市的发展战略研究课题，有时还承担一些协调联系的事情，提交的研究成果总体上获得了积极的反响。我的体会是中国大城市的经济体量已经很大、经济结构已很复杂，全面理解这些城市的运行，并提供可行、有针对性的战略措施已经非常具有挑战性，必须有持续跟踪研究的基础，而这会影响未来关于城市的总体规划编制的整个环境。

四、对智库政策性研究的思考

最后就研究的方法论谈点体会。从研究的分析流程或研究框架来看，通常会有现象、事实、逻辑、信仰四个进阶，而从研究的工作流程角度，则会有选题、进度、方法、形式四个步骤，这样的划分可以在一定程度上区分不同类型、不同机构间的研究。

从研究的分析流程或研究框架可以观察学术性（专业性）研究与政策性研究的差异，当然在本质上，这两者并没有大的不同，都必须经过现象的观察、事实的鉴别以及分析逻辑的验证，学术性和政策性研究都会涉及信仰的话题，学术性研究的信仰较多的是对于学科以及基础理论的理解和信赖，但是政策性研究的的确确在很大的程度上会与信仰相关，这是由政策性研究在创新性、严谨性和时效性方面与学术性研究的差异所决定的。在创新性方面，智库研究不惮于多次、反复地论证与强调，一定程度上，智库研究成果的影响力在让政策制定者和社会公众的理解；在严谨性方面，政策性研究同样要求分析逻辑的畅通和实证支撑，但从分析到政策、从政策到行动，智库的政策性研究会有跳跃；在时效性方面，学术性专业研究可以也应该超前，或者大幅超前，而智库的政策性研究需要超前，但大幅超前则难以取得良好效果。这些差异就需要一些信仰和管理上的补充，尤其是政策研究为谁服务的，这一出发点非常重要。

从研究的工作流程角度可以观察不同机构的研究特色。体制内的智库机构，其政策性研究大部分都是任务导向型，对于普通的研究人员而言，选题基本是较为确定的，但正因为任务较为确定，那么在进度上就会要求比较严格，但对于高校及其他智库机构，在选题上可能就比较关键了，只有把选题做好才可能引起关注，收获影响力。需要提及的一点，目前区域和城市方面的政策性研究，对于定量研究方法的重视程度不断上升，尤其是大数据的使用，这与学术性（专业性）研究的趋势很一致。

由于我国发展的不平衡和不充分，区域和城市发展将是有关我国未来长期发展的一个重要研究领域，需要研究的话题很多，需要围绕国家和地区经济发展的重要议题作好选题，围绕讲好"中国故事"阐述中国区域和城市发展的成就、作好中国区域和城市发展重大风险的监测分析、密切关注要素流动及其空间匹配度等等；在凝练研究成果方面，需要关注连续性和标志性的成果。

而今迈步从头越
——深圳特区空间结构演变40年

李江

> **作者简介**
>
> 李江，男，1968年12月生，甘肃天水人，毕业于武汉大学，理学博士。现为深圳市规划国土发展研究中心副总规划师、区域与城市发展研究所所长，教授级高级工程师。担任中国城市规划学会区域规划与城市经济专业委员会委员，中国城市规划学会城市更新分会委员，深圳市城市规划委员会发展策略委员会委员、综合开发研究院（中国·深圳）特聘工程专家。主要从事城市总体规划、区域协同发展、产业布局、城市更新等方面的规划编制与政策研究。主持或参与各类项目近100项，其中"深圳市城市更新专项规划（2010—2015）""深圳市城市总体规划（2010—2020）""深圳市城中村（旧村）总体规划（2018—2025）"等项目荣获中国城市规划协会优秀城市规划设计一等奖；"高度城市化地区城市更新规划管理关键技术及其应用""高度城市化地区海洋生态环境保护规划关键技术及应用""高密度中心城区的综合承载力评价模型构建与深圳罗湖区的实证研究"等项目荣获中国城市规划学会规划科技进步奖二、三等奖；"深圳市海岸带生态修复规划关键技术研究"获全粤自然资源科学技术一等奖。

一、引言

城市是一个富有活力的"有机体"，多种功能及其相应的物质空间形态组成其空间结构，并在一定空间范围内不断演变和发展。受自然条件及社会经济的影响，不同的城市形成了独具特色的空间结构，而空间结构规划也引导着城市的发展方向和内部功能组织形成。

深圳被称为"基本按照规划建设的城市",自建市以来,城市空间结构在多中心、组团式的基础上,经历了"带状组团式—网状组团式—轴带组团式—网络化组团式"的演变历程。本文通过回顾历次城市总体规划编制与实施情况,总结深圳空间结构与城市发展的演变及互动规律,并围绕正在编制的《深圳市国土空间总体规划(2021—2035年)》中空间结构优化的内容,对"多中心、网络化、组团式、生态型"空间格局作深入探讨,以期为探索超大型区域中心城市的空间结构规划思路和技术提供实证参考和有益借鉴。

二、规划引导城市的发展建设

自1980年深圳经济特区成立,深圳先后组织编制过十余次总体层面的规划和空间策略研究。40年间,城市空间结构在历版城市总体规划的引领下,不断地演变发展,形成目前多中心、组团式、网络化的城市开发格局。

(一)1982年版特区大纲:带状多中心组团式结构

深圳经济特区成立伊始,市委市政府高度重视城市规划的引领作用,意在通过规划统筹、应对城市不同阶段的发展需求。深圳的发展,最初从东翼的罗湖和西翼的蛇口同时展开,当时的规划范围局限于深港一线(以下简称"一线")与特区二线(以下简称"二线")[①]之间的狭长地带。其中,一线的陆域部分以深圳河为界,二线以羊台山—塘朗山—银湖山—马峦山为界。因此,带状组团空间结构成为特区建设起步阶段的最佳选择。

1982年,深圳组织编制《深圳经济特区社会经济发展大纲》(以下简称《82特区大纲》),提出"带状组团"的空间构想:根据深圳

---

① 特区二线即1982年国务院批准设立的"深圳经济特区管理线",东起深圳盐田区梅沙背仔角,西至宝安区南头安乐,全长84.6公里。2018年,国务院批准撤销该线。

面海靠山、地形狭长的特点，确定"多中心组团式"城市结构，从西到东，依次规划蛇口—南头、罗湖—上步、沙头角三个功能组团，形成"多点推动、齐头并进"的发展格局。《82特区大纲》确定的组团式空间结构以几个外向型加工区和主要对外交通口岸为依托，适应了产业转移的发展需要，通过承接香港传统工业带动了三个组团的发展，为深圳的城市发展奠定了基础。

（二）1986年版总规：带状多中心组团式结构

进入第七个五年计划阶段，受国家宏观调控的影响，深圳由粗放的"摊大饼"开发建设模式开始向空间集约化模式转变。此时，特区经过五年的快速建设，建成区已达到47.6平方公里，总人口达40万人，开发范围主要集中于罗湖—上步以及蛇口和沙头角地区。

1986年，历时两年调研、编制的《深圳经济特区总体规划》（以下简称《86总规》）完成。《86总规》明确城市发展以工业为重点，在《82特区大纲》确定的结构基础上，对城市空间结构进行了优化和细化。规划罗湖—上步（商业、文化中心）、南头（商业、文化中心）、福田（金融贸易中心、城市主中心）、沙河（吸引华侨投资）、东部（深水港）五个功能组团，并将前海—妈湾填海区作为2000年以后开发的第六组团。各组团之间以自然河川、绿化隔离带为空间界限，组团内部功能相对完整。《86总规》构筑了串联各功能组团的"三横十二纵"城市道路交通体系，形成"带状组团"结构的骨架支撑。

实践证明，《86总规》体现了较好的超前性和弹性。在特区发展尚处于起步阶段时，《86总规》大胆地提出将基础设施按150万人考虑，交通规划更以200万人规模进行验算（《86总规》规划人口规模为110万人），主干道和预留红线宽度留有较大余地，为后来特区内填充式快速发展创造了条件。深南大道就是在这次规划中布局的，这条大道成为见证深圳快速发展的地标，与北侧的北环大道、南侧的滨海大道共同承担了串联城市各个组团的核心骨架作用。这种空间结构兼具紧凑性和灵活性，便于分期分片建设，适应了特区以市场经济为主、发展可预见性较低的特点，保障了城市规模在大大超出预想的情况下仍然能正常运转，具有里程碑意义。

（三）1996年版总规：网络状多中心组团式结构

20世纪80年代，随着香港"三来一补"企业的大举北迁，城市建设已扩展到原特区外的宝安县。1990年，深圳市政府组织编制完成了《深圳市城市发展策略》，把原特区外的发展纳入规划范围，提出"全境开拓、梯度推进"的空间发展策略。1993年，深圳启动新一轮城市总体规划编制工作，对全面铺开的城市建设进行统筹协调，以期解决城乡二元化矛盾。

《深圳市城市总体规划（1996—2010年）》（以下简称《96总规》）最突出的特点是没有简单套用"中心城区＋市域城镇体系"的传统空间模式，而是对全市人口、产业、资源环境、交通等要素进行通盘考虑和综合安排，确立了轴带结合、梯度推进的"网状组团式"城市结构，简单概括为"三条轴线、三个圈层、三级中心体系"："三条轴线"是以《86总规》的五个组团为核心，依托对外交通干道向西、中、东三个方向放射发展的三条发展轴；"三个圈层"是根据既有发展基础，实施梯度推进的差异化空间策略；"三级中心体系"是由罗湖—福田市级中心，南山、新安等七个次级中心，以及各片区、各镇的社区服务中心共同组成的三级中心服务体系。全市划分为九个功能组团和六个独立城镇，各组团和独立城镇之间以绿色生态用地相隔离，构筑自然生态和人工生态两个层次的空间构架。

《96总规》合理确立了城市结构，适应了经济高速增长阶段城市空间拓展的需求，成为十年来深圳市政府在城市建设和土地利用方面的纲领性文件，有效指导了城市基础设施、公共设施建设，促进了城市功能的日趋完善。

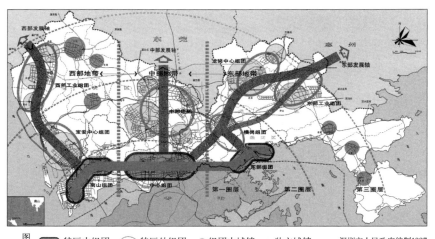

图1 《深圳市城市总体规划(1996—2010)》中的城市布局结构规划图

(四) 2010年版总规：轴带多中心组团式结构

进入21世纪后，深圳高速增长的经济需求与人口、资源及环境的矛盾日益尖锐，城市发展已经面临"四个难以为继"的严峻挑战。随着《96总规》规划期末临近，深圳市政府启动《深圳市城市总体规划(2010—2020年)》(以下简称《10总规》)编制工作，《10总规》是全国第一个由增量空间拓展转向存量空间优化的转型规划。

这一时期，深圳的经济发展对珠三角地区的带动作用日益突显。为进一步加强区域联系，《10总规》提出"南北贯通、西联东拓"的区域空间发展策略，并确立"三轴两带多中心"的轴带组团式空间结构："三轴"基本延续《96总规》的西、中、东三条发展轴线；"两带"为新增的两条东西向发展带，意在向西加强与珠中江都市区、湛茂城镇群、北部湾经济区的联系，向东加强与惠州、粤东北地区和海西经济圈的联系；"多中心"是规划对空间结构优化调整的重点内容，在福田—罗湖中心的基础上，新增前海市级中心，包括原南山和宝安次中心，在全市形成"双中心"的空间格局；新增城市"副中心"层级，在承担地区性综合服务功能的同时，赋予其全市性的专项服务职能；此外，规划盐田中心、龙华中心、光明中心等八个组团级中心，提高城市公共服务的空间覆盖范围。

深圳作为我国最先面临空间资源紧约束的特大城市，在《10总规》中率先探索了严控增量、优化存量的非扩张型城市发展模式，对外注重加强区域间的联系以扩大经济腹地、弥补空间资源的不足，对内则尽量延续既成空间结构，强调功能优化和质量提升。通过统筹空间资源配置，在严控用地指标的前提下，有效引导了用地向重点片区集聚，促进城市结构形成及组团化发展，推进了特区一体化进程。2012年，深圳存量用地供应规模首次超过了新增用地，由此进入以"存量二次开发为主"的土地利用阶段。

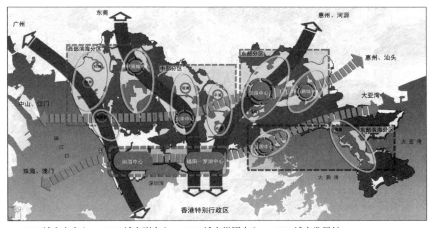

图2 《深圳市城市总体规划（2010—2020）》中的城市布局结构规划图

三、空间结构优化的动力机制

（一）城市发展面临的现实问题

1．多中心结构逐步成熟，次级中心发展滞后与不均衡并存

经过多年发展，《10总规》确定的"多中心"结构日趋完善。目前，深圳全市已形成1个超高密度区（南山后海）、2个高密度区（福田中心、罗湖中心）、2个较高密度区（龙岗中心、宝安中心），以及若干中等密度区（包括龙华、沙井、航空城、布吉、观澜、平湖等镇级中心）。原特区内，福田—罗湖中心、前海中心的集聚辐射能力凸显。原特区外的五个城市副中心发展均较为滞后，除龙岗、宝安副中心初具规模外，龙华、光明、坪山副中心功能培育尚需时日，"二元化"的结构性问题突显。八个城市组团中心服务功能得到一定的发展，但作为组团级综合服务中心的功能仍显不足。

2．服务与产业空间锚定错位，空间不足与利用不充分并存

随着城市中心功能集聚，原特区内的中心城区已出现空间资源不足、开发强度过高等问题，且存在大量非核心功能，如教育、医疗等生活服务设施扎堆。原特区外以占全市95%的工业用地承载了大部分制造业空间，但由于各区中心功能趋同，间接导致商业办公开发过量，先进制造空间被侵蚀，配套的居住、生活服务难以满足需求，副中心功能未起到应有的作用。服务与产业空间的锚定错位，阻碍高端现代服务业的进一步集聚与产城融合发展，不利于区域辐射能级的进一步提升。

3．交通联系呈现带状集聚，但东西向区域联系偏弱

随着全市南北向轨道建设全面铺开，《10总规》确定的"三轴"得到较快发展，深圳与莞惠地区的空间融合得到加强，南部发展带高端功能集聚，居民出行流视角下的轴带组团式空间格局基本成型。与此同时，东西方向大型区域基础设施建设普遍滞后，城市内部整体仅依托机荷、水官等高速公路联系，支撑作用较弱，"两带"结构尚未形成，难以有效带动周边地区发展。

（二）应对宏观形势的客观需求

1. 城市定位提升，辐射能级扩大

2019年，中共中央、国务院出台《粤港澳大湾区发展规划纲要》，将深圳定位为粤港澳大湾区四大中心城市之一。同年印发《关于支持深圳建设中国特色社会主义先行示范区的意见》，赋予深圳高质量发展高地、法治城市示范、城市文明典范、民生幸福标杆和可持续发展先锋重要战略定位。随着城市战略定位提升，有必要强化深圳作为中心城市的区域发展核心引擎功能，提升区域发展能级。

2. 区域联系加强，临界片区崛起

随着粤港澳大湾区快速交通网络的进一步完善，以深圳为枢纽的战略通道将不断向各方腹地延伸，最终实现向西与珠江西岸协同发展，向东辐射粤东地区及海西线经济区，向北巩固对莞、惠临深地区的影响力，向南加深与香港的功能联系和合作。在此目标下，迫切需要前瞻性地预留区域性快速交通通道，推动临界地区一体化发展，在宝安北、平湖、观澜、坪山、光明、大鹏等地区布局打造一批区域性战略支点，巩固和强化深圳对周边地区的辐射带动作用。

3. 生态文明建设，强化绿色支撑

随着生态文明建设上升到国家战略，城市发展价值观由工业文明时代的重发展轻保护转变为生态文明时代的保护与发展相融合，由粗放发展向高质量、绿色发展转变。空间结构规划应以强调全面、均等的社会、环境优先原则取代片面性、不均衡性的经济原则。在此背景下，城市空间结构布局一方面充分发挥区域绿地和水系对城市生态环境的支撑作用，保障生态廊道连贯性和连通度；另一方面结合绿色开敞空间，统筹布局城市中心及功能节点，激活绿色空间的参与性和吸引力。

4. 强化科技创新，推动产业转型

深圳市场机制发育早，开放程度高，形成了鲜明的以企业为主体、应用为导向的创新模式，创新发展成为引领城市发展的关键动力。随着粤港澳大湾区拉开建设国际科技创新中心的序幕，高等级科技基础设施和创新合作平台的区域化布局进程将加快。在此形势下，深圳抢抓机遇，在空间结构与功能布局上统筹考虑创新空间格局的打造，加快布局高等级科技基础设施和区域创新平台，承载湾区核心创新资源；同时，发挥自身在技术应用转化和产品创新方面的优势，布局区域性专业化中心，强化在产业分工中的主导权。

四、锚固未来发展格局

（一）结构优化的价值取向

在"五位一体"发展理念、生态文明发展要求以及对自然资源加强管控的新形势、新要求下，2020年深圳市政府按照国家的统一部署开展了《深圳市国土空间总体规划（2021—2035年）》编制工作（下文简称"《21版国空》"），《21版国空》规划的空间结构从遵循城市空间结构历史演变规律、解决现状空间结构问题、落实国家战略和区域发展布局的角度出发，在多中心、组团式结构基础上，提出中心体系扁平化、中心功能差异化、空间联系网络化的优化思路，进一步完善和优化中心体系和空间格局构建。

1. 中心体系扁平化

理想的城市功能布局是均衡、高效的，但现实中由于自然地势地貌限制、发展要素差异化分布，以及城市所处发展阶段等原因，均衡化的中心体系相对鲜见。这次在深圳市国土空间总体规划的编制中，一个重要的指导思想是中心体系的扁平化。在中心体系构建上，考虑到外围与中心城区的发展水平差距在缩小、组团中心的历史使命已由街道取代、中心体系功能已由基本公共服务向专业化功能转换，《20版国空》取消"主、副、组团"的三级中心体系，优化为"市级中心+战略性功能节点"两级中心体系架构，两级中心在原特区内、外均布局。

2. 中心功能差异化

不同的中心区承载着不同的城市功能，中心功能的差异化是这次结构优化的第二个指导思想。《21版国空》将市级中心根据各片区的服务侧重分成综合性服务中心和专业化服务中心两类。两类中心相互平行，仅功能不同，无高低之分。其中，综合性服务中心强调功能的多样化与全面性，在承担高端服务功能的同时，优先保障居住和公共服务功能；专业化服务中心侧重于某项优势特色功能的发展，在相应的专业化领域引领深圳、辐射区域，承担本辖区内综合服务功能的同时，优先保障所属专业领域的产业和生产性服务功能。

3. 空间联系网络化

大量实践证明，网络化是运行效率最高的一种城市结构。深圳目前处于各类交通要素基本实现均质性布局、城市高度建成的状态，传统城市功能轴带在强化区域联系、明确拓展方向上仍有一定战略价值，但在市域范围内预留联系通道、引导功能集聚的作用在逐步减弱。因此，顺应信息化、数字化时代的空间发展趋势，《21版国空》取消"轴带"结构，提出构建相对均质的网络化空间联系格局，促进资金、信息、人才、产品等功能要素在市域范围内的快速流通。

（二）弹性应对未来的空间结构

基于以上指导思想，《21版国空》提出构建"多中心、组团式、网络化、生态型"的空间结构。一方面，延续多中心、组团式的基本结构模式，保留河川、绿带隔离的组团基底，在此基础上结合实际，对原有的中心进行拆分、合并或补充，形成新的"多中心"；

另一方面，立足城市发展阶段，赋予中心体系新的内涵，以差异性取代等级化，形成"12+12"的中心体系，并提出以网络化的空间联系取代轴带式的空间联系。通过空间格局的优化，筑牢生态底线，扩大区域辐射能级，促进高质量公共服务均衡配置，强化空间对产业发展的保障力度，促进资源在更大范围内的协同、高效、弹性配置。

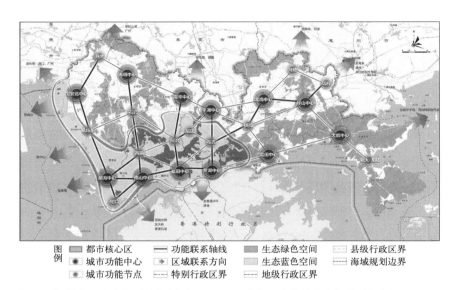

图3 《深圳市国土空间总体规划（2021—2035年）》中的城市空间结构规划图

1. 优化功能锚定，提升区域辐射能级

深圳的中心城区正处于向都市核心区演化的关键阶段。为顺应区域一体化发展趋势、提升湾区核心引擎能级、促进全域平衡发展，《21版国空》提出推动中心城区扩容提质，形成集聚区域性高端服务功能的都市核心区。都市核心区内密集分布5个市级中心和4个战略性功能节点，即福田中心、南山中心、罗湖中心、前海中心、龙华中心，以及西丽片区、蛇口片区、坂田片区和布吉片区。在此基础上对都市核心区进行扩容，形成包含福田、罗湖、南山和

前海深港现代服务业合作区，以及龙华、龙岗部分街道的中央智力区、中央活力区。推动金融服务、高端商务、国际贸易、科技创新等全球性和区域性综合服务功能在都市核心区进一步集聚，促进部分占地大、非核心的本地性服务功能有序疏解，提升都市核心区服务能级与辐射强度，构建具有强大区域辐射带动力的都市核心区。

2. 强化多点支撑，推进全域平衡发展

外围多中心引领。在城市外围打造多个市级功能中心和战略功能节点，优先承接都市核心区外溢的服务功能，强化区域辐射带动能力。其中西部地区由宝安北中心和光明中心组成，共同引领与珠江西岸和西部临深片区的区域合作；东部地区由龙岗中心和坪山中心组成，共同主导粤东地区的区域合作；北部地区由龙华中心和平湖中心组成，加快鹭湖科技文化片区和平湖枢纽站建设，辐射带动北部临深片区的一体化发展。东南沿海由盐田中心和大鹏中心组成，共同打造世界级的全球航运枢纽及滨海生态旅游度假区。

打造专业化中心。对市级中心根据功能侧重进一步分类，强化功能差异化引导。将规划用地结构相对均衡、紧邻综合交通枢纽、现状辐射范围较大且腹地跨区分布的7个市级中心定位为综合性中心，包括福田、罗湖、南山、宝安、龙岗、龙华和宝安北中心；将规划用地结构侧重产业功能、已有战略定位专业化倾向明显、现状辐射腹地范围较小的5个市级中心定位为专业化中心，包括前海、盐田、光明、坪山、大鹏中心，确保在转移低端生产功能的同时，以足够的吸引力留住总部、研发设计、检测中试和高技术高附加值先进制造功能，保障实体经济高质量发展，避免产业空心化。

3. 强化空间联系，构建网络化结构

在多中心的基础上，《21版国空》以国家铁路、城际轨道、跨区高速公路为脊梁，以城市轨道交通、高快速路网为骨架，以都市核心区为中枢，以外围中心功能节点为支撑，构建全市域相对均衡的网络化功能联系。对外突出区域战略性联系方向，对内强化节点联系，在巩固新增战略通道的同时，加快提升存量通道的利用效率。网络化结构一方面能够促进各类功能要素在内部节点间的快速流通，支撑城市节点功能的高效协同；另一方面形成多元连接路径和联系方向，加大功能布局的灵活性，保障城市空间结构在快速发展过程中的应变能力。

五、结语

深圳是我国通过城市规划引导城市开发建设的成功案例。40年间，特区历经了超乎寻常的快速发展，城市规模大幅扩张、能级不断提升，而空间结构始终保持相对稳定，其关键在于坚持了适应深圳自然地理条件、具备良好弹性和适应性的"多中心、组团式"空间骨架，历版城市总体规划正是在此基础上，结合城市发展策略，对整体空间结构进行细化调整，保障了空间结构始终与城市发展的实际需求和演进规律密切结合，有力地承托了特区不同阶段的经济和社会发展。

从带状组团式、网状组团式、轴带组团式，到网络化组团式，历史经验表明，适应城市发展需求的空间结构并非一成不变，而是螺旋式上升的。深圳的多中心、组团式结构最初旨在实现小范围内的居住－就业－服务功能平衡，随着城市规模扩大和定位提升，小范围内的平衡被打破，转而亟须在更大范围内、更高层次上寻求平衡。本轮《21版国空》在空间结构上走出了实现市域及临深地区范围平衡的关键一步，未来，随着中国特色社会主义先行示范区、粤港澳大湾区核心引擎建设步伐的持续迈进，这一平衡将在实质上扩大至湾区、全国，乃至全球。如何提高对全球资源的链接能力，在产业转型中迅速抓住发展新高地，同时应对随之而来的更加复杂多变的空间供给需求情景？"多中心、组团式、网络化、生态型"结

中心等级划分适用原则表

表1

中心要素类型	市级中心（12个）												战略性功能节点（12个）											
	福田	罗湖	南山	前海*	龙岗	平湖	龙华	宝安北	盐田*	光明*	坪山*	大鹏*	西丽	蛇口	民治	坂田	布吉	机场东	石岩	松岗	横岗	坪地	坑梓	新大·龙岐
区级行政中心	○	○	○		○				○	○	○	○												
市级重点片区	○	○	○	○	○		○	○	○	○	○		○	○	○									
主、副中心	○	○	○	○	○				○	○	○	○			○									
组团中心						○		○									○	○		○	○	○	○	○
特定地区																○			○					

注："*"指专业化中心。

构或将发挥其重要的历史作用。

（注：本文共同作者赵未坤，深圳市规划国土发展研究中心。感谢我的同事覃文超、赵楠琦、谭如诗对本研究的大力支持）

参考文献

[1] 广东省城乡规划设计研究院. 特区城市建设规划[Z]. 1982.

[2] 中国城市规划设计研究院. 深圳经济特区总体规划（1986—2000）[Z]. 1986.

[3] 深圳市城市规划设计研究院. 深圳市城市总体规划（1996—2010）[Z]. 1996.

[4] 深圳市城市规划设计研究院. 深圳2005：拓展与整合——深圳市城市总体规划检讨与对策主题报告[R]. 2002.

[5] 深圳市城市规划设计研究院. 深圳市城市总体规划（2010—2020）[Z]. 1996.

[6] 深圳市规划国土发展研究中心. 深圳市国土空间总体规划（2021—2035）[Z]. 2021.

[7] 邹兵. 深圳城市空间结构的演进历程及其中的规划效用评价[J]. 城乡规划，2017（6）：69-79.

[8] 赵燕菁. 高速发展与空间演进——深圳城市结构的选择及其评价[J]. 城市规划，2004（6）：32-42.

对我国城镇体系研究和规划工作的几点认识

曹广忠

> **作者简介**
>
> 曹广忠，男，1969年3月生，中国城市规划学会区域规划与城市经济专业委员会副主任，北京大学城市与环境学院教授、副院长。1998年在北京大学获理学博士学位后留校工作至今。现兼任住房和城乡建设部科学技术委员会农房与村镇建设专业委员会委员，中国行政区划与区域发展促进会理事、专家委员会委员、行政区划与区域治理专业委员会主任，中国农村发展学会理事，中华建设管理研究会（香港）副会长。主要从事城市地理和城乡规划领域的教学和科研工作。主持完成了国家重点研发计划项目、国家科技支撑计划课题、国家自然科学基金项目、国家部委和地方政府委托的各类研究课题30余项，发表学术论著100余篇（部）。

引言

城镇化是经济社会发展的结果和体现，绝大多数国家和地区在发展过程中都不可避免地伴有城镇人口比重提高、城镇人口规模扩大和城镇数量增长的过程。在这一复杂的经济社会发展过程中，城镇体系的扩展和结构变化有内在的规律性，同时也由于受到区域地理本底条件、国情背景和技术发展阶段的影响而有所不同。在快速城镇化与经济体制改革叠加的背景下，我国的城镇体系发展演变更为复杂。科学合理的城镇化和城镇体系的结构组织、空间安排和有序引导，对于我国改革开放后的城镇发展实践而言尤其具有重要意义。

20世纪80年代，我国城乡经济发展和人口乡村—城镇转移日渐活跃，农村劳动力的大量析出、快速的城镇经济发展和人口在各级各类城镇的集聚，促发了城镇体系变革，原来基于计划经济体制的以行政层级为主要特征的城镇体系面临新的变化。把握城镇体系结构变动规律和趋势、引导城镇有序发展遂成为这一时期迫切的技术诉求和政策诉求。我国的城市地理和城乡规划领域的学者关于城镇体系研究与规划实践的探索性工作应运而生。他们借鉴西方城市地理学关于区域城镇化和城镇体系的理论，在我国一些地方开创性地开展了城镇体系规划实践探索，并且城镇体系规划随后被纳入我国的法定规划[①]。城镇体系规划作为一种指导实践的规划技术和公共政策，在我国城镇数量和城市规模增长最快、城乡要素结构变动最复杂的时期，对城镇体系的功能组织、空间安排发挥了重要的指导作用。

一、在城镇体系相关领域的学习和实践

　　我对城镇化和城镇体系的学习和研究是从地理学视角介入的。早期的了解和认知始于硕士研究生阶段的学习。老师指导我们讨论区域发展中产业的空间集聚、城市的空间分布和城镇间的联系，强调各地的城镇体系内部的相互联系和发展变化虽各不相同，但有内在规律性。当时还没有电子版图书资料，出于兴趣，我便根据课堂得到了知识信息去图书馆查阅期刊论文，再从论文后面的参考文献信息里进一步追踪查阅相关文献。同时认真阅读当时能找到的《城市地理概论》[1]《现代城市地理学》[2]《中国城镇体系——历史·现

---

① 1989年底通过，1990年4月1日执行的《中华人民共和国城市规划法》规定，全国、各省、自治区、直辖市都要分别编制城镇体系规划，用以指导城市规划的编制，设市城市和县城的总体规划应该包括市或县的行政区域的城镇体系规划。

状·展望》[3]等几本书，慢慢积累了城镇化和城镇体系的相关理论知识。博士研究生学习阶段，导师发现我对城镇体系感兴趣，建议我多从空间角度综合地思考我国城镇化过程中的城镇体系的结构和演化特征。在接下来一段时间的学习中，我较多地从全国视角关注了我国城市体系的空间格局及其变化。

1998年参加工作后，我参与的第一个相关的实践工作是与北京市经济协作办公室合作，围绕北京市与周边地区协作问题，在天津、河北、山西和内蒙古开展调研。这是关于地区间协作的调查研究，但其中城市间的协作关系很大程度上需要从城镇体系的角度来思考。接下来参与的第一个城镇体系规划项目是青岛市城阳区城镇体系规划，当时从崂山区划出城阳、惜福、夏庄、流亭、棘洪滩、上马、红岛、河套等8个镇设立城阳区建制不久，城镇间的职能分工和空间联系的系统性不强，通过在城镇体系框架下的研究，对城镇间的分工协作和空间组织等进行了重新梳理和规划。此后参与了浙江省安吉县、浙江省长兴县的城镇体系规划，以及江苏省南京市江浦县县域总体规划等实践工作。再接下来几年，除与北大同事一起承担山东省梁山县城市总体规划和河北省迁安市发展战略研究，并在其中主导完成县域城镇体系规划工作外，还与中国城市规划学会合作，负责完成了新疆五家渠市、广西桂平市、山东高唐县的城镇体系规划。此后与清华同衡规划设计研究院合作参与宁夏银川市城市总体规划，主要负责完成其中的城镇体系相关研究和规划工作。与中国城市规划设计研究院合作，负责完成了湖北省襄阳市（襄樊市）、湖南省常德市、山西省晋城市等城市总体规划中的市域城镇体系规划工作，或从人口和产业发展方向完成了城镇体系研究工作。此外，参与主持的潍坊中心城市发展战略研究等地方课题，实际上也是从区域内各层级城镇间分工协作的视角，探讨各层级城镇的发展定位和发展策略。

所参与的省级单元尺度的城镇体系相关规划工作，较早的如由周一星老师主持、由北京大学和国家发展改革委国土开发与地区经济研究所等单位一起完成"山东半岛城市群发展战略研究"课题，在这个课题中，除协助统筹总体工作外，我具体负责其中的人口城镇化和城镇规模结构方面的研究工作。此外还先后参与了中国城市规划设计研究院主持的辽宁沿海城镇发展战略研究，以及江西省、湖北省、新疆维吾尔自治区的省域城镇体系规划工作，主要负责人口城镇化和城市体系规模结构方面的规划研究。

国家空间规划体系改革后，近年来在山东省国土空间总体规划中参与完成了城镇化和城镇体系方面的研究和规划工作，在《全国国土空间规划纲要（2021—2035年）》编制工作中参与咨询研究，主要从人口发展和空间结构变化方面做了一些分析，为规划纲要编制提供了研究支撑。此外还先后承担了住房和城乡建设部原城乡规划司、民政部区划地名司以及住房和城乡建设部村镇建设司的一些咨询课题，从特大城市和都市区、城市行政区划、城-镇-村体系重构等角度作了一些研究。"十一五"以来所主持的国家科技支撑计划课题和国家重点研发项目，则较多地关注了城镇化背景下乡村地区镇村体系发展变化等问题。

参加工作以来，我的教学内容和科研工作领域相互一致，并且总体比较稳定。本科生教学和研究生教学的工作任务主要集中在城市地理领域，其中城镇化和城镇体系一直是课程的主体内容。我还曾同时承担本科生人口地理学课程的教学任务十余年，在教学和科研中把人口增长、构成、分布和迁移与城镇化和城镇体系联系起来，可以起到很好的相互解释的作用，有助于更全面更深入地理解快速城镇化时期的城镇体系发展变化。上述与城镇体系相关的规划实践和理论探索，对教学工作起到了非常好的支撑作用。在讲解主要源于西方发达国家经验的城镇化和城镇体系理论方法等内容时，穿插一些同学们相对熟悉的中国案例，很好地激发了同学们参与讨论的兴趣，取得了较好的教学效果。

二、对我国城镇体系规划实践的几点认识

（一）城镇体系规划是我国规划实践中卓有成效的创举

与城镇体系内容相关的规划实践探索在我国起步较早，如在20世纪50年代的区域规划和20世纪80～90年代国土规划中的"城镇布局"专题内容中，已具有城镇体系规划的雏形[4, 5]。专门的城镇体系研究和规划实践在改革开放后逐步开展起来，成为我国快速城镇化时期应运而生的一项规划创举。1978年开始的农村改革极大地调动了农民的生产积极性，大量农村劳动力从农业析出。接下来的城市改革逐步激发了城市经济活力，人口乡—城转移快速发展，拉开了城市规模逐步增大和数量快速增多的序幕①。20世纪80年代初，为发挥中心城市的带动作用，我国再次启动了市领导县体制②，城镇间关系的协调遂成为区域发展中的重要任务。将城镇体系的一般理论与我国城乡发展特色相结合，合理规划区域城镇体系遂成为迫切的实践需求。

我国的城镇体系在国外早期的城镇体系研究中受到关注并被视为均衡分布的城镇体系类型[6]。我国学者结合西方相关理论对我国城镇化和城镇体系的大量探讨，为1980年代后期我国城镇体系规划实践探

---

① 1980—1990年，我国城镇总人口从1.91亿人增长到3.02亿人，城市数量从223个增长到467个；到2000年，城镇人口数量增长到4.58亿人，城市数量为663个（1997年达到668个，此后几年城市增设工作一度暂停）。

② 1959年9月17日，全国人大常委会发布《关于直辖市和较大的市可以领导县、自治县的决定》，到1960年底，全国有50个地级市辖县237个；1961年停止推广，辖县的市和辖县数量显著减少。1982年，中共中央51号文件《改革地区体制,实行市管县体制的通知》发布，1983年2月中共中央国务院发出《关于地市州党政机关机构改革若干问题的通知》，要求"积极试行地、市合并"，市领导县、地改市开始盛行。（参见：过杰、付定国、李劲著，《我国市领导县问题研究》，成都出版社，1992年）

索奠定了基础。中国的城镇化道路[7]、城镇化的阶段性和规律性[8, 9]较早受到关注，城镇体系的规模分布规律和演变历程[10-14]、职能结构特点[15]和空间格局特征[12, 16, 17]等方面的研究快速发展，城镇体系规划实践和理论方法[18-21]的分析总结进一步促进了城镇体系相关研究。多所大学和科研院所的科研工作者参与到城市与区域规划实践工作中来，开展城镇体系规划。实践探索与理论方法研究相互促进，城镇体系规划工作逐步成熟。1989年颁布、1990年开始实施的《城市规划法》将城镇体系规划纳入法定内容，明确了城镇体系规划的法定地位，也标志着城镇体系规划在引导城镇有序发展方面的作用和效果得到了高度认可。

（二）我国的城镇体系规划形成了成熟的技术规范

我国学者基于城镇体系理论的基本内容，并结合早期各地开展的规划实践探索工作，对城镇体系规划理论方法进行了研究总结，逐步明确了城镇体系规划的技术内容[18-22]。1989年12月颁布的《中华人民共和国城市规划法》明确规定城镇体系规划的法定要求①。1994年建设部发布的《城镇体系规划编制审批办法》②和1995年建设部印发的《省域城镇体系规划报审工作的要求》③对城镇体系规划的内容和程序提出了具体的要求。2008年开始实行、历经2015年和2019年两次修订的《中华人民共和国城乡规划法》，也明确将城镇体系规划纳入法定规划内容④。除国家层面的法规要求之外，很多省份和地市结合自身城乡发展和规划工作特点，编制了地方性的城镇体系规划编制技术标准和导则。

---

① 参见《中华人民共和国城市规划法》第十九条。
② 1994年建设部令第36号。
③ 1995年建规字第288号文发布。
④ 参见《中华人民共和国城乡规划法》第二条，"本法所称城乡规划，包括城镇体系规划、城市规划、镇规划、乡规划和村庄规划。城市规划、镇规划分为总体规划和详细规划"。

日益完善的城镇体系规划相关法规和技术标准，对城镇体系规划工作的开展提供了保障，而各地的城镇体系规划在我国城镇化和城乡快速发展时期，对引导各级城镇有序发展起到了非常关键的作用。

（三）城镇体系规划在实践探索中不断发展

在我国较长时期的空间规划实践中，"区域规划—区域城镇体系规划—城市和镇的总体规划—城市和镇的详细规划"构成了从宏观到微观的明确的空间规划体系，城镇体系规划处在衔接区域规划与城市总体规划的重要位置上。在20世纪八九十年代我国广泛编制国土规划和区域规划的背景下，城镇体系规划以城镇为重点落实区域规划要求，通过组织协调城镇职能和城市性质、规模等级和空间联系，明确城镇发展方向，为城镇总体规划编制提供指导。

后来我国国土规划和区域规划工作一度停滞，而当时各地城市发展迅速，大量城市的总体规划需要调整或修编。这一时期，无论是从城市快速发展实践需要，还是从法定规划内容要求来看，城镇体系规划都是一项必要的工作。在区域规划得不到及时更新的背景下，城镇体系规划加强了区域发展基础和背景、区域发展机遇与挑战、发展战略选择和发展目标定位等方面的综合分析，很大程度上成为以城镇为重点的区域规划。

此外，从改革开放初期的以经济建设为中心，到科学发展观的提出，再到生态文明和五位一体发展思想的提出，我国的区域和城市发展理念也在发展变化。从全国各地两轮或者三轮城镇体系规划的内容和各地的城镇体系规划技术要求来看，城镇体系规划内容中，关于用地协调、生态环境保护等方面的内容逐渐强化。城镇体系规划内容的拓展和规划重点的变化，充分体现了我国发展观的变化和时代要求，城镇体系规划在引导区域和城市健康有序发展方面发挥了重要作用。

三、对村镇体系发展的几点思考

近年来我国对国土空间开发保护相关的各类规划进行规划体系改革，建立了国土空间规划体系，将主体功能区规划、土地利用规划、城乡规划等空间规划融合为统一的国土空间规划，实现"多规合一"[①]。分级分类开展国土空间规划，很好地解决了规划间相互矛盾和不一致的问题。在不同尺度的国土空间总体规划内容中，协调城镇与区域的关系、城镇间的关系，依然是重要组成部分。在全国和区域的国土空间格局中，城镇体系是客观存在的，城镇体系与区域之间、各层级城镇体系之间、城镇体系内部城镇之间的联系，有自身特点和演变规律。

在生态文明建设、"双碳"目标、国土空间高质量发展等新时代发展要求下，在城镇化后期的城乡发展中，城乡结构和城镇体系结构的优化，依然需要在遵循城镇体系演变基本规律的基础上给予科学合理的规划引导。城镇体系研究和作为国土空间规划内容之一的城镇体系规划工作，在新时代的发展中至少需要关注以下几个方面的内容：

一是城镇化后期的城镇体系结构变化。2020年第七次全国人口普查数据表明，我国人口城镇化率已达到63.9%，整体进入了城镇化后期。在人口规模增速趋缓甚至开始减量化发展的背景下，我国乡—城间、城—城间、区域间的人口迁移依然活跃。与前面几十年我国绝大多数城镇呈增量变化的情况相比，城镇化后期的城镇结构变化更加复杂。认真研判城镇发展趋势和科学施策引导城镇体系健康发展，在我国的城镇体系研究中，在很大程度上是新的重要议题。

---

① 参见《中共中央 国务院关于建立国土空间规划体系并监督实施的若干意见》（中发〔2019〕18号）。

二是信息化时代的城镇体系格局新特征。信息化、智能化和快速交通技术的发展及普遍应用，正在快速改变城乡生产生活内容、人与自然的互动形式、经济社会的联系方式和结构关系。基于西方发达国家快速工业化阶段生产生活特征的既有城镇体系理论，很大程度上需要再发展。结合新时期的技术条件和城镇经济社会特征，研究发展城镇体系理论和指导实践，已成为新时期城镇化和城镇体系研究的重要任务。

三是城市密集地区的城乡间和城镇间结构关系。高城镇化水平的城市密集地区的空间结构特征较早引起了地理和规划学者的关注[23,24]，我国近年来对城市群和都市圈的发展给予了高度重视，"十三五""十四五"规划都把城市群作为城镇化的主体形态提出了规划部署。这类地区由于要素密集、联系紧密、矛盾集中，城镇间分工协作关系更加复杂，在很大程度上与城镇体系的一般结构特征不同。在生态文明建设和"双碳"目标要求、智能化信息化和快速交通技术支持下，这类地区城镇间的职能协作和空间联系特征及规律，需要进行深入研究。

四是人口流出区的城镇体系重构。在人口规模增速趋缓或减少的背景下，持续的跨区域人口迁移必然会带来部分地区的人口净流出。在区域人口减量发展背景下，部分城市人口规模缩减现象将会出现，进而会引起产业结构和城—乡关系、城—城关系的变化。与我国以往以增量发展为背景的城镇体系规划不同，人口减量发展背景下的城镇体系重构，以及乡村人口大量减少背景下的镇村体系重构，都给既有城镇体系理论和规划方法提出了新的挑战。

此外，新技术的应用和全球化格局的变化，将不可避免地对世界城镇体系产生影响。我国国际化程度较高的超大城市、大城市的职能发展方向和国际国内联系网络变化，也需要从城镇体系视角予以关注。

参考文献

[1] 于洪俊，宁越敏. 城市地理概论[M]. 合肥：安徽科技出版社，1983.

[2] 许学强，朱剑如. 现代城市地理学[M]. 北京：中国建筑工业出版社，1988.

[3] 顾朝林. 中国城镇体系——历史·现状·展望[M]. 北京：商务印书馆，1992.

[4] 武廷海. 中国近现代区域规划[M]. 北京：清华大学出版社，2006.

[5] 张京祥，胡嘉佩. 中国城镇体系规划的发展演进[M]. 南京：东南大学出版社，2016.

[6] Berry B J L. City size distributions and economic development[J]. Economic Development and Cultural Change, 1961, 9(4): 573−588.

[7] 吴友仁. 关于我国社会主义城市化问题[J]. 城市规划，1979（5）：13−25.

[8] 周一星. 城市化与国民经济生产总值关系的规律性探讨[J]. 人口与经济，1982（1）：23−28.

[9] 周一星. 城市发展战略要有阶段论观点[J]. 地理学报，1984，39（4）：359−369.

[10] 严重敏，宁越敏. 我国城镇人口发展变化特点初探[M]//人口研究论文集. 上海：华东师范大学出版社，1980.

[11] 许学强. 我国城镇规模体系的演变和预测[J]. 中山大学学报（哲学社会科学版），1982（3）：40−49.

[12] 许学强，胡华颖，张军. 我国城镇分布及其演变的几个特征[J]. 经济地理，1983（3）：205−212.

[13] 孙盘寿. 我国人口规模的变化[J]. 地理学报，1984，39（4）：345−358.

[14] 顾朝林. 地域城镇体系组织结构模式研究[J]. 城市规划汇刊，1987（2）：37−46.

[15] 孙盘寿，杨廷秀. 西南三省城镇的职能分类[J]. 地理研究，1984，3（3）：17−28.

[16] 张雨林. 城−镇−乡网络和小城镇的整体布局[J]. 经济研究，1985（1）：12−18.

[17] 许学强,叶嘉安. 我国城市化的省级差异[J]. 地理学报, 1986, 41 (1): 9-21.

[18] 宋家泰,顾朝林. 城镇体系规划的理论与方法初探[J]. 地理学报, 1988, 43 (2): 97-107.

[19] 董黎明,孙胤社. 市域城镇体系规划的若干理论方法[J]. 地理学与国土研究, 1988 (3): 19-25.

[20] 周一星. 市域城镇体系规划的内容、方法及问题[J]. 城市问题, 1986 (1): 5-10.

[21] 陈玮. 我国城镇体系规划的几个基本问题[J]. 经济地理, 1987, 7 (4): 263-268.

[22] 严重敏. 区域开发中城镇体系的理论与实践[J]. 地理学与国土研究, 1985 (2): 7-11.

[23] Gottmann J. Megalopolis or the urbanization of the Northeastern Seaboard[J]. Economic Geography, 1957, 33(3): 189-200.

[24] Hall P. Looking Backward, Looking Forward: The City Region of the Mid-21st Century[J]. Urban Studies, 2009, 43(6): 803-817.

二十五载国土开发探求 五十二岁地区经济感怀

高国力

> **作者简介**
>
> 高国力,男,1969年5月生,山东淄博人。现为国家发展和改革委员会城市和小城镇改革发展中心主任、二级研究员,经济学博士,中国社科院博士生导师,享受国务院政府特殊津贴。主持国家自然科学基金、国家社会科学基金、国家软科学基金课题以及国家部委重大课题多项,其中"地区经济的合理布局与协调发展""我国主体功能区划分及其分类政策研究""'十四五'时期新型城镇化空间布局调整优化研究"等课题获国家发展改革委员会优秀科研成果二、三等奖。出版《区域经济不平衡发展论》《论中国新型城镇化空间布局的优化方略》等多部学术著作,在国内外学术刊物公开发表学术论文百余篇。

一、初入国家级专业研究机构,努力适应新的工作环境(1996—1998年)

我是1986年9月自山东省淄博市考入兰州大学地理系自然地理专业学习,1990年我在顺利获得理学学士学位之后被推荐至中科院兰州沙漠研究所(现已并入中科院西北生态环境资源研究院)攻读硕士学位,导师为朱震达、刘新民研究员,专业仍然为自然地理,但方向为干旱区生态。硕士的第一年集中在位于北京玉泉路的中科院研究生院学习,后两年返回兰州沙漠所边野外实习边写毕业论文,1993年获得理学硕士学位后考入南开大学经济研究所经济地理学（现为区域经济学）专业攻读博士学位，师从鲍觉民教授，一年后鲍先生去世之后师从季任钧教授，1996年6月获得经济学博士学位。

  1996年7月初，我正式到国家计委国土开发与地区经济研究所（以下简称"国地所"）报到，安排在地区经济研究室工作，迈出了我走向社会参加工作的第一步。工作的头两年有两件事印象深刻，一是参与了所领导主持的院重点课题"地区经济的合理布局与协调发展"，独立承担了一个专题报告，后该课题获得国家计委科技进步二等奖，为我1998年底顺利获评副研究员发挥了重要作用；二是1998年下半年我被借调到当时设在国家计委国土地区司（以下简称"委地区司"）的国务院气候变化领导小组办公室工作半年，初步了解和感受到了政府机关的工作流程和方式。

  回顾我从事专业研究的过程，攻读硕士期间参加的国家"八五"科技攻关课题"我国生态环境脆弱带综合整治研究"（1991—1993年）、攻读博士期间参加的国家自然科学基金课题"中国东部沿海北中南三大地区经济发展模式对比研究"（1993—1996年），帮助我积累了一定的课题研究经验。我刚入所参加工作的前两年参与的课题多数为委地区司委托的课题，包括"长江三角洲及沿江地区比较优势及发展重点选择"（1996年）、"我国西北地区的对外开放研究"（1997年）、"转变地区经济增长方式、促进地区经济协调发展"（1998年）。同时依托参加课题的成果，也参与完成了一些科研成果，包括《中国地区经济发展报告1997》（改革出版社，1998年）；《长江沿江经济带比较优势分析》（《长江论坛》，1996年第6期）；《我国地区经济运行中的五大问题仍将延续》（《经济预测》，1997年第5期）；《我国东中西三大地带经济发展展望》（《经济动态》，1997年12月）。

二、顺利评为副研究员，经历从理论到实践的转轨准备（1998—2001年）

1998年下半年借调委地区司气候办工作半年，工作岗位从地区经济研究室调整到规划布局研究室，年底又顺利评上副研究员，促使我进一步聚拢心神投入到专业研究中。1998年国地所领导班子调整后特别是2000年以来所里承担的课题和项目的类型、数量逐渐拓展增加，国家和地方层面对于国土和区域领域相关研究的重视和需求不断加强，这一时期我既参加了国家自然科学基金课题、科技部星火计划项目关于西部大开发的相关研究，也参加了委地区司以及院所组织的各类课题，让我很快地进入专业角色并不断激发起内心的兴趣。这一时期我还参加了迄今为止为数不多的一项国际合作课题，中国、日本、韩国三国专家共同承担的"中日韩黄海次区域城市网络研究"（1999—2000年），丰富了我参与国际合作交流的经验，也有机会到日本和韩国访问，给我留下了较为深刻的印象。这段时期所里承担的横向课题开始逐渐增加，来自省市县不同层级政府委托，有西藏自治区、内蒙古兴安盟、山西黎城县、黑龙江宝清县、河北雄县与宁晋县等，提供了大量接触地方各类实际情况的机会，让我原来脑子中充满的书本理论"死教条"逐渐转向解决地方丰富多彩实际问题的"活教材"，促进了我个人知识结构和专业特点从理论向实践、从学术向应用的逐步转轨。

2000年春季，我第一次作为课题组长主持院重点课题"地区经济比较优势研究"，对于自己的专业把握和组织管理提出更高要求，后由于我出国学习，很遗憾没能全过程履行课题组长的职责。这个课题与我的博士毕业论文《区域经济不平衡发展研究》密切相关（高国力著，《区域经济不平衡发展论》，经济科学出版社，2008年），可以说是我博士论文的接续性和拓展性研究，从实证研究方面进一步补充和验证我博士论文的理论分析，强化了我个人从事区域经济研究的专业方向定位。2000年10月，经所领导推荐我申请日本文部省奖学金资助前往日本国立政策研究大学院大学（GRIPS）攻读公共政策专业（Public Policy）修士，开启了为期一年的留学生活。日本学习期间我重新回到了学生的身份，进一步系统学习经济和管理方面的经典教科书，修满了规定的科目和学分，同时还选修了自己感兴趣的一些课程，进一步巩固了经济学专业基础，提高了英语阅读和交流能力，拓宽了国际视野和海外同学资源，为从事国土区域领域专业研究打下了更自信的国际化基础。

这一时期的学术成果相对较少，一是"蹭热点"参与了两本书的写作，即《住房体制改革》（广东经济出版社，1999年，王小广、高国力、樊彩耀）；《中国汽车何去何从？》（中国经济出版社，2000年，王小广、高国力、刘国艳）。二是结合参与课题完成了几篇学术论文，代表性文章有《区域经济发展与区际贸易变动分析》（《当代经济研究》，1999年5月）；《国外欠发达地区开发实践及对我国西部大开发的启示》（《经济研究参考》，2000年第34期）。

三、担任区域经济研究室副主任，主动密集参与各类课题研究（2001—2005年）

2001年10月我从日本学习回国后，正赶上所里处级干部换届，我竞聘担任调整后的区域经济研究室副主任，开始了担任行政领导职位的历程。这段时期所内承担的课题任务不断增加，我个人参与的课题类型和数量也明显增加，从课题的来源上看，一类是国家基金课题、委地区司委托课题，数量并不多；另外一类是地方政府委托的横向课题，数量快速增长。从研究领域看主要包括两大主题，一是关于资源型城市和经济转型发展的，我多数作为课题组成员相继参与了淮北、淮南、白银、攀枝花等资源型城市的课题研究，获得了对于资源型城市和经济的直观感知；二是关于"十一五"市县发展规划研究的，我更多是以课题负责人身份先后主持衢州、十堰、邢台、邹城、兖州等市县"十一五"规划的前期研究和文本编制，全面了解不同类型地级市和县域经济社会发展的特征。这一时期应该是我入所以来参与课题类型和数量最为密集的阶段之一，特别是地方"十一五"规划课题是历个五年规划中我个人主持课题数量最多的，后来还专门出版了《我国市县"十一五"规划思路实证研究》（人民出版社，2006年）。

2003年10月—2004年10月，我参加中组部、团中央组织的第四批博士服务团，挂职担任江西省九江市人民政府副秘书长，先后协助副市长、常务副市长分管农业、发改、体改、信息等领域工作。挂职期间我专心踏实融入地方工作，与当地领导和同事打成一片，力所能及帮助地方联系省和国家发展改革委有关司局，落实项目立项和经费安排，实地考察了许多县区、乡镇、园区和企业，全面深入感受地方政府部门运转流程，加深了对于基层政府和地方经济发展的特征认识，提升了我个人从学术研究到实践应用打通融合的自信和底气，也给自己人生留下了值得回忆的江西印象和九江情结。

这段时期完成的研究成果从著作上看主要是参与横向课题的成果出版，主要有《重庆市城镇发展战略》（中国建筑工业出版社，2004年）；《潍坊中心城市发展战略研究》（中国经济出版社，2005年）；《态势·战略·对策——以工业为主导的江西经济发展研究》（江西人民出版社，2005年）。从论文上看主要集中在关于开发园区的研究，主要有《中国开发区的"一区多园"发展对策》（《经济日报》，2002年10月23日）；《入世后我国开发区发展展望》（《宏观经济研究》，2003年第4期）；《我国石油资源型城市经济转型问题、思路和对策研究》（《美中经济评论》，2004年第6期）；《如何加强我国开发园区土地利用与管理》（《宏观经济管理》，2005年第6期）。

四、全面负责区域经济研究室工作，增强独当一面的科研和行政能力（2005—2008年）

2005年所里处级干部换届，我竞聘成功担任区域经济研究室主任，开始独立负责一个专业研究室的科研和行政工作，在参加工作经历近十年包括借调、留学、挂职等不停地适应、折腾和动荡后，也逐步进入一个工作状态、科研心态和专业能态相对稳定的阶段。记得2004年底我挂职结束回到所里时，有两点感受印象深刻，一是所里的课题数量大大小小、林林总总增加很快，而我由于留学、挂职等原因，自己主持和参与的课题数量明显较少；二是我在1998年顺利评为副研究员5年之后到2003年即可以申请评研究员，由于缺少省部级优秀科研成果奖而没有资格参评。这两个方面也就成为我担任研究室主任之后首先努力的方向和目标。

这一阶段我主持课题的层次明显提升，概括起来可以表述为"两基金双重点"课题，"两基金"是指中国软科学基金课题"我国区域特色经济发展与结构调整研究"（2006年3月—2007年3月）、国家自然科学基金课题"我国主体功能区规划中的限制开发区域补偿机制研究"（2008年1月—2010年12月）；"双重点"是指连续两年主持所里每年仅一项的宏观院重点课题"我国主体功能区划分及其分类政策研究"（2006年）、"我国限制开发和禁止开发区域利益补偿研究"（2007年）。通过主持"两基金双重点"课题很大程度上提升了自身课题组织能力和专业学术影响力，进一步强化了我个人的专业研究基础和科研工作自信。特别是连续两年主持国家发展改革委宏观经济研究院（以下简称"宏观院"）重点课题过程中的对开题咨询、实地调研、中间评审、结题验收等环节的重视、认真、投入、舍弃等全过程的感受和锻炼，确实对日后的科研工作大有裨益。这两个重点课题分别获得宏观院优秀成果二等奖和发展改革委优秀成果三等奖,我通过自己的努力解决了缺少省部级优秀成果奖的问题,为2009年评定为研究员提供了重要资格保障和支撑。另外一项国际合作课题也值得一说,我作为中方咨询专家参加了全球环境基金(GEF)委托亚洲开发银行(ADB)管理的项目"西北六省土地退化综合生态系统管理(IEM)研究"(2005—2007年),提升了与国内外同行交流合作的能力,体验了一次当国际咨询专家的学术权威性。

主体功能区从这一时期开始成为我的研究领域之一,我所课题组也是国内较早系统开展该领域研究的专业机构,由此也树立了我个人在这方面延续至今的学术影响力和权威性。依托宏观院连续两年关于主体功能区的重点课题研究,首先是出版了学术专著《我国主体功能区划分及政策研究》(高国力等著,中国计划出版社,2008年),我个人及课题组相继在学术期刊上公开发表学术论文十多篇,提交国研室、发展改革委、财政部等各类内参成果近十篇,并主持和参与相关地方课题多项,多次受邀参加国家有关部委、学协会、地方政府、科研院所的学术交流,重点围绕主体功能区战略、规划、制度、政策等重大问题进行报告和授课。这一时期较为密集的关于主体功能区的研究成果和活动,为向社会各界宣传和推广主体功能区理念、规划和政策发挥了积极作用,也从实践探索方面助推国家重点生态功能区专项资金的设立、主体功能区规划纳入目前正在推进的国土空间规划等重大举措的实施。

从这一时期发表的学术论文看,除了继续关注开发园区、市县规划等领域外,重点是研究主体功能区规划的相关理论和政策问题,代表性成果主要有《我国主体功能区划分及其分类政策研究》(《宏观经济研究》,2007年第4期);《我国优化开发和重点开发区域划分研究》(《开发研究》,2007年第2期);《我国限制开发和禁止开发区域利益补偿研究》(《宏观经济研究》,2008年第5期)。

五、进入所领导班子担任所长助理，经受成为所领导的锻炼和过渡（2008—2011年）

2008年处级干部换届中，我自己也没有想到被任命为没有出现在换届岗位方案中的所长助理，一方面体现了院所领导对我的看重，另一方面也是人事安排的需要。所长助理是一个根据人事安排需要可设可不设的职位，名义上算是进入所领导班子，参与所里的相关决策和大量辅助性落实性任务，实际上仍然在研究室办公，又不属于这个研究室，反而不如研究室主任自主自在，日常工作或多或少存在一些尴尬。这一时期值得说的有两件事，一件事是我千辛万苦终于在2009年底评为研究员，这是我评为副研究员11年之后，并且经历过2008年初次申报没有被评上的打击后，经过自己发奋努力解决了省部级优秀成果奖的缺项问题，很不容易才评上的。这件事告诉我只要坚持不懈、只有自己努力，遥不可及的目标终究能够实现。另外一件事是主持了一项经费额破纪录的地方横向课题"哈尔滨松花江沿江产业带发展规划"，650万元的经费额对于社会科学的课题来说在当时还是非常多的，破了所里承担的横向课题经费的纪录，即使放在现在来看这个经费额仍然算是很高的。这件事让我全过程经受住压力组织10多家科研单位超过50多位科研人员参与研究，前后10多次到哈尔滨实地考察，数十次召开各类、各级与课题有关的讨论会、交流会、咨询会、评估会等不同范围和层次的会议，给我留下了深刻的印象和难忘的回忆，增强了自己组织大规模、多学科课题的经验和自信，课题成果《哈尔滨市松花江沿江产业带规划研究》（高国力、赵登峰等编著，中国水利水电出版社，2010年）最终获得出版，对于课题委托方、课题参与者、课题合作方以及社会影响力等方面均获得较为圆满的成功。

自从我日本留学回国之后就思考过自己的专业研究方向问题，明确把特区和开发区作为我长期跟踪关注的专业领域，在我担任研究室主任和所长助理之后，我继续坚持和强化这一专业研究方向。我先后主持和参与有关特区和开发区的课题多项，在各类报刊上发表过有关特区和开发区的论文二三十篇，这一时期完成的代表性成果有：《我国省级开发区升级的区域分布及发展思路研究》（《甘肃社会科学》，2011年第6期）；《我国省级开发区升级的意义及策略》（《中国科技投资》，2011年第8期）。我认为区域经济是一个小而全的综合性学科领域，需要学习掌握产业、投资、交通、生态、社会等其他学科的关联性特征，打通关联性学科的内在关系并将其纳入区域经济的框架体系，因此研究区域经济首先是需要面上的综合性知识和研究，但同时也需要聚焦特定的专业领域进行系统深入的挖掘和积累，形成点上的专业高地和学术支撑，构建点面结合、互相促进的区域经济专业研究体系。我选择特区和开发区作为个人的专业研究方向就是基于这个考虑，一直以来伴随我的学术生涯，成为我剖析地区经济案例、观察区域经济动向的重要抓手，也将继续成为我个人跟踪和关注、力求发出权威业内声音的专业领域。

六、顺利成为国地所副所长，统筹发挥对上辅助和对下带动作用（2011—2015年）

2011年我经过竞争激烈的副所长竞任规定程序成为唯一提任的副所长，开始了只有一正一副两位所长的领导班子任期。因为领导班子没有配齐，我作为年轻的唯一副所长的分工包括科研、外事、信息、保密、工会，负责组织安排落实委院交办的各类任务，合理控制外地的出差、开会等学术和社会活动，占用了大量精力来处理行政和科研事务。回想起来当时也有很多的牢骚和怨言，甚至工作上的情绪激动，但是本着从工作大局出发、对事不对人的原则，总体上完成了上级交办的各类任务，确保所里没有出现重大工作失误，我个人的行政管理、科研组织、沟通交流、情绪把控等方面得到了很好的磨炼，为日后承担更加重要的工作积累了丰富的经验和自信。这一时期有两件事值得一提，一件事是2011年9—11月，我受委院指派以副局级巡视专员的身份参加中央巡视组第五组对吉林、甘肃和北京三地的巡视工作，增加了对于巡视工作的了解，圆满完成了组织交办的任务，丰富了自己的工作阅历。第二件事是我经过委院推荐和专家委员会考评成为新加坡南洋理工大学连氏学者，受连瀛洲奖学金资助先后于2013年、2014年两次到新加坡学习交流合计时间超过一个月，较为系统地学习、考察新加坡城市建设、土地管理、组屋政策等，实地考察了新加坡政府机构、社区和企业，并提交《中国和新加坡土地管理对比研究》的学者报告。

这一时期我继续广泛主持和参与中央财办、国务院研究室、委内相关司局、国家开发银行、地方各级政府等委托的课题研究，研究领域涉及区域协调发展、一体化同城化、生态经济示范、主体功能区规划等方面，其中我连续5年承担宏观院重点课题，更多地是以课题组副组长身份发挥对课题组的支持和传帮带作用，在课题开题、专家咨询、实地调研等环节起到应有的帮忙作用，推动所里的科研和学术建设稳步前进。2011—2015年，我承担的院重点课题依次为"我国绿色经济发展战略研究""我国矿产资源利用战略研究""统筹陆海发展研究""建立地区间横向生态补偿制度研究""东北地区经济下行趋势及转型升级出路研究"，前四项均为课题组副组长、第五项为课题组组长。这一时期我发表的科研成果有一个拓展就是在特区和开发区专业定位的基础上，进一步把新城新区问题纳入自己关注和研究的重点领域。针对新城新区的国际国内相关理论以及国内各地出现的新城新区发展热潮，及时进行实地调研考察，提出引导调控新城新区发展的原则和对策。代表性成果有《城市新区发展的特征与问题》（《宏观经济管理》，2012年第10期）；《科学管理和引导城市新区的开发建设》

（《中国发展观察》，2012年第10期）；《隐忧新城浪潮》（《中国报道》，2013年第9期）。

七、意外提任为院科研管理部主任，提升科研管理能力和拓宽专业研究视野（2015—2018年）

2015年下半年院所司局级干部换届调整，我个人报名竞任第一、第二岗位分别为国地所所长和副所长，最终结果出人意料，我被调整任命为我并没有报名、但是同意服从分配的院科研管理部主任。我的竞聘报名表明了我的个人意愿，并不把职务提升作为第一目标，志向还是从事自己擅长的专业研究，但是院领导统筹考虑把我提任为科研管理部主任，体现了组织上对我个人能力的肯定，当然也是人事统筹安排的需要。这也是我参加工作以来第一次被动变换单位，心理上多少既有不舍也有不甘。院部的工作重点和节奏确实不同于所里，我个人花了很长一段时间来调整适应。回想这三年的工作点滴锻炼了自身的科研管理和组织协调能力，成为我科研人生难得的经历和珍贵的财富。

这三年值得书写的主要有以下方面：一是很幸运有一个非常好的科研管理部领导班子，我们团结合作，互相理解和支持，承担和应对包括课题组织、学术研讨、筹备系统会、撰写讲话稿等各类任务，度过了不少加班开会、讨论交流的充实时光。二是直接参与院国家高端智库工作的具体事项，如协调加挂中国宏观经济研究院牌子，参与国家高端智库排名打分及与其他智库经验交流，组织全国发改系统院所会和起草委领导讲话等。三是拓展创新科研管理、国内合作、国际合作、对外协作等制度和机制建设，改进课题审批签字流程，优化设置一般性应急和重点性应急课题，合理调控科研管理和科研参与比重，提高服务委院和所科研工作的效率和水平。四是我个人在2016年被院职称评定委员会评为三级研究员，同年12月被首都经济贸易大学学位评定委员会聘为区域经济学专业博士生导师，迈上了自己学术研究生涯中的新的重要台阶。

自从到科研管理部工作之后，我个人主要精力逐渐调整到以管理为主、以科研为辅的工作旋律上，但是始终没有放弃课题研究、报告撰写和文章发表。这一时期主持的课题数量明显减少，参与和辅助的课题特别是上级委托交办的纵向课题数量明显增加，拓展了自己的知识面，丰富了自己的专业结构，提升了个人不同专业领域融会贯通的能力。从课题方面来看，一是作为首席专家负责国家社科基金战略专项课题"'一带一路'建设与国家重大战略对接研究"（2017—2019年）；二是作为专题负责人承担国家社科基金重大课题"拓展我国区域发展新空间研究"（2016—2018年）两项子课题研究；三是配合院领导作为课题执行负责人承担"汉江生态经济带襄阳沿江发展规划研究"课题（2017年），组织院内外多家科研单位数十位专家开展多次实地调研和专题研讨汇报，这也是院里承担横向课题单体经费总额超过1000万元的课题，破了当时的纪录，后来也应该不多见。从著作方面来看，主要是把承担的横向课题成果整理出版，一是《鄂尔多斯市经济高质量发展战略》（高国力、罗蓉等著，山西经济出版社，2019年）；二是《汉江生态经济带襄阳沿江发展规划研究（2018—2035年）》（王昌林、高国力等著，人民出版社，2019年）。从文章方面来看，除了继续围绕区域经济发展相关战略思路和对策外，还完成了一些关于城市群、东北振兴和智库建设等方面的论文，独立完成的代表性文章有《构建四大地区和三大战略协调互动新格局》（《全球化》，2016年9月）；《我国市县开展"多规合一"试点的成效、制约及对策》（《经济纵横》，2017年10月）；《新时代背景下我国实施区域协调发展战略的重大问题研究》（《国家行政学院学报》，2018年6月）。

八、回归国地所老本行担任所长，着力提升所和个人的专业影响力（2018年至今）

2018年10月，院党委任命我回到国地所担任党支部书记主持全所工作，2019年5月，经委党组会议通过，人事司任命我担任国地所所长，同年经中编办批准我所加挂国家发展改革委区域发展战略研究中心的牌子，给所里增加20名编制（第一阶段实到10名）、3个研究室和1名副司局级所领导职数，国地所迎来了具有重要历史意义的高光时刻。我因为有担任院科研管理部主任工作3年的切身体会，回到所里后我更加珍惜所里宽松自由的科研氛围，同时也更理解和体谅所里行政人员的工作感受。我紧密团结所领导班子其他同志，继续坚持上届所长在任时制定的一系列规章制度，结合委院新的要求，与时俱进修订、完善原有的规章制度，主要做了以下几方面拓展创新：一是强化党建制度建设，增加所规章制度中党建专门章节，制定政治内审办法、配备专门谈心谈话本、实行党小组长轮值制。二是创办"国地讲座"学术平台，邀请业内专家或者安排所内中青年专家开展热点专业问题研讨。三是设立行政人员科研服务绩效奖励，每半年根据行政人员提供科研服务的绩效评价发放奖金，调动行政人员工作积极性，适当缩小与科研人员的收入差距。四是落实上两届所长离任审计整改，严格要求提交课题成果后方可发放科研奖励，调整财务报销月度时间安排和工资条发放要求，花很大功夫讨论和推动完成所里全资子公司北京绿色谷环境科技开发公司的注销。

我担任所长后投入行政管理的时间明显增加，但我在繁忙的行政工作之余依旧坚持承担课题研究和学术成果发表，没有放弃专业研究和学术活动，感到欣慰的是辛苦付出换来了一定回报。2019年我被院职称评定委员会一次通过评为二级研究员，2020年被评为享受国务院政府特殊津贴专家，达到了个人学术生涯的高光时刻，2021年国地所作为院里唯一支部先后获评为国家发展改革委模范机关先进单位和优秀基层党组织，这些个人和集体荣誉是对我从业25年科研和行政工作的总结和肯定。

我回到国地所之后科研工作重点抓了内部报告的选题和撰写，大力提高内部成果的采用率和批示率，带领不同研究室完成多篇内参报告，先后获得中央和委领导批示。课题承担方面，一类是委重大课题、院重点课题、国家高端智库立项课题，包括"我国特殊类型地区振兴发展思路及对策研究"（2019年）、"'十四五'新型城镇化空间布局调整优化研究"（2019年）、"新型城镇化与产业结构升级、调整和耦合研究"（2020年）、"基于产业链金融链数据链的生态产品价值实现机制、路径模式和政策措施研究"（2021年）。另一类是经费额度相对较大的横向课题，包括"沱江流域绿色发展轴发展战略研究"（2019年）、"成渝地区双城经济圈（成都）建设重大问题研究"（2020年）、"沈阳国家中心城市和都市圈规划研究"（2021年）。论文发表方面，结合改革开放40年和建国70年的重要时间节点，合作完成了"改革开放四十年我国区域发展的成效、反思与展望"（《经济纵横》，高国力、李天健、孙文迁，2018年第10期）；"新中国70年来我国农业用地制度改革：回顾与展望"（《经济问题》，高国力、王继源，2019年第11期）。另外，依托完成课题成果和学术杂志约稿，我继续在各类学术刊物上不断推出学术论文，包括《我国潜在区域发展新空间的识别与发展方向》（《改革》，高国力、滕飞、李天健，2020年第12期）；《加强区域重大战略、区域协调发展战略、主体功能区战略协同实施》（《学术前沿》，高国力，2021年第7期）。随着年龄的增长和专业职称的到位，我减少了主持课题和发表成果的频率和数量，更加注重课题和论文的质量和重要性，继续笔耕不辍发出自己的学术声音，乐此不疲坚定地朝着更高水平专家目标不懈努力！

与改革开放同步：我在区域规划与城市经济的学与用、教与研

王兴平

> **作者简介**
>
> 王兴平，男，1970年7月生，陕西宝鸡人，1992年南京大学经济地理学与城乡区域规划专业毕业后进入陕西省城乡规划设计研究院工作，1998—2003年，在职脱产于南京大学城市与资源学系攻读并获得人文地理硕士、博士学位（导师崔功豪教授）。2003年到东南大学建筑学院（建筑系）工作至今，现为东南大学建筑学院教授、东南大学城乡规划与经济社会发展研究中心、东南大学可持续产业园区发展与规划国际合作研究中心主任，兼任中国城市规划学会区域规划与城市经济专业委员会委员、城市规划历史与理论分会副秘书长等。长期从事区域与城市总体规划、产业空间发展与规划研究等，主持完成国家重点研发计划战略性国际科技创新合作重点专项、国家社科重点基金等科研项目以及江苏省、山东省和南京市、杭州市、合肥市、苏州工业园区等地多项产业空间规划项目，成果曾获得江苏省科学技术奖励、中国城市规划学会科技进步奖和江苏省哲学社会科学奖励、中国城市规划学会城市规划管理论文大赛以及青年规划师论文竞赛奖励等，获评第五届全国优秀城市规划科技工作者等荣誉。

在"以经济建设为中心"的时代背景和强调整体统筹、系统协调的治理传统下，"区域规划与城市经济"无疑是中国规划体系的重要内容和特色之一。1988年我考入南京大学大地海洋科学系经济地理学与城乡区域规划专业，至今35年，虽然经历了从规划专业的学生到职业规划师再到教师的专业生涯变化，但是所学所用基本在区域规划和

城市经济密切相关的专业领域打转转、兜圈子。承蒙中国城市规划学会区域规划与城市经济学委会组织此次征文活动，借此以"区域规划与城市经济"为"经"，以本人学生阶段、职业规划师阶段和高校教师阶段为"纬"，简要回忆和梳理自己在这个领域的一些经历以及粗浅思考，供同行参阅批评。

一、从校所学

先谈所学。虽然本科毕业已经30年了，但是一直从事着"老本行"，目前自己也在高校教师岗位上，所以本科学习打下的专业基础，是我的"老本"所在。回顾当年与"区域规划和城市经济"有关的学习，也很有意思。首先值得庆幸的是，我们入学时距离"文化大革命"后第一届高考招生整整过去了10年，中国的高等教育正处于1980年代黄金期的巅峰时段，给我们上课的有一些原"国立中央大学"时期培养和成长起来的学术大家，如任美锷先生和宋家泰先生，主体则是新中国培养的第一代知识分子，如恩师崔功豪教授、系主任王颖教授等，崔先生他们当时正处于50多岁的年纪，知识渊博、精力充沛，特别是南京大学基于地理学的规划专业已经过10多年的摸索，教师们的人生经验、教学方法和团队协同等都在最佳状态，加上当时还没有相对繁杂的考核要求，可以让他们能全身心投入教书育人中，我们也幸运地度过了难得的"师生相得、教学相长"的本科时光。低年级首先是地质、地理学相关基础课程的学习，这是认识区域与城市的重要基础，当然也是规划分析的基础，这些课程部分是与地质系以及本系自然地理、地图学等专业一起上的，地质学的教学则主要由地质系的老师承担，课程包括普通地质学、综合自然地理学和地貌学、水文学、气象学、植物地理学等等，也开展了比较系统的野外综合地质实习和自然地理实习。高年级则专门学习区域规划、城市规划与设计、经济学、社会学等相关课程。其中与区域规划直接相关的课程包括区域分析与规划、经济地理学、计量地理学、城市系统分析、土地利用规划等，与城市经济密切相关的课程有城市地理学、工业布局与工业区规划和城市经济、农业经济、西方经济学、房地产经济学、建设项目可行性研究等。印象比较深的是，南京大学当时自己编写油印给学生的教材非常丰富，我留存至今的还有崔功豪先生编写的《国土规划概论》、王本炎和苏世郡两位老师编写的《工业布局与工业区组织》和配套的《工业布局参考指标选编》、庄林德老师主编的《中国城市建设与规划史》、郑弘毅老师著的《港口城市探索》等，以及《区域规划基础与区域分析》《区域规划基础教学参考资料》《区域规划案例选编》《城市系统分析》《工业布局》等等，这些教材是老师们结合行业发展的实践前沿、理论和技术前沿快速汇编而成，对于我们第一时间了解新的知识、开阔视野发挥了独特作用，也在全国同类专业中处于先行地位。本科阶段比较遗憾的是，开发区属于刚刚诞生的新生事物，学术界研究很少，相关知识很欠缺，也没有进入教学和教材体系，所以此后相关规划实践的技能也就基本来自于模仿和自学。

本科阶段"干中学""学着干"的实习实践课程是南京大学规划教学的一个特色，宁镇山脉和苏锡太湖的普通地质实习、庐山的自然地理综合实习等，让学生在自然中考察和学习地质地理知识，具备了比较扎实的认识自然、分析自然的专业基础知识，而两次苏南地区小城镇的规划专业实习更是系统锻炼了学生开展区域分析和经济分析的具体方法，培养了专业能力。其中印象很深的就是在老师的带领下开展江阴市马镇镇的总体规划编制，住在镇里整整一个月时间，主要开展了镇里各类企业调研并现场与当地相关部门开展初步规划方案的沟通和构思等，为了理清楚马镇镇的区域联系和影响，老师们还安排了去无锡市、江阴市层面和马镇镇周边乡镇调研，特别是开展了小城镇出入镇区的交通情况、各类市场交易情况的调研。记忆犹新的是，在开展区域联系调查的日子里，每天很早就会被带队的沈洁文老师从被窝里揪出来、大家分头到镇区的各个入口处数人头和车辆、到菜市场查看询问蔬菜百货和买卖双方从何处来、到哪里去等等，由此也比较实际地理解和学会了开展"区域联系分析"的一些方法。

1998年，中国城镇化和规划进入新的发展时期，经过6年工作后的自己切身感受到所学已经不敷所用，于是在1998年重返母校，在恩师崔功豪教授门下受教5年，连续完成了硕士、博士学业。这一时期，也是城市规划走向城乡规划和重视区域与战略研究的时期，在学期间有幸追随先生经历了中国城市规划的第三个春天，特别是在新的区域规划、战略规划创新和城市新产业空间研究与规划方面，得到系统学习和提升。得益于产学研深度融合，先后参与和在实践中学习了江苏省城镇体系规划和江宁县域规划、杭州市定位研究和杭州市概念规划等，并参与了崔先生主持的国家自然科学基金，在先生指导下完成了对中国城市新产业空间发展机制与空间组织进行研究的博士学位论文，并结合南京高新区战略研究等项目进行了应用和验证。值得特别一提的是，1998年《城市规划》杂志组织"我谈《城市规划法》修改"的笔谈会，我结合自己前几年职业经历的感悟写了一篇小短文有幸被录用，成为我在本学科最高级别杂志的"首发文章"，其中专门建议将《中华人民共和国城市规划法》修改为《中华人民共和国城乡规划法》，十年之后的2008年，新修改的法律出台印证了这个建议的合理性。

二、从业所用

1992年6月底，趁着邓小平同志南方视察讲话的东风和社会主义市场经济建设的号召，伴随全国各地创建开发区的第一个热潮，我离开了发达的东南沿海和母校南京大学，带着一腔热情返回家乡陕西，被分配在陕西省建设厅，并被安排到厅属的陕西省城乡规划设计研究院开始了职业规划师的生涯。也许是天生与"产业空间"有缘，记得毕业分配本来可以去刚刚成立的南京高新技术产业开发区规划建设部门工作，但是我私下探访一次后，看到当时的高新区还是一片农田、管委会就是农田中泥泞工地上的板房，有点失望，最终在郑弘毅老师的"鼓动"下选择了回陕西，没想到的是，去单位报到后的第二天就被安排去了陕西铜川，参与筹建中的铜川经济技术开发区规划编制工作。拟建中的铜川经济技术开发区初步选址在铜川下辖的耀县县城西南一片叫"下高埝"的平坦黄土台塬上，当时还是一片农田。如何确定这个"一无所有"的梦想中开发区的性质和产业，以及如何解决其基本的配套问题，必须通过"区域分析"来寻求出路和思路，当时在学校学习的区域分析、经济分析理论和方法就派上了用场。随后不久参与了甘肃省平凉市总体规划项目并独立负责了经济分析专项内容，在这个项目中系统运用了在学校学习到的调查城市区域联系分析的方法以及分析城市产业的方法，获得了好评，此后在单位承担总体规划中的"经济分析"内容就成了我的专长，也许是看到我工作学习比较努力，单位先后给我配备了北京大学地理学专业1960年代左右毕业的姜玉琛副总、西北大学地理学1960年代毕业的李龙选副总以及在南京大学培训过的刘建军主任三位师傅带我，这也是单位其他年轻人没有享受过的"专培"待遇。比较系统、独立开展的"区域规划"是延安市域城镇体系规划，当时编制城镇体系规划已经有了法规依据，我同步参加了市域城镇体系规划和同步编制的延安市城市总体规划，一方面继续应用学校所学，同时也学习借鉴当时国内其他地方的规划成果并遵照当时最新的规划编制办法，顺利完成了规划任务，并获得陕西省优秀城市规划设计一等奖。回想起来，在陕工作期间，主要承担的都是与区域规划和城市经济相关的专业工作，大体分为三类：一是专门的城镇体系规划，累计参与全省城镇体系规划、陕北能源基地城镇体系规划和在李总带领下独立承担完成延安市域城镇体系规划、眉县县域城镇体系规划等。二是大量的城镇总体规划中的区域与经济分析内容，包括区域分析、市域城镇体系、城市性质和职能、城市产业发展以及郊区规划内容等，先后参与陕西榆林、铜川、延安、渭南市以及甘肃省平凉市和一大批县城、乡镇总体规划工作。三是专门的产业园区规划，包括铜川经济技术开发区、梅县民营企业小区、安徽阜阳经济技术开发区等的规划，区域规划和城市经济方面的专业能力对于较好完成上述规划、满足市场经济发展对城市规划的需求和提升规划编制的科学性发挥了重要作用。有意思的是，当时的省级规划院，由于"区域规划"并不是一个独立系统的、量大面广的业务类型，所以单位的专业和工种设置并没有"区域规划"，但是有"经济分析"的工种，并与建设经济、建筑概预算等等作为一个"工种"，我从身份上也被归属到了"经济分析"这个工种。

三、从教所授与从研所创

2003年从南京大学博士毕业后，到了我国建筑学和城市规划教学科研的重镇东南大学建筑系任教，从职业规划师和研究生变成了高校教师和科研工作者。2003年，一方面面对着"非典"带来的意想不到的混乱，但是也面临入世后大发展的新形势和伴随全国各地创建开发区的第二个热潮，以及中心城市快速扩张、城市和地区间基于高速公路网络、互联网以及后来高铁网络形成更为密切的联系，城镇体系规划和各类城市地区规划、城市战略规划、开发区扩区规划等成为规划行业的热门，过去单纯物质性、节点型规划已经无法满足区域与城市发展的需要，区域规划和城市经济在规划工作中的地位进一步上升。

东南大学规划学科奠基和发脉于建筑学，办学历史悠久、专业基础扎实，坚守我国工科城市规划以"物质空间设计"为核心的人才培养模式，但是也开设了城市经济学、城市地理学、城市社会学、城市生态学和城市总体规划设计等课程。面对新的专业转型，需要进一步系统性探索和加强面向区域规划与城市经济分析等方面的教学体系、人才培养模式的拓展和构建。为此，学科一方面专门开设面向本科生的区域规划原理和自然地理、经济地理课程和面向研究生的当代区域规划导论、产业发展与规划课程；另一方面，立足当时城乡规划行业中的法定区域规划是城镇体系规划的实际，补充和加强了总体规划设计课程教学中的区域分析和城镇体系规划的相关内容，并与城市规划原理、城市经济学等相关课程联动形成课程群，在学科建设架构中则专门新增设置了"区域与城市总体规划"这个二级学科方向；此外，在研究生招生中增设和专门开辟了招收来自地理、经济、土地等跨专业生源的渠道，并针对性招引和建设具备地理学、经济学、土地规划学等专业背景的多元化师资队伍，从而在课程建设和教学体系、研究生招生和人才培养、师资队伍和科研方向等方面逐步形成了系统贯穿本科生和研究生全阶段的面向区域规划和城市经济分析能力的专培体系，后续应对国土空间规划体系改革的新要求、在国内较早建立起区域发展与国土空间规划的人才培养方向。我个人作为该方向的带头人有幸全面参与了这一建设过程。

产学研用结合是高校规划专业的特点，教学、科研和人才培养离不开研究课题与实践项目的支撑。为此，在区域尺度和经济维度的科研方面，我们申报和组织开展包括国家社科重点基金"中国创新型都市圈发展的路径设计与规划引导机制"等面向宏观尺度、社会经济维度的各类基金研究课题，承担各类相关应用研究课题，如"宁波市发展战略2030预研究""定州市发展战略规划""杭州市城东智造大走廊发展定位研究"等等。随着"一带一路"倡议的提出和中国国际产能合作的发展，我们立足于对中国开发区研究的基础，从2014年开始启动了对"一带一路"境外产业园区发展与规划的研究，相继完成了国家重点研发计划、国家社科重点和江苏省社科重点基金项目，并参与了联合国工业发展组织《可持续产业园区国际指南》的咨询讨论、落地转化研究等，主编了中国城市规划学会的团体标准和江苏省地方标准，与"一带一路"沿线东南亚与南亚、中东和西亚、非洲三大区域的高校、地区性国际组织等逐步构建起了合作网络，在境外逐步建设实践基地、科研基地和技术转移基地等。在区域尺度和经济维度的规划项目方面，借助与母校南京大学的合作机制参与了关中城市群建设规划、芜湖市域空间利用总体规划、江宁区城乡统筹规划、崇明县域总体规划等，同时逐步开展相关区域层次规划，相继承担郎溪县城乡一体化规划和"十三五"规划，如东县域城乡统筹规划、濉溪县总体规划等；此外，发挥在产业空间领域的科研优势，系统性开展了各类空间尺度的产业空间规划，包括结合国土空间规划的江苏省、山东省产业空间规划专题，结合城镇体系规划的安徽省安池铜城镇群、蚌淮城镇群等产业空间规划专题，结合城市总体规划的合肥市、南京江北新区、苏州工业园区、常熟市、广西钦州市、陕西省延安市、榆林市、铜川市等城市产业空间与创新空间规划专题，以及面向开发区的综合规划和产业、创新规划等，并且深度参与城市设计项目，探索构建了区域分析、经济分析与城市设计结合的内容和体系，并参与总体城市设计、区域设计等创新，拓展了城市设计的内涵、类型和边界等。这些基于区域规划、城市经济分析等核心专长的规划实践，极大地丰富和拓展了东南大学"工科规划"的内涵和模式，较好地适应了规划转型和改革创新的需要。在项目方面，特别值得一提的有两件事情，一是2006年开展的"连云港经济技术开发区产业空间布局规划"项目，这个项目针对当时开发区多规打架、项目落地无所适从的具体问题，在对开发区相关规划编制、管理以及实施问题进行具体调研基础上，创新构建了一套多规一体的产业空间规划技术体系，涵盖开发区定位分析、产业选择、产业-空间互适性分析和产业空间布局体系、产业单元图则体系等，后续该项成果获得江苏省科学技术奖励和江苏省优秀工程设计奖等。二是2009年宁波开发区整合研究和2014年的唐山市域产业园区统筹发展规划，针对一个区域内多个产业园区恶性竞争的现实问题，提出了"开发区群"的概念并探索构建了一套完整的区域开发区群统筹整合规划技术体系，后来获得中国城市规划学会的首届科技进步奖。

在东南大学从教20余年里，围绕"区域规划"的主题，与恩师崔功豪教授合作出版了《当代区域规划导论》一书，参与了顾朝林老师主编的《人文地理学》教材修编，与杨培锋教授、甄峰教授等合作出版了《区域研究与区域规划》教材，参与东南大学《城市规划与设计》研究生教材并撰写了"区域与城市总体规划"章节，其中专门写了"区域设计"的内容，跟踪了高铁的影响，开展研究并出版了《高铁驱动的区域同城化与城市空间重组》等专著；围绕"城市经济"主题，出版了系列产业园区相关专著，包括《集约型城镇产业空间规划：方法与案例》和"一带一路"境外产业园区系列著作等，构建了一套比较系统完整的多区域、多尺度和多维度产业空间规划技术体系。

回望过去，改革开放以来的中国城镇化发展和规划工作，无论是教学、人才培养还是科研、规划实践，都有"区域规划与城市经济"的贡献和支撑，也由此保证了规划与发展的密切结合与相辅相成，其历程清晰可见、其贡献有目共睹，个人的发展成长也得益于此。当下，中国的国家规划体系正在进一步改革、重组和优化，区域规划的内涵也在发生变化。过去的"区域规划"主要泛指一个规划层次，在不同类型的规划中只要是以有城、有乡的"区域尺度"为规划对象就属于"区域规划"，比如发展规划、城镇体系规划、土地利用规划、国土规划、主体功能区规划、城市群和都市圈规划以及一些部门、行业的专项区域规划，甚至城市战略规划等等，也有少部分专门冠之以"区域规划"的规划类型，但是并不具有法定性、专用性和垄断性、排他性。目前则在发展规划体系和国土空间规划体系中出现了"区域规划"的特定规划类型，在发展规划体系中"区域规划"还有成为

"专有名称"的趋势，而在国土空间规划"五级三类"体系中，其总体规划其实囊括了原来区域性空间规划的层次和内容，专项规划类型中也包括"区域规划"的层次，需要结合理论和实践、法理和治理体系重新认识和再定义"区域规划"的层次属性和类型属性。对于"城市经济"而言，随着社会主义市场经济体系建设的完备，空间规划和空间资源配置服务于经济发展的作用日益明显和日趋强大，各类规划都高度关注和容纳"经济分析"这一内容，但基本没有跳出宏观的经济地理、区域经济和产业经济以及微观的投入产出的静态分析与概算等知识范畴，而土地和房地产经济、建设经济、空间经济甚至税收、金融、财政学等市场经济衍生的专业知识，则通过"土地和空间"这一财富创造载体日渐发挥作用，规划也离不开这些看得见和看不见的"经济之手"作用，因此，未来的规划体系中，城市经济如何突破简单化的、脱离实际城市经济运行机制开展更为科学、综合和真实的"经济分析"，需要进一步认真探索。

面向未来，时局波动带来的愈发明显的不确定性对规划确立确定性预期具有内在需求，且中国特色的国家治理体系对规划也有新要求，新疫情时期和后疫情时代，人类命运共同体、中国式现代化和经济高质量发展都需要高水平规划的引领和支撑。因此，中国的规划依然是充满希望的专业、行业和职业、事业，我们需要采取直面问题、脚踏实地、求真务实和积极乐观、昂扬奋进、前观仰视的基本姿态和心态投身于规划改革和创新发展、务实实践中去，也相信"区域尺度"和"经济维度"的空间研究与规划依然会是行业热点与重点，当然也会有新的难点和痛点，有待广大规划工作者去继续攻坚克难和创新突破。

现代版营城建都：现代化首都都市圈建设的思考

石晓冬

> **作者简介**
>
> 石晓冬，男，1970年11月生，天津市人。现任中共北京市规划和自然资源委员会党组成员，总规划师，北京市城市规划设计研究院党委书记、院长，教授级高级工程师。1996年毕业于天津大学城市规划与设计专业，研究生学历，工学硕士。中国城市规划学会常务理事、区域规划与城市经济专业委员会委员，首都区域空间规划研究北京市重点实验室副主任。主持完成和组织实施了北京城市总体规划等多项重大规划。主持编写《保障性住房规划》等著作。获国家级金奖、全国优秀规划设计一等奖等，获评"全国优秀科技工作者""国家百千万人才"，享受国务院政府特殊津贴。

在京津冀协同发展战略背景下，构建现代化首都都市圈是建设以首都为核心世界级城市群的重要环节和必经阶段，同时也是现代版营城建都底层逻辑的重要体现。古今中外，首都地区实现长久发展需要区域力量的协同加持，同样首都区域整体发展实力提升，离不开首都城市的核心带动引领作用，而首都都市圈是实现这种上下贯通和内外衔接的重要空间单元。随着首都规划体系"四梁八柱"正式建立和空间协同治理体系的基本搭建，现代化首都都市圈的建设迎来了重要契机。面对京津冀区域发展的现实基础，现代化首都都市圈应当着重聚焦不同圈层的功能定位，按照"定位清晰、梯次布局、协调联动"的发展目标，参考"职住协同、功能互补、产业配套"的发展思路，以现代化首都都市圈建设促进京津冀协同发展战略的实施，实现京津冀区域高质量协同发展新格局。

一、引言

党的十八大以来，京津冀协同发展、长江经济带发展、粤港澳大湾区建设以及长江三角洲区域一体化发展等重大战略的相继实施，标志着我国区域协调发展进入新的历史时期，以城市群为主体形态的新型城镇化成为未来我国国土空间开发的重要抓手，而都市圈作为其中的重要锚点发挥着关键作用。2019年，国家发展改革委发布《关于培育发展现代化都市圈的指导意见》，提出"培育发展一批现代化都市圈，形成区域竞争新优势，为城市群高质量发展、经济转型升级提供重要支撑"，由此，通过以中心城市为核心的现代化都市圈建设，推动实现城市群高质量发展成为社会各界的共识。在当前京津冀协同发展战略背景下，构建现代化首都都市圈，不仅是建设京津冀以首都为核心的世界级城市群的重要抓手和必要环节，同时对有序疏解非首都功能、全面加强"两区"建设、实现"疏解"背景下的首都高质量发展具有重要意义。

从古至今，区域视角一直是首都寻找发展路径的重要方向。历史上，元中书省、明清直隶省，都是实现首都职能的重要腹地和拱卫京师的重要屏障[1, 2]。新中国成立后，京津冀地区开展了一系列的探索与规划实践，概念上的认知从"京津唐"到"京津冀"，从"大北京"到"首都圈"[3]；对区域发展的理解也从"点-轴"到"网络"，从区划调整到政策措施转变[4-7]。面对现阶段疏解背景下的首都高质量发展，更需要突破行政壁垒限制，在更大范围配置资源、布局功能，提升空间发展效率，实现空间协同治理。因此，通过首都都市圈建设促进首都的价值实现、功能运转和空间保障，将国家治理、区域治理、地方治理融为一体，是现代版营城建都的重要路径。

二、古今中外的首都区域协同发展概况回顾

（一）中国古代营城建都的区域综合考量

纵观古代，把握所在区域的自然地理形势、空间格局是中国古代都城选址的重要依据。"仰观俯察是都城规画的起点"[8]，大尺度的地理特征通过整体把握自然地理形势和空间格局获取。同时，对军事防卫的需求也是城市建设的基本诉求，古人将其总结为"其固塞险，形式便，山林川谷美，天才之利多，是形胜也"。正如前人将北京平原命名为"北京湾"，东西向的燕山与南北向的太行视为"屏风"，合围为湾的平原成为北京历代古城建都的天赐沃土，共同构成了北京建都的天然"形胜"。

除了围绕自然环境和空间格局谋划都城布局选址的"形胜"，围绕政治权力展开空间安排的"择中"，同样体现了古代都城选址的区域考量。由于中国最早的城市是从原始聚落向综合中心功能聚落演化而来[9]，而中国古代城市规划思想包含着"以'王权'为中心"的理念[10]，这一理念在空间体系层面展开，从以城市为中心逐步向区域层面外拓，最终形成区域层面的五服八荒。另外，在"天人合一"思想指导下，城市人居环境的营造体现了"天、地、人、神"共存共生的空间结构，满足人民对于自然、功利、道德和天地的四种境界追求[11]，这同样反映出更大空间尺度上人与自然环境、文化精神的和谐共生。

（二）国外典型首都城市的区域协同理念

放眼全球，从区域层面加强首都城市的承载能力，协作解决首都城市的发展空间不足、功能负荷过重等问题，是国外典型首都城市建设过程中普遍采取的有效方法。其中华盛顿的规划和区域治理、伦敦的区域规划和配套机制、巴黎大区的划定和区域规划、东京首都圈的空间协同等均具有一定代表性。

1790年美国国会通过了《首都选址法》,规定由马里兰和弗吉尼亚两州沿波多马克河畔各划出一部分土地建立新的首都,由联邦国会直接管辖。作为一个典型的政治功能型首都,华盛顿的城市规模和历史决定了其难以承载过多的功能,需要与周边地区加强协作解决,于是形成了以委托授权的协作治理为主要特征、带有俱乐部性质的大都市区合作治理模式,其具有的区域管理和协调功能比政府管理更为有效。华盛顿大都市政府委员会(MWCOG)于1957年成立,由国家首都地区的21个地方政府构成,还包括联邦政府官员和众议院、参议院两院议员代表。MWCOG模式体现了不同主体平等协商、互动参与的区域治理理念,不同行政区之间的合作机制逐步理顺,制定的区域政策也能够获得各地方政府的支持及有效实施[12]。

第二次世界大战后,伦敦提出限制城市蔓延思路,为优化城市空间结构,需要从首都区域着眼,通过编制有较强政策效力的区域规划,提升伦敦发展空间容量和潜力。1944年伦敦制定了"阿伯克龙比规划",系统性提出了绿带划定、新城疏解、基础设施联通等具体任务,成为后续区域规划的基础和参照。1963年成立的伦敦管理机构,颁布了《大伦敦地方政府法》,以法律的形式制定和颁布区域发展政策,直接赋予具体规划以相应法律地位,建立起保障区域规划有效实施的法律体系[13]。自2004年以来,在三版大伦敦规划(2004年、2011年、2020年)实施框架之下,规划实施机制、规划编制体系及公众参与等对落实规划发挥了实质性作用,而这种走向伦敦大都市带的可持续治理新体系也成为提升伦敦世界城市地位的重要制度因素之一。

从19世纪末开始,巴黎的城市发展进入扩张阶段,由此引发了交通拥挤、郊区扩散、公共设施严重不足等城市问题[14],有关部门意识到必须建立起以巴黎为中心的区域概念,从区域高度协调城市的空间布局。因而,巴黎政府于1932年和1934年相继颁布了两条法令,以法律形式确立了城市规划的地位,并根据规划的需要划定非行政意义上的巴黎地区（大巴黎），对其进行区域规划，形成市镇和地区两级规划体系。例如1976年启动了区域快速铁路（RER）项目，带动了项目周边地区的开发，拉动了部分较为偏远城镇的发展[15]。最终，通过新城建设等途径，释放了区域空间潜能，有效缓解了过重的旧城负荷，为如今巴黎的繁荣发挥了重要作用。

强化都市圈层面的空间治理是推动东京城市空间演变的关键举措，东京多中心多圈层城市格局的形成与日本5次修订首都圈规划密切相关。1956年日本政府制定的《首都圈整备法》是首都圈规划的基础，明确提出以东京为中心、在半径100公里范围内构建"首都圈"。1958年，首都圈改善委员会成立，提出了"首都圈整备计划"，主要内容是建设新宿、池袋、涩谷三个副中心。1982年，为了进一步疏解市中心的商务功能和商务压力，建设大崎、上野—浅草等副中心，将生活周转功能和教育科研设施向东京外围地区疏散。1987年，为了满足不断增长的国际商务活动需求，制定了"临海副中心开发基本构想"[16]。如今，东京首都圈的圈层结构清晰、产业分工合理，其建设过程中体现出的规划性、政策性以及空间治理特点具有较强的借鉴意义。

三、现代化首都都市圈建设的时代背景和底层逻辑

作为一个面向未来发展的大国首都，北京无论从自身发展，还是辐射带动区域乃至全国发展，都需要紧紧围绕"建设一个什么样的首都，怎样建设首都"这一重大时代课题，也就是说，围绕都的功能运转、保障都的价值实现是开展一切工作的根基。而在这一过程中，无论是资源配置、制度建设还是基于不同主体、不同尺度的空间治理，都是融合了时间、空间、要素、路径等多种维度的复杂体系，涉及多个圈层、多个环节和多种形态。现代化首都都市圈建设，在当前阶段正是在这样的逻辑体系下，从空间层面对强化首都核心功能、疏解承

接非首都功能予以支撑和保障，从而实现首都自身的减量提质以及对区域的辐射带动，这也是首都都市圈建设的底层逻辑。

面对习近平总书记多次视察北京时，对"都"与"城"、"一核"与"两翼"、疏解与提升等关系的关注和要求，首都规划体系的"四梁八柱"逐步搭建起来，《京津冀协同发展规划纲要》《北京城市总体规划（2016年—2035年）》《河北雄安新区规划纲要》《北京城市副中心控制性详细规划（街区层面）（2016年—2035年）》《首都功能核心区控制性详细规划（街区层面）（2018年—2035年）》等一系列党中央、国务院批复（印发）的重要规划，从不同空间单元、不同规划层级对总书记的关切予以回应。其中，新版总规跳出北京看北京，站在区域立场上统筹布局；雄安和副中心规划为首都功能疏解承接提供了具体空间安排；核心区控规是继区域统筹、疏解承接的布局安排之后，对首都功能提出更为明晰的定位和空间保障。可以看到，整套首都规划体系均以首都核心功能的提升、非首都功能的疏解、区域空间格局的优化、推动区域协同发展为线索展开，而根本目的均指向首都价值的最大程度发挥和首都功能的最大限度保障，更是体现以人民为中心的宜居水平的不断提高，它们共同为面向功能疏解后的区域协同提供了规划引领指导，自然成为首都都市圈建设的重要遵循。

而贯穿首都规划体系的空间治理体系，是从国家治理、综合治理、源头治理、结构治理、改革治理、依法治理、协同治理、系统治理等八个方面构建的体系和方法[17]，并将这些做法落实到规划的实施，体现在不同的空间圈层布局中。也就是说，空间治理一直在以不同类型、相互联系的具体空间为载体，是一个长期性、历时性的治理过程，其治理能力现代化的体现在于，能够在关键性时间节点对城市产生积极有效的空间干预，而实现这一点的关键是紧密结合国家战略的相机择时、直面具体空间问题的因地制宜、适应城市巨系统的治理体系。正如当下已经形成的"一核、一主、一副、多点、一区、首都都市圈、京津冀城市群和全国"八个空间圈层，共同构成了以首都为核心的空间治理范围。而首都都市圈作为其中一个承上启下、贯穿始终的重要空间圈层，正是对区域协同治理体系的空间回应与落实，同时对其自身发展来说，也是提升自身建设水平、发挥独特空间价值的重要契机。

四、现代化首都都市圈建设面临的现实基础

自京津冀协同发展战略实施以来，以首都为核心的京津冀城市群在疏解北京非首都功能、推动形成"一核两翼"空间格局、提高重点领域和重点地区协同发展水平等方面取得了积极进展，但同时面临区域内部极化现象严重、产业链供应链创新链缺乏有效联动等问题，这是现代化首都都市圈建设所面临的现实基础。

（一）京津冀协同发展取得的进展和成效

1. 非首都功能疏解取得明显成效，初步展现出"两翼"空间格局

2014年以来，北京的非首都功能疏解成效显著，在优化提升首都功能的同时，基本完成一般制造业企业、四环内区域性专业市场集中疏解任务，一批医疗、教育单位向外转移布局。同时严格执行《北京市新增产业的禁止和限制目录》，把好产业准入关，全市科技、信息、文化等"高精尖"产业新设市场主体占比从2013年的40.7%上升至2020年的60%。党中央、国务院批复《河北雄安新区规划纲要》后，雄安新区总体规划等4个基础性规划相继出台，规划体系基本建立。北京与河北省签署完成雄安新区规划建设战略合作协议，"三校一院"交钥匙项目稳步推进，京雄城际铁路全线开通运营，雄安新区进入北京一小时交通圈。与此同时，北京城市副中心的首批市级机关搬迁入驻，共35个部门、1.2万人已搬入办公，一批重大基础设施及公共服务项目投入使用，副中心建设框架全面拉开。

2. 交通、生态、产业、公共服务等领域的协同发展取得积极进展

在交通一体化建设过程中，通过打造"轨道上的京津冀"，京雄城际、京张高铁、京沈高铁实现通车运营，市郊铁路开行近400公里。北京大兴国际机场建成投运并运行良好，北京迈入航空"双枢纽"时代。市域内国家级高速公路"断头路"全部打通，环首都"一小时交通圈"继续扩大。通过持续实施水环境、大气污染、风沙源等治理工程，实现了永定河北京段25年来首次实现全线通水，2020年京津冀地区$PM_{2.5}$平均浓度为44微克／立方米，比2014年下降51%。通过深化产业对接协作，金隅曹妃甸示范产业园等一批重大项目建成投产，天津滨海—中关村科技园新增注册企业超过1600家，张北云计算产业基地加快发展，中关村企业在津冀两地设立分支机构累计达8800余家，达成技术合同成交额1410亿元，年技术合同成交额由2014年的83.1亿元增长至2020年的347亿元。通过深化教育、医疗、社保等合作，实现了京津冀186家定点医疗机构异地就医门诊费用直接结算，河北省23个结对贫困县全部脱贫摘帽。

3. 通州—北三县、大兴国际机场临空经济区等重点地区跨界联动效应显著

随着《北京市通州区与河北省三河、大厂、香河三县市协同发展规划》得到批复，通州区与北三县在教育、医疗、养老、产业等领域加强了合作。与廊坊市政府签署《北三县地区教育发展合作协议》，建立13个基础教育协同发展共同体；对口支持燕达医院，推动北三县3所医院实现京津冀临床检验结果互认；统筹京津冀养老服务产业协同政策，北三县3家养老机构收住京籍老人每年达3千余人；连续两年举办项目推介洽谈会，累计签约项目85个、签订意向投资额552亿元，其中已实施项目70个。北京大兴国际机场在《北京大兴国际机场临空经济区总体规划（2019—2035年）》获京冀两地批复后，全面启动了

大兴国际机场临空经济区（大兴）建设发展三年行动计划，综合保税区获得国务院批复，北京自贸区高端产业片区正式挂牌，"三区叠加"优势逐渐显现。

（二）京津冀协同发展目前尚存的问题

1．区域内部人口规模、经济规模极化问题比较突出，城镇等级体系不够完善，节点城市发育水平有待提升

从京津冀区域城镇等级体系结构来看，存在京津两个超大城市，却缺少特大城市和一定数量的大中城市，由此导致城市间人口分布不均、经济联系较弱、产业协作不足、资源配置不均，城市间尚未形成梯次有序的合理布局态势，难以形成疏解带动提升的等级体系模式。北京作为核心城市，对周边的辐射带动作用有待进一步加强。2015—2020年，北京市地区生产总值占京津冀地区比重从33.2%升至41.8%，不断上升的态势越发显著。同时，北京市地区生产总值占全国比重也呈上升态势，由3.36%上升到3.55%。可见，北京与津、冀两地的经济差距愈发明显，区域内部经济极化问题愈加突出。

2．京津冀三地产业基础差异较大，区域产业链供应链"缺链""少链"，影响创新链的形成

从城市群发展规律来看，中心城市缺乏制造业会影响区域产业链条的延伸和衔接，继而影响区域的产业分工与协作。在我国六个超大城市中，北京的第二产业增加值规模相对较小，2020年仅有5716亿元，是深圳的55%、上海的56%、重庆的57%，从而造成与津冀之间的产业联系途径较少，发挥辐射带动作用相对有限，在一定程度上影响到区域产业链的完整性和延伸性。同时，三地产业处于不同发展阶段，关联性不高。北京的创新和科技优势资源明显，天津偏重全产业链中的生产制造环节，河北侧重制造业的生产加工环节，承接能力不强，与京津两地缺乏有效互动，京津冀三地尚未形成区域间产业合理分布和上下游联动态势。

表1

2015—2020年京津冀地区生产总值情况

年份	国家/地区生产总值（亿元）				北京市地区生产总值占京津冀地区生产总值（%）	北京市地区生产总值占全国生产总值的比重（%）	天津市地区生产总值占全国生产总值的比重（%）	河北省地区生产总值占全国生产总值的比重（%）
	北京	天津	河北	全国				
2015	23015	16538	29806	685506	33.2	3.36	2.41	4.35
2016	25669	17885	32070	744127	33.9	3.45	2.40	4.31
2017	28015	18549	34016	827122	34.8	3.39	2.24	4.11
2018	33106	13363	32495	919281	41.9	3.60	1.45	3.53
2019	35371	14104	35104	990865	41.8	3.57	1.42	3.54
2020	36102.6	14083.73	36206.9	1015986	41.8	3.55	1.39	3.56

数据来源：中国统计年鉴、全国及相应省市2020年国民经济和社会发展统计公报。

2018—2020年我国六个超大城市第二产业增加值　　表2

城市	第二产业增加值（亿元）		
	2018年	2019年	2020年
北京	5647.70	5715.10	5716.40
天津	7609.80	4969.18	4804.08
上海	9732.54	10299.16	10289.47
广州	6234.00	6454.00	6590.39
深圳	9961.95	10495.84	10454.01
重庆	8328.79	9496.84	9992.21

数据来源：中国城市统计年鉴、2020年各市国民经济和社会发展统计公报。

五、现代化首都都市圈建设的框架体系和建设重点

面对京津冀协同发展，现代化首都都市圈的特别之处在于能够通过等级规模、网络节点的流空间组织，充分利用地理邻近性优势，一方面更大程度发挥首都资源集聚效应、提高经济效益，另一方面强化首都辐射带动作用、提升首都区域的一体化水平，在要素配置、空间治理、制度建设等环节，实现现实需求和目标愿景的综合考量。

基于首都功能疏解承接、超大城市治理、区域协同发展等要求，对现代化首都都市圈建设提出"职住协同、功能互补、产业配套"的分圈层建设思路，以实现"定位清晰、梯次布局、协调联动"的建设目标。在此基础上，为了突出其圈层定位要求，同时实现更深层次的空间融合目标，现代化首都都市圈不仅需要具备职住生活、通勤联系方面的紧密性，还应充分考虑首都功能承载、非首都功能疏解承接以及产业体系协同联动等作用，具备功能圈、产业圈等多圈层属性。因此，构建现代化首都都市圈，空间范围相对更大、空间圈层的划分更加细化。参考不同机构和学者提出的不同认定标准[18-23]，选择"至中心城市的通勤人口比重""至中心城市的时空距离"等指标作为识别其空间范围的主要判断依据，并在此一般规律的基础上根据首都的特殊需要将其划分为通勤圈、功能圈、产业圈三个圈层。

（一）通勤圈空间范围的确定及建设重点

无论是日本在1995年对都市圈的定义"都市周围的市町村15岁以上常住人口中有1.5%以上需要到该都市通勤或通学",还是我国国家发展改革委2019年在《关于培育发展现代化都市圈的指导意见》中提出的"都市圈是城市群内部以超大特大城市或辐射带动功能强的大城市为中心、以1小时通勤圈为基本范围的城镇化空间形态",都说明了一般意义上对都市圈的认知主要基于通勤特征,通勤联系是都市圈不同城市产生对流关系的最直接体现。对于首都通勤圈来讲,从保障北京常住人口2300万天花板不突破且人口密度合理分布、就业活力不断提升的角度考虑,更需要充分满足基于首都通勤圈的更大空间范围内人口来京就业需求,通过加强轨道、住房等布局安排,提高职住协同水平,促进北京与周边地区一体化融合发展。

基于此,通勤率成为我们确定通勤圈空间范围的首选核心指标。考虑到不同城市对通勤率的指标内涵认定规则不同,导致对通勤率的参考标准从2%到20%不等[24-27],在本研究中我们统一将其明确为"跨城通勤人员占当地就业人员的比重"作为通勤率的指标内涵。在此基础上,基于联通手机信令数据对就业、居住的定义规则,以京津冀各县级市为统计单元进行居住人口、就业人口、跨城通勤人口的规模识别,计算得到津冀各县级市居住人口到北京就业的通勤率。除此之外,以《关于培育发展现代化都市圈的指导意见》中的"1小时"时长作为参考标准,对百度导航数据以北京天安门为圆心的1小时等时圈进行空间识别,将其作为"到中心城市的时间距离"认定指标。并结合通勤圈空间选择半径一般以50~70千米作为参考标准,将其作为"到中心城市的空间距离"认定指标。由此最终以"空间半径为50千米""时间半径为1小时左右""来京就业的跨城流动人口占当地就业人口的5%以上"三个指标为依据,确定首都通勤圈的空间范围为:在北京市域之外主要包括廊坊的北三县、固安、广阳和保定的涿州。

北京周边地区来京就业通勤率排名前20的区县　　表3

排序	区县名称	通勤率（%）
1	大厂回族自治县	29.40
2	三河市	26.73
3	固安县	9.98
4	香河县	8.53
5	沽源县	8.47
6	涿州市	7.44
7	广阳区	6.46
8	怀来县	4.21
9	涞水县	3.72
10	滦平县	3.29
11	兴隆县	2.85
12	赤城县	2.66
13	崇礼区	2.25
14	武清区	1.95
15	安次区	0.99
16	蓟州区	0.98
17	永清县	0.88
18	涿鹿县	0.81
19	丰宁满族自治县	0.71
20	顺平县	0.47

因此，通勤圈应充分利用自身的近域化区位优势，聚焦加强环京合作、提升职住协同水平的发展目标，针对交通着重提升通勤效率、公共服务着重提升一体化水平、产业着重推动对接协作、生态着重加强空间管控等目标导向，提出相关建设重点。具体包括：率先形成一体化交通体系，推动轨道交通、市郊铁路向环京地区延伸，保障跨市域公交运行，利用科技手段完善进京通勤管理等；深化公共服务合作机制，推动养老、教育、医疗等资源延伸布局，增强居住配套，促进跨区域职住协同；增强通州副中心和大兴机场临空经济区的辐射带动

作用，推动北京适宜企业延伸布局；加强环京生态带建设，共建北运河—潮白河大尺度生态绿洲。

（二）功能圈的空间范围及建设重点

首都功能圈的识别标准一方面通过空间半径为100千米、时间半径约1.5小时这两个指标进行定量划定，另一方面通过城市自身的发展定位进行定性判别，即充分考虑了非首都功能疏解承接在"两翼""双城"空间格局中应当发挥的作用。

尤其对于河北雄安新区来讲，应当充分利用政策优势和创新环境，聚焦功能互补、错位发展的目标，主动配合国家部委做好相关资源的疏解承接工作。将"交通着重提升路网衔接水平、公共服务着重提高整体品质、产业着重加强高端集聚、生态着重提升环境质量"为导向，将"完善交通直连直通体系，着重提高运行效率；不断提升公共服务质量和水平；配合产业疏解承接工作，支持科创资源布局落地；建设绿色生态空间，推动绿色低碳发展"等方面作为重点建设内容。

（三）产业圈的空间范围及建设重点

首都产业圈的识别主要基于空间半径150千米、时间半径约2小时这两个定量指标，将保定、张家口、承德、唐山、沧州等节点城市纳入其中。以张家口为例，通过与北京联合承办冬季奥运会，在交通设施联系、冰雪产业合作、医疗等公共服务设施共建方面形成了紧密合作关系，接下来应当充分把握冬奥赛后利用的机遇，积极推动冬奥遗产的长期可持续利用，不断推动与北京开展区域合作，共建京张文化体育旅游带，打造立足区域、服务全国、辐射全球的体育、休闲、旅游产业集聚区。对于天津滨海新区而言，应当充分利用天津制造业基础和港口优势，加强滨海—中关村科技园等重点平台建设，增强创新成果转化和高端制造能力，推动北京空港、陆港与天津港深度融合，发挥其在产业圈的引领、带动、示范作用。

因此，产业圈应依托产业发展轴，加强各节点城市要素集聚能力，推动创新链、产业链、供应链协调联动，聚焦产业分工配套协调目标，针对交通着重发挥廊道作用、公共服务着重提高配套能力、产业着重形成分工体系、生态着重体现特色价值等导向，提出相应建设重点。具体包括：完善交通骨架支撑体系，沿交通廊道打造特色产业发展带；扩大教育、医疗等优质资源辐射带动，鼓励合作办学、推进医疗卫生协作，为产业发展提供良好服务配套保障；推动传统产业改造升级，提升重点合作平台建设水平，协同打造重点产业集群；深化环境污染联防联控联治机制，加强生态修复治理和水源涵养区生态补偿，推进清洁环保、绿色能源使用，推动区域节能低碳和绿色发展。

六、结语

构建现代化首都都市圈，是纵深推动京津冀协同发展、建设京津冀世界级城市群的重要内容和必经阶段。尤其当前世界整体面临新一轮科技革命和产业变革、全球产业链供应链调整收缩、国际力量对比变化和大国博弈加剧等百年未有之大变局，在我们准确识变、科学应变、主动求变的过程中，都市圈的"近域化"优势日益凸显，为我们应对各种突发变化提供了一定的空间缓冲。因此，构建以都市圈为单元的相对完整的复合协同体系，不仅能为区域协同发展构建坚实基础，还能为我们顺应时代发展变局提供空间保障。基于此，本研究提出在建设现代化首都都市圈的过程中，按照通勤圈、功能圈、产业圈等三个空间圈层的功能定位，通过基础设施共建共享、公共服务一体化、生态环境联防联治、产业链价值链优势互补等协同发展手段，充分体现其系统整合优势，以现代化首都都市圈建设促进京津冀协同发展战略的实施，从而实现京津冀区域高质量协同发展新格局。

（本文共同作者——北京城市规划设计研究院王蓓）

参考文献

[1] 徐辉. 京津冀文化遗产保护与弘扬的若干线索[J]. 北京规划建设，2016（4）：22-29.

[2] 赵幸，刘健. 合久必分 分久必合——从区域文化遗产保护看京津冀区域协同发展[J]. 北京规划建设，2016（4）：30-36.

[3] 樊杰. 京津冀都市圈区域综合规划研究[M]. 北京：科学出版社，2008.

[4] 吴良镛. 京津冀地区城乡空间发展规划研究[M]. 北京：清华大学出版社，2002.

[5] 吴良镛. 京津冀地区城乡空间发展规划研究二期报告[M]. 北京：清华大学出版社，2006.

[6] 吴良镛. 京津冀地区城乡空间发展规划研究三期报告[M]. 北京：清华大学出版社，2013.

[7] 王亮，石晓冬. 从市域到区域：北京推进建设以首都为核心的世界级城市群的思考[J]. 北京规划建设，2018（1）：64-70.

[8] 武廷海. 六朝建康规画[J]. 城市与区域规划研究，2011（1）：89-114.

[9] 武廷海. 从聚落形态的演进看中国城市的起源[J]. 建筑史论文集，2001（14）：44-55.

[10] 陈宏胜，王兴平，李百浩. "天、地、人"的权衡与平衡——论中国古代"三元"并进的城市规划思想[J]. 中国名城，2015（3）：8-14.

[11] 王树声. "天人合一"思想与中国古代人居环境建设[J]. 西北大学学报（自然科学版），2009，39（5）：915-920.

[12] 张军扩，侯永志，贾珅，等. 华盛顿城市治理经验：委托授权的协作治理[J]. 中国经济时报，2016-08-24（5）.

[13] 赵景亚，殷为华. 大伦敦地区空间战略规划的评介与启示[J]. 世界地理研究，2013，22（2）：43-51.

[14] 刘健. 面向整体均衡发展的国土整治与空间规划——法国的经验与启发[J]. 城乡规划，2019（2）：101-104.

[15] 于一凡. 城市交通的发展与时代的进步——简析法国巴黎大区交通策略的发展与变迁[J]. 国外城市规划，2004，19（5）：58-61.

[16] 张景秋, 孟醒, 齐英茜. 世界首都区域发展经验对京津冀协同发展的启示[J]. 北京联合大学学报（人文社会科学版）, 2015, 13（4）: 33-40.

[17] 石晓冬, 王吉力. 从新总规看首都超大城市治理转型[J]. 前线, 2018（4）: 85-87.

[18] 张京祥, 邹军, 吴启焰, 等. 论都市圈地域空间的组织[J]. 城市规划, 2001（5）: 19-23.

[19] 陈小卉. 都市圈发展阶段及其规划重点探讨[J]. 城市规划, 2003（6）: 55-57.

[20] 肖金成, 马燕坤, 张雪领. 都市圈科学界定与现代化都市圈规划研究[J]. 经济纵横, 2019（11）: 32-41.

[21] 尹稚, 叶裕民, 卢庆强, 等. 培育发展现代化都市[J]. 区域经济评论, 2019（4）: 103-113.

[22] 汪光焘, 叶青, 李芬, 等. 培育现代化都市圈的若干思考[J]. 城市规划学刊, 2019（5）: 14-23.

[23] 汪光焘, 李芬, 刘翔, 等. 新发展阶段的城镇化新格局研究——现代化都市圈概念与识别界定标准[J]. 城市规划学刊, 2021（2）: 15-24.

[24] 王德, 顾家焕, 晏龙旭. 上海都市区边界划分——基于手机信令数据的探索[J]. 地理学报, 2018, 73（10）: 1896-1909.

[25] 张沛, 王超深. 大都市区空间范围的界定标准——基于通勤率指标的讨论[J]. 城市问题, 2019（2）: 37-43.

[26] 赵鹏军, 胡昊宇, 海晓东, 等. 基于手机信令数据的城市群地区都市圈空间范围多维识别——以京津冀为例[J]. 城市发展研究, 2019, 26（9）: 69-79.

[27] 姚永玲, 朱甜. 都市圈多维界定及其空间匹配关系研究——以京津冀地区为例[J]. 城市发展研究, 2020, 27（7）: 113-120.

新时期经济地理重塑的三种力量的思考

郑德高

> **作者简介**
> 郑德高，男，1971年6月生，中国城市规划设计研究院副院长、教授级高级城市规划师。兼任中国城市规划学会青年工作委员会主任委员、《国际城市规划》编委、《城市规划学刊》编委、第四届中央国家机关青联委员、上海市"十三五"规划专家咨询委员会专家、上海市长宁区政协委员。主持和参与多项国家重要地区的区域规划、发展战略与总体规划，包括住房和城乡建设部全国城镇体系规划等，重点聚焦于特大城市的经济发展与空间结构演变之间的规律。主持重大地区的规划与设计，包括上海虹桥枢纽地区规划等，率先提出了中国的空港经济区理论。多次参与中国工程院、中财办、科技部等关于中国城镇化的研究，主持和参与住房和城乡建设部关于城市总体规划评估的研究课题，长三角城市群规划研究，世界银行关于低碳城市发展研究课题等等。出版《经济地理空间重塑的三种力量》等著作。所主持的项目获全国优秀工程设计金奖、全国优秀规划设计一等奖等。

世界的经济地理一直处于变动之中，研究者也一直研究其背后的推动力，这既是短期变量，但归根到底还是长期变量，政府一般关注短期变量，但学者更多关注长期变量。当前世界的经济地理受到几种力量的博弈、交织，比如全球化，虽然全球化力量受到很大的阻力，但全球化的好处不容易翻转。全球化受到阻力，必然会有一种新力量生长出来，比如基于本土的区域化力量等等。各种力量的相互博弈会影响到城市发展的起起伏伏，一些城市突然变为新一线城市了，一些城市的发展又开始收缩了，是什么力量在推动背后的变化一直是我研究的兴趣点。

在各种力量重新博弈交织的新发展时期，我国经济地理格局发生着剧烈而复杂的变化。从现象上来看，一方面，以长三角、珠三角、京津冀为代表的城镇密集地区形成更加紧密分工、网络一体的全球城市区域，在全球经济网络中的控制力与影响力日益强化；另一方面，在生态文明与美丽中国建设下，城市群以外的一些曾经欠发达地区，凭借根植本土的生态人文魅力，获得了新的发展动力，走出"绿水青山就是金山银山"的转型振兴路径。而从对上述两类地区的经济、人口计量比较看，城市密集地区自2000年以来规模集聚的趋势在增加，但也呈现边际效益递减态势。科学认识与理解这一经济地理变迁的成因与趋势是制定国家区域发展战略的重要基础。这也是我们在"全国城镇体系规划（2017—2035）""长三角巨型城市区域发展研究"等项目实践中，针对区域发展"不充分、不平衡"问题，试图提出战略路径与发展对策的"破题点"。在系统梳理区域经济地理相关理论的基础上，构建解释框架，从全国宏观格局与长三角地区两个尺度予以实证研究，从而剖析影响经济地理空间重塑的三种关键力量。

一、经济地理相关理论回顾与解释框架构建

（一）相关理论回顾

在全球化与区域化的浪潮中，区域经济地理研究从以中心地理论[1]、核心边缘理论为基础的形态学研究，转向了基于"流"空间的功能性城市区域（FUR）。在弗里德曼世界城市假说（The World City Hypothesis）[2]、撒森全球城市理论[3]、泰勒世界城市网络研究方法（network approach）[4]、卡斯特尔"流动空间（space of flow）"[5]等理论基础上，巨型城市区（mega city region）、全球城市

区域（global city region）作为全球广泛兴起的新的地理空间现象成为理论与实证研究的热点。

在全球化高度发达的前提下，以全球城市为核心，及其腹地内的二级城市通过分工实现愈发紧密的功能性联系，重塑了区域整体空间组织，促进了全球城市区域（global city region）的形成，不同层级城市在全球网络中的作用被强化[6]。彼得·霍尔与考蒂·佩因（2004）[7]以欧洲八个典型城市区域为研究对象，提出多中心网络（polynet）的巨型城市区域，认为其以一个或多个较大的中心城市为核心，由形态上分离但功能上相互联系的城镇，通过新的劳动分工联结而成。这种更加复杂的地理空间形式的形成，来自于两种看似矛盾的力的重新结合：一是网络化的力量，受到全球化和价值链分工影响，以"流动空间"为基础，城市间联系加强，城市层级减少；二是等级化的力量，同时遵循"中心地理论"，低等级的服务功能趋于分散，在等级体系中的低层级重新集聚。可以说，在网络化与等级化两种力量的作用下，城市与节点缔结成新的分工与合作。这是都市圈、城市群及巨型城市地区形成与发展的重要成因。

而作为对全球化趋势的一种反思，一些学者对全球城市及区域理论进行批判，认为世界上许多城市由于政治经济等诸多原因不能纳入全球分工网络，而全球化加剧了网络内外城市发展的不平衡。不同于非此即彼的批判性观点，"全球本土化（glocalization）"概念最早在商业领域被提出，强调"全球化的思想，本土化的操作"。全球本土化描述了本土条件对全球化的反馈作用，呈现一种普遍与特殊趋势的融合[8]。这一概念继而被延伸至对边缘地域崛起的解释中，认为那些曾经在全球分工之外、缺乏话语权的国家或地域，借助高科技传媒、数字网络传播等，逐步获得文化话语权、走向世界并获得关注，从而呈现出新的多极化文化生态格局[9]。从更大的地理空间范畴而言，大卫哈维与列斐伏尔认为，资本不断进行着"去地域化"与"再地域化"的力量交织；这一过程并非排斥全球化与资本，而是通过地域价值挖掘与资本结合而成，是被忽视的全球化的一部分。依托地域性资源要素，在世界分工网络外的一些地区，通过本土化动力实现在地复兴与特色化发展。这意味着基于本土要素提升的地域化成为重塑经济地理的另一种力量。

（二）解释框架构建

在上述理论的启发下，结合对我国区域空间现象和发展态势的观察思考，试图构建经济地理空间重塑机制的解释框架（图1），认为经济地理空间重塑是等级化、网络化和地域化三种力量相互作用的结果[10]。一方面，在等级化与网络化两种力量的作用下，形成了新的以功能分工为导向的城市体系，在"流"作用下形成更加紧密一体的都市圈与巨型城市区域；另一方面，在基于本土要素价值的地域化力量作用下，网络之外的边缘地区借助全球化手段，形成特色崛起的"魅力景观区"。从而催生出城市群与魅力景观区"交相辉映"的新地理空间格局，推动区域发展格局走向再平衡。

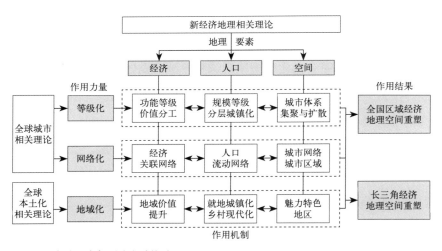

图1 经济地理空间重塑机制框架

二、等级化与城市体系演进

(一) 基于等级化的全国城市体系构建

从人口、功能的分层特征入手,对全国各层级城市优势产业部门进行分析,发现正如杨小凯"城市分工"理论所述,我国不同规模层级的城市,存在着明显的分工差异特征。超大城市、特大城市的高端服务业、生产性服务业优势明显,大城市服务业与制造业较为均衡,小城市、县域的社会服务与基础性供应职能显著。虽然我国一直贯彻"大中小城市与小城镇协调发展"的城市发展方针,但行政等级化的政策与政府资源配置和地方政府增长主义盛行,导致市场化的城镇资源配置失衡、层级分工错位等问题。如超大、特大城市的规模经济导致各种生产要素的过度聚集,而中小城市公共投资严重不足。要素的过度集聚与过度短缺也会导致分工的错位,加剧了城市居住与就业、服务供给与城镇化人口需求之间结构性矛盾的存在。

相较而言,美国、欧洲的城市体系演化体现了更具竞争力的全球城市引领、多中心城市网络支撑的发展态势。一方面,根据GaWC(Globalization and World Cities Research Network,全球化与世界城市研究网络)等全球城市排行榜的变化可以看出,在纽约、伦敦稳居顶级全球城市"TOP4"的基础上,进入全球城市网络的城市数量不断增加,体现了对全球资源要素的支配与控制作用的提升。另一方面,美国通过巨型城市区域的培育,带动了中小城市的共同发展,城市数量不断增长;而欧洲一直秉承"多中心"的发展战略,形成了一批产业与特色功能具有国际影响力的中小城镇,在金融、航运、高科技、贸易、高端制造等领域占据重要地位。

由此,思考我国未来城市体系的构建的价值取向。一方面,从对外参与全球城市体系分工合作,支撑"一带一路"开放新格局角度出发,应突出在全球功能网络中的竞争力导向;另一方面,从对内促进区域发展平衡、实现全社会"共同富裕"角度出发，应关注区域性、地方性城市的多元发展导向。我们在2017版全国城镇体系规划的研究中，就曾从这两个视角出发，探索构建新时期我国城市的"多中心"体系[11]。在国家级城市中，丰富以往"国家中心城市"的概念，一是从全球竞争角度，提出强化北京、上海、广州、深圳四个全球城市，二是在核心城市群中强化天津、成都、重庆、武汉、南京等综合型国家中心城市，三是支撑"走出去"格局，突出培育哈尔滨、乌鲁木齐、呼和浩特、拉萨、昆明、南宁等边境型国家中心城市。同时，在区域性、地方性城市中，在强化区域中心城市共集聚与辐射能力的基础上，关注具有特色功能的地区性城市培育，如发挥兴边安邦作用的内陆边境口岸城市（镇）、发挥带动城市群外生态人文地区魅力崛起的特色城市等。

（二）长三角城市体系演变

从长三角尺度，进一步分析验证等级化对城市体系重塑的影响。首先，从人口分层角度进行分析，发现长三角总体呈现相对均衡的特征。三省一市的城市人口大约有31%集聚在直辖市、省会城市与计划单列市；约有31%的人口集聚在一般地级市；约有38%的人口分布在县级市与建制镇。随着近年来上海等超大城市人口规模增长的放缓，第二梯队的城市集聚效应增强，长三角城市群城市体系将趋于多中心均衡态势。从位序-规模结构分析看，将长三角、京津冀、珠三角三大城市群前20位城市进行对比发现，长三角人口规模位序结构曲线更接近于理想均衡，大、中、小城市各司其职；而京津冀相对陡峭，多元支撑相对不足；珠三角相对扁平、头部引领相对不足（图2）。

其次，从功能分层角度进行分析，运用价值区段的研究方法识别城市功能等级特征。按照生产性服务业、技术密集型制造业、资金密集型制造业、劳动密集型制造业以及其他类型产业进行分类研究。

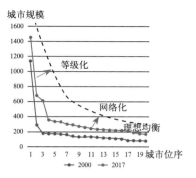
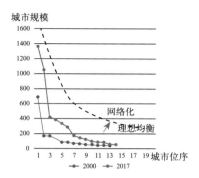
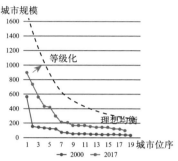

图2 长三角（左）、京津冀（中）、珠三角（右）前20位城市位序－规模分析
（数据来源：《中国城市统计年鉴》2001年、2018年）

就处于价值链顶端的生产性服务业城市看，顶端城市发展变化，体现为南京、杭州在再层级化中上升为顶端城市之一。GaWC《世界城市名册2018》中也同样证明了这种层级的变化，上海处于Alpha+的位置，杭州超越南京处于Beta+的位置，南京处于Beta的位置。价值链顶端的城市，呈现了明显的中心城市和门户城市的作用，也强化了对资本的控制能力和服务能力。就处于价值链中高端的技术密集型城市看，该层级城市数量的增加反映了技术密集型产业在长三角的扩散态势。典型代表城市为苏州和合肥，在城市新一轮发展战略中，苏州突出"打造具有全球影响力的产业科技创新高地"，合肥则强调传统产业智能化、"卡脖子"技术国产化、重点产业集群化、现代服务业高端化。就处于价值链中端的资本密集型城市看，城市数量及布局没有明显的变化，均以无锡、泰州、扬州、芜湖、马鞍山和台州为

主，位序略有变化，基本仍然聚焦在沿长江城市和沿海城市。就处于价值链低端的劳动密集型城市看，主要增加了宿迁和徐州，体现了劳动力密集型制造业呈现向苏北、皖北扩散的趋势。

综上，长三角已形成明显的按价值区段垂直分工体系。从空间表现上，呈现高价值区段功能向沪、宁、杭多中心集聚，中价值区段功能向潜力地区集中，低价值区段向苏北、浙西、皖江等外围地区扩散态势。

三、网络化与城市区域演进

（一）基于网络化的全国地理空间重塑

从形态地理角度识别人口、经济集聚特征，初步确定国家目标建设城市群的地域空间范围。在此基础上，通过从人口流动和功能关联两个维度测度19个城市群的内部关联与外部关联，从而综合评价网络化作用下城市群的形成与发展。

首先，基于腾讯大数据对人口流动网络予以测度，发现城市－区域内部总体关联性增强，但不同地区之间存在差异，呈现多层次网络特征。从内、外部网络联系矩阵看（图3），核心城市和区域之间关联密切，京津冀、长三角、珠三角、成渝地区在内部人口高关联的同时，相互之间的跨城市群人口流动量大、频次高，形成"钻石"格局；第二梯队城市群在较高的人口关联的同时呈现类型分化，如山东半岛城市群内部关联较强，而哈长地区更多表现为与京津冀城市群之间的跨区域联系；此外一些地区以内部联系为主，与其他区域联系较弱。

其次，运用企业"总部-分支"法[12]测度城市群内部及城市群之间的功能关联。基于国家工商总局企业注册信息大数据平台，分别就城市群内部及城市群之间，测算制造业、服务业企业及创新型企业的关联量；将关联量最大值标准化为100予以折算，形成功能关联矩阵

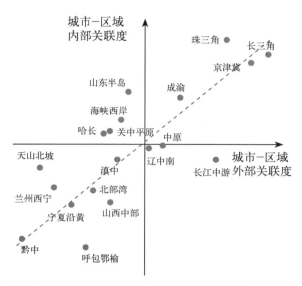

图3 我国主要城市区域人口流动网络关联矩阵

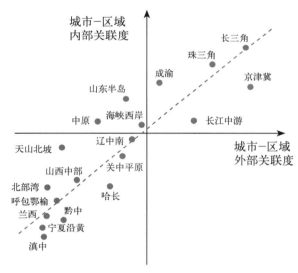

图4 我国主要城市区域功能网络关联矩阵

（图4）。从制造与服务业关联看，城市群内部关联网络基本形成，外部关联主要以京津冀、长三角、珠三角等城市群为主导，按资本支配与服务功能呈现等级化态势；而创新关联网络则更多表现为超越地域限制的广域联系,近域扩散与高等级科创中心之间跳跃扩散并存,且高等级科创中心之间联系更强。从内、外部网络联系矩阵看,长三角、珠三角、京津冀三大城市群呈现高度网络化,内、外部关联量均显著高于其他地区;处于第二梯队的长江中游城市群外部关联高于内部,而成渝、山东半岛等城市群则以内部关联为主导;而呼包鄂榆、兰西等地区处于低水平均衡状态,功能网络尚未发育完善。

结合人口、功能两大网络进行综合评价,可将19个城市-区域划分为成熟期、发展期和培育期三个阶段(图5),在战略语境对应世界级城市群、国家级城市区及区域级城市群三个等级。其中,成熟期城市群对内一体化与对外辐射能力并存,在全球城市网络的控制与服务能力不断提升;而处于发展期的城市群具有较为显著的群内部关联,对外辐射关联性尚待进一步发展;部分处于发育期的城市群内部网络尚未完全形成,如滇中城市群,其核心城市处于人口与功能集聚阶段,对周边城市扩散带动尚弱。总之,在网络化主导下,形成集聚又多元的城市区域,区域空间在极化中走向高水平均衡。

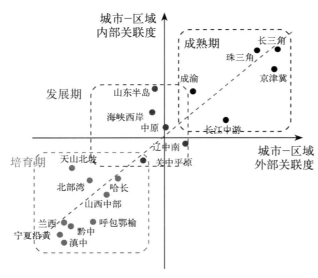

图5 经济、人口叠加关联矩阵

（二）长三角城市群关联网络演变

以长三角城市群为例，进一步分析城市群内人口与经济关联网络的演变趋势。

首先，从人口流动网络看，对2000年、2015年跨市人口流动进行比较发现，长三角城市群内部人口流动加剧，并呈现多中心、扁平化态势，形成上海、南京、杭州、苏州、宁波等多个人口吸引据点。

其次，从经济关联网络看，比较2005年与2015年两个时间截面长三角制造业、服务业的企业关联，发现在关联度普遍提升的同时，城市群内部联系度增强。具体而言，前25位城市企业联系量增加接近1倍；除上海外，主要城市与长三角城市群内城市的关联占比普遍提升3%～5%；同时，制造业企业关联网络比生产性服务业企业关联网络更加集聚，呈现以上海为核心的放射格局。顺应知识创新时代功能网络组织的新逻辑，进一步测度创新企业的关联度，发现创新网络关联第一层级为杭州—宁波、上海—杭州；第二层级包括上海—苏州、上海—南京、杭州—温州、杭州—金华、上海—宁波。与传统制造业、服务业网络的城市节点能级不同，创新网络中的"塔尖城市"呈现不同格局——杭州成为首位城市，上海落于次位，合肥提升至第三，南京则降至第四。这种传统产业与创新产业分工格局的差异，也印证了长三角城市错位分工与功能一体化趋势的加强。

从长三角的关联网络来看，以生产性服务业为例，上海龙头地位突出，杭州、南京作用明显，区域的主次结构越来越清晰。从新经济关联来看，杭州地位崛起，基本形成杭州—上海双中心的格局。总体来看，上海的作为卓越的全球城市，其地位突出，杭州作为新经济的发展代表，迅速崛起。

通过上述人口、经济关联分析，可知网络化力量正在催生我国城市区域新格局。城镇密集地区以全球城市及核心城市为引领，城市间的"流"联系显著增强，城市群成为地域空间组织的主要形态；不同发育阶段、不同能级的城市群并存，内部分工协作与外部辐射链接在差异中形成新的区域分层。长三角地区作为成熟期城市群的典型，其人口与功能关联愈发紧密，传统产业与创新经济网络中的城市角色存在分工，呈现多中心、扁平化、高水平均衡态势。未来长三角城市群城市将进一步拉长长板、突出优势，形成完整一体的产业链条。

四、地域化与魅力景观区崛起

（一）基于地域价值的国家魅力景观区认识

处于全球网络之外的非城镇密集地区，按照传统工业与城市化发展思路难以突围。随休闲消费时代来临与互联网等新经济崛起，地域化力量为这类地区的转型发展注入动力，且这一动力根植于本土，呈现出自下而上的发展特征。

针对大都市圈之外的非城镇密集区，日本第六次《国土形成计划》中明确提出建设"魅力观光区"，依托传统文化遗产与自然景观资源，建设富有个性且具有高度国际竞争力的广域旅游地区，从而推动区域发展的平衡。如北海道地区从2006年开始调整产业结构，在充分利用现有农林水产业优势基础上，基于本地要素并聚焦高附加值产业链环节，强调国际市场的开拓，获得经济增长与影响力提升[13]。类似的案例在美国也开始出现，如位于黄石公园以北的波兹曼，从资源开发转向依托风景要素的互联网及休闲娱乐业，成为"有风景的地方有新经济"的典型代表[14]。

借鉴上述经验，基于地域价值提出"国家魅力景观区"的概念[15]。在主体功能区基础上，叠加国家自然景观和文化遗产要素，识别出30个左右的魅力景观区。依托地域化生态人文价值，探索特色发展路径。随我国中等收入群体的不断扩大，应对日益增长的休闲消费需求，魅力景观区的培育也是推动空间供给侧结构性改革，促进生态文明、文化传承与"美丽中国"建设的重要举措。

（二）长三角"两山"样本的魅力崛起

基于地域化价值的特色发展模式已在长三角若干地区出现。对自然资源要素与人文资源要素分布进行综合分析，其中，自然资源要素包括湿地公园、国家地质公园、国家级风景名胜区、国家级地质公园，人文要素主要包括历史文化名城、历史文化名村、历史文化名镇、传统村落、大遗址和世界自然遗产等，可初步识别长三角高地域价值空间的基本分布。就资源禀赋而言，这些地区有望通过生态、人文、乡村价值的挖掘与提升，实现魅力崛起。

安吉作为"两山理念"样本，其发展路径很好地诠释了从要依托生产要素的"工业经济"到依托地域价值的"美丽经济"的路径转换。作为大都市区外围的山区小县，安吉也曾试图走"大干工业"的传统路径，污染等负面效应不断累积，1998年太湖"零点行动"标志着传统工业化路径的终结。随着"两山理论"提出，安吉确立了"生态立县"发展战略，关停污染企业，大力修复生态环境；深挖地域价值，塑造"中国竹乡""美丽乡村""生态县"三张名片，着力发展旅游、大健康、文化教育等"美丽经济"，促进绿色转型。2010年，安吉获得全国唯一的县级最佳人居环境奖，而后陆续获得联合国人居奖、中国首个生态县、全国首批休闲农业与乡村旅游示范县等（图6）。其路径主要突出三个偏好，一是生态偏好，强调"+生态"的理念；二是人文偏好，突出"竹、茶、印"等文化符号，建设"优雅竹城"；三是乡村偏好，全域美丽乡村与"田园综合体"建设均成为全国示范。

城镇非密集地区作为全球化的边缘地带，是区域走向再平衡的焦点。在"两山"理念下，安吉等一些区位边缘但地域化要素富集地区，基于生态、人文、乡村要素价值挖掘与提升，走出魅力崛起的新路径，从旅游休闲，到绿色产业，再到新经济发展，实现边缘化地带的发展再平衡。

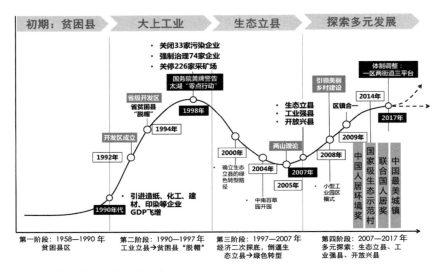

图6　安吉县转型发展历程示意

[资料来源：中国城市规划设计研究院创新基金课题"长三角生态型发展区发展路径、空间治理与建设模式研究"（2019）]

五、结论与讨论

在全球化新阶段，等级化、网络化与地域化是重塑地理空间格局的三种重要力量。其作用结果突出表现为城镇密集地区的都市圈、城市群抱团发展与非城镇密集地区的魅力崛起并行不悖。一方面，从等级化、网络化视角，我国未来将形成多等级的城市群格局，世界级城市群、国家级城市群与区域级城市群发挥不同的对内协作与对外辐射作用，成为国家参与国际竞争的战略性空间载体。另一方面，从地域化视角，非城镇密集地区的发展需通过地域化方式，促进本土化的生态、人文、乡村要素与国际化、现代化相结合，从而实现"生态、人文、新经济"的新发展范式，以此实现边缘地区的魅力崛起。展望未来，将进一步形成以"国家中心城市"为引领、以"城市群"为主体形态、以"魅力景观区"为重要补充的平衡型国土空间格局。

以此为破题点，来讨论关于破解区域发展"不平衡"问题的区域政策制定思路。当前区域政策更多地希望通过对等级化、网络化的引导，实现"以城市群为主体，促进大中小城市与小城镇协调发展"。这对城镇密集地区而言，有助于促进核心城市打破行政边界，随网络延展与功能联系强化实现核心城市的功能扩散与再集聚，从而形成内外关联的多中心网络；城市群内部大中小城市通过错位分工，整体形成一体化产业链，在更大的区域范围实现资源要素配置优化，共筑支撑未来中国区域经济发展的新引擎区域。

而对于非城镇密集地区而言，不应盲目跟随"集聚型"路径，而应发挥差异化要素的比较优势，谋求特色化发展路径。从地域化视角出发，面向国际与区域性需求，发掘根植性的本土要素价值，培育形成极具吸引力的魅力景观区。从策略上，一是加强本土生态人文资源整体保护与价值挖掘，实现本土意义的就地城镇化与乡村现代化；二是培育特色城市，作为旅游服务与新经济集聚的核心载体；三是推动美丽乡村建设，营造具有地域特色的乡土文化和乡村风貌，深化农旅结合，实现"绿水青山就是金山银山"的新发展范式。由此，城市群与非城镇密集地区的生活水平将在分化后逐步趋同，城乡差距与地区差距将进一步缩小，重塑我国经济地理空间的再平衡。

参考文献

[1] Christaller W, Baskin C W. Central places in southern Germany. Translated from Die zentralen Orte in Süddeutschland[J]. Economic Geography, 1996, 43(3): 275−276.

[2] Friedmann J. The World City Hypothesis[J]. Development & Change, 2010, 17(1): 69−83.

[3] Sassen S. The Global City. New York, London, Tokyo[M]. Princeton: Princeton University Press, 1991.

[4] Taylor P J, Catalano G, Walker D R F. Measurement of the World City Network[J]. Urban Studies, 2002, 39(39): 2367-2376.

[5] Castells M. Rise of the Network Society: The Information Age: Economy, Society and Culture[M]. Oxford: Blackwell Publishers, Inc., 1996.

[6] Scott A. Global city-regions: trends, theory, policy[M]. Oxford: Oxford University Press, 2001.

[7] Hall P, Pain K. The polycentric metropolis: learning from mega-city regions in Europe[M]. London: Earthscan UK, 1988.

[8] Robertson R. Globalization: Social Theory and Global Culture[J]. London England Sage Publications 1992, 69(3): 134-136.

[9] 金元浦. 全球本土化、本土全球化与文化间性[J]. 国际文化管理, 2013（1）: 11-16.

[10] 郑德高. 经济地理空间重塑的三种力量[M]. 北京: 中国建筑工业出版社, 2021.

[11] 李晓江, 郑德高. 人口城镇化特征与国家城镇体系构建[J]. 城市规划学刊, 2017（1）: 19-29.

[12] 唐子来, 李涛, 李粲. 中国主要城市关联网络研究[J]. 城市规划, 2017, 41（1）: 28-39.

[13] 张虎. 北海道经济的现状、发展新动向及经验[J]. 商场现代化, 2007（32）: 227-228.

[14] 李帅, 何万篷, 宋杰封. 波兹曼模式: 有风景的地方有新经济[OL][2013-03-28]http://www.sohu.com/a/29158080_117499.

[15] 郑德高, 朱雯娟, 陈阳, 李鹏飞. 区域空间格局再平衡与国家魅力景观区构建[J]. 城市规划, 2017, 41（2）: 45-56.

水乳交融，互促共进
——在规划实践中研究和认识城市群

陈明

> **作者简介**
>
> 陈明，男，1971年6月生，陕西西安人，经济学博士。现任中国城市规划设计研究院副总规划师、区域规划研究所副所长、院士工作室副主任，中国城市规划学会区域规划与城市经济专业委员会会委员、秘书长，研究员，《国际城市规划》杂志副主编。主要从事城镇化、区域规划、流域规划、城市经济等研究工作。参与和主持了国家"十一五""十二五"科技支撑课题，国家"十四五"科技研发专项，以及中国工程院、自然资源部、住房和城乡建设部、国家发展改革委等众多部委课题。出版学术著作3部，发表论文20多篇，获华夏建设科学技术奖一等奖、中国城市规划学会杰出学会工作者奖等。

我自2006年进入中国城市规划设计研究院工作以来，参与了许多院里组织的城镇化和区域的重大研究课题，也有机会在住房和城乡建设部原城乡规划司的指导下开展政策和规划研究，使我这个区域经济学教育背景出身的规划师，从无到有建立了经济地理和空间尺度的概念，对区域规划的研究、编制、管理和实施也有了亲身的体会和感悟。中国波澜壮阔的城镇化进程，国家立足长远谋发展、优布局，都令人印象深刻。能置身其中向前辈学习、向历史学习、向实践学习，是我的机遇和幸运。

一、空间组织是我国城镇化的重大命题

在城镇化进程中实现空间的有序组织和合理安排，是大国必须直面的难题，也是地理学和规划学的重点研究内容。正是因为有了"空间"，城镇化研究不能仅着眼于人口流动规律和推动集聚经济的视角，还应该有城市承载能力、公共服务保障、基本生活条件满足、城乡区域协调这些工程建设和公共政策的视角。因此，扎实的城镇化的研究，应该集揭示规律的学术研究和解决问题的咨询研究于一体。从空间来看，我国城镇化具有以下三个突出的特点：

一是资源紧约束是我国城镇化长期面临的挑战，也决定了我国必须走较高密度的城镇化道路。如《全国城镇体系规划（2006—2020）》研究认为，中国陆域国土面积中，只有8.55%适宜城镇建设和农业生产；胡焕庸先生提出"胡线"概念以来，"胡线"以东地区，始终是我国人口集聚、经济发展和农业生产的重点，其常住人口比重由1930年代"胡线"提出时的96%左右，只微降到2000年第五次全国人口普查时的93.58%、2010年"六普"时的93.47%和2020年"七普"时的93.50%。特别是人口持续流入的城市群和特大城市地区，始终是优质耕地保护和经济发展博弈最激烈的地区。出于国家安全底线的战略思维，在耕地保护是长期国策不能动摇的背景下，国情决定了我们必须走集约紧凑的城镇化道路。

二是在多民族、地缘政治复杂的人口大国推进城镇化。我国是一个人口大国、国土大国和经济大国。从空间尺度上看，只有欧盟和美国可以和我国相比，但我们有14亿人口，欧盟和美国分别只有5.1亿人和3.3亿人；从人口密度看，我国东中部的平原地区，人口密度普遍超过400人/平方公里，几乎是欧盟（120人/平方公里）的4倍，人口密度决定着城镇化不同的空间组织模式和层级分布；我国地缘政治复杂，仅从陆域来看，陆地边境线长达2.28万公里，与14个国家为

邻,是世界上陆域邻国最多的国家。这些邻国宗教和文化多样,有些还与我们存在领土争端。我国边境分布着9个省区136个县市旗,还有新疆生产建设兵团的58个边境团场(刘卫东,2017年)。除了少数城镇之外,普遍远离省会城市、中心城市和主要交通干线,对外联系交流不便,生产生活成本高,而且多处于高山、戈壁、荒漠以及寒冷、干旱、气候变化剧烈的地带,生产生活条件十分艰苦,人口大量流失。因此,保证国家边疆地区的长治久安是城镇化过程中必须关注的问题。当然,也要看到我国巨型空间尺度以及人口大国所拥有的优势,如:回旋余地大、有利于统筹谋划和布局;市场广阔,在信息化、交通便利化的推动下,地理距离的作用已不同往昔,文化和生态的价值发挥着越来越突出的作用。

三是追求大中小城市和小城镇协调发展一直是我国的目标。大城市的经济发展绩效高、资源利用效率高,但"城市病"往往突出,对社会治理能力要求高;中小城市和小城镇的经济的多样化和活力普遍不足,但熟人和半熟人社会的城市治理成本低,城镇化过程稳定、可控,政府治理成本较低。因此,发挥好大中小城市各自优势,才能使国家城镇化有序健康推进。从城市群来看,其正好包括功能和空间联系密切的大中小城市,既可以发挥大中小城市各自优势,又能够发挥出"1+1>2"的协同优势,这样就兼顾了经济发展、社会治理和区域协调的多方共识。因此,国家从2006年的"十一五"以来就开始关注城市群的问题,特别是在党的十九大报告中,明确提出将城市群作为构建大中小城市和小城镇协调发展的城镇格局主体。

二、在重大科研中深化城市群的认识

中规院一直关注对城市(镇)密集地带的研究,虽然早期针对这一地理现象的学术名词并没有统一和规范。从我掌握的不完全资料看,院里最早主持相关的研究是在1986年,由国家科委委托城乡建设环境保护部（住房和城乡建设部的前身）组织"中国城市化道路"课题研究，负责单位为中规院和部城市建设局，参加单位包括了中国市政华北设计院、南京大学、北京大学、中科院生态环境中心、中国环境科学研究院，当时就对城市化主要格局进行了研究。现在回过头再重温这本成果，让我仍不禁对学术前辈的科学严谨、远见卓识心存敬意，我们现在讨论的许多热点话题，如城市病、城市合理承载能力等问题，其实他们早在30年前就关注过了。我也有幸能够持续参加由周干峙、邹德慈、李晓江、王凯等前后几任院长主持和参与的中国工程院有关大城市连绵区、中国新型特色城镇化战略研究等重大咨询课题，亲身经历了将学术研究转化为国家战略决策的全过程。2006年正式发布的《国家中长期科学和技术发展规划纲要（2006—2020年）》中，首次将"城镇化和城市发展"纳入该纲要中，使得该领域的研究正式进入国家研发计划支持范围，中规院在"十一五"和"十二五"期间都成功申请了国家科技支撑项目的资助，王凯院长两次承担了项目的首席专家，与中科院地理所、住房和城乡建设部城乡规划管理中心、同济大学、北京大学、武汉大学、国土资源部信息中心等专家一起，持续开展了近10年的研究工作，我有幸成为团队中的一员，也收获了学术上的成长和进步。从我的理解看，中规院开展的城市群研究有四个比较鲜明的切入点，体现出一个具有丰富规划编制经验的机构从事学术研究的独特性：

（一）从发展规律和国家战略角度，研究城市群

在1987年"中国城市化道路初探"研究中，结合国外城市和区域布局规律及中国国情，提出了"点-群-轴-带"的中国城镇空间布局构想，认为中国已经初步形成5个城镇群（辽中、京津唐、沪宁杭、成都平原、珠江三角洲），并在2000年左右还会形成约25个新的城镇群（董黎明、冯长春，顾文选，1987）。

在中国工程院2006年开展的"中国大城市连绵区的规划和建设问

题研究"中，对我国城镇密集地区的发展和建设更加关注。课题提出长三角、珠三角、京津唐、辽中南、山东半岛和福建海峡西岸是我国6个比较成熟的大城市连绵区，它们的快速发展有着深刻的时代背景、中国特色和内在规律，而且也是中国参与全球分工合作和竞争的主要基地，是中国城镇化进程中人口和经济的主要承载地区。研究指出它们在世界城市体系的地位将会不断提高，建议国家作为重大的战略进行推动；要关注其生态环境、资源消耗和空间协调问题，并通过加快轨道交通建设、采取"集中基础上的分散化"空间战略、增强外围节点城市的能级和作用、加强部门协作等多种措施，来促进其健康发展。课题研究期间，还得到机会陪同周干峙、邹德慈两位老院长去德国和法国考察和交流大城市地区的规划和建设经验，聆听他们丰富的人生阅历和学术回顾，如今两位先生都已离世，但他们温润可亲、关心后辈的亲切形象仍历历在目、宛如昨天，令人感怀。

2008年国际金融危机爆发后，国家和地方政府将启动内需、扩大投资的眼光放到了城镇化领域，城镇化再次成为研究热点。2012年，中规院再次承担中国工程院重大项目"中国特色新型城镇化发展战略"，由时任全国政协副主席徐匡迪总负责，周干峙、邹德慈、李晓江、王凯等中规院历任院长分别担任了课题的组长和副组长。研究对标世界城镇化的规律，对中国特色的城镇化道路进行了梳理和趋势研判。针对中国的城镇化空间布局，研究提出要分区分类推进城镇化，构建"5611"城镇化格局：即5个国家核心城镇群，6个战略支点地区，11个区域城镇化重点地区。这个课题在完成后，还向中央领导进行了汇报，为国家新型城镇化规划和政策制定起到了支撑作用。记得课题在汇报之后，李晓江院长和王凯院长带回了中央领导关心的几个城镇化问题，如户籍城镇化率和实际城镇化率的差值及原因，"胡焕庸线"决定的中国人口布局是否可以破解，以城市群为主体是否可以解决中国的城镇化布局，等等。院领导连夜组织和布置课题组进行研究和回复，并对初稿逐字进行修改和完善，雷厉风行的作风令人印象深刻。

（二）从功能联系和公共政策角度，研究城市群

2006年国家"十一五"科技支撑重点项目"区域规划与城市土地节约利用关键技术研究"中，将城市群空间发展作为课题予以立项支持。在课题中，研究提出城市群不仅是区域空间组织的关系，更是经济社会发展集聚和网络的核心；不应静态地看待城市群的边界，应该将它看作是动态的政策边界；城市群的联系不仅局限在近域地区，还包括与它不相邻的地区，与后者的联系有时候更加广泛和密集（张兵，2011）。如北京和上海、深圳的联系强度，可能远远超过其与周边邻接的天津、保定、承德等地，这些研究对认识城市群的复杂性，有很好的启示。

2017年，国家发展改革委和住房和城乡建设部联合开展关中平原城市群发展规划的编制工作，院里安排我和深圳分院孙昊配合完成范围识别和空间结构研究工作。在与陕西、山西、甘肃发改部门的沟通和对接过程中，使我对城市群的学术边界和政策边界有了更加深刻的认识。我们按照经济联系、交通联系、文化联系、投资联系、自然生态等相关要素，提出了关中平原城市群的初步边界之后，山西提出希望将运城和临汾纳入其中，甘肃提出希望将天水、平凉和庆阳纳入其中，陕西对两省的建议并不感兴趣，更多愿意将河南三门峡等地纳入，因为河南人口更多、经济和市场潜力更大，符合西安东向开放的战略意图。关中平原城市群最终确定的规划范围，与我们研究边界有着不小的变化，体现了学术研究与政策咨询是相互关联、但又不完全一样的工作。

（三）从地域实体和流动空间角度，研究城市群

国家"十二五"科技支撑将"城镇群空间规划与动态监测关键技术研发与集成示范"作为重点项目立项，并下设了六个课题，这是国家科技支撑计划中首次将城镇群作为项目进行支持研究。这次研究，

中规院与中科院地理所密切合作，将城市群这一政策概念，与都市区的学术概念进行很好的衔接，形成了都市区—联合都市区—准都市连绵区—都市连绵区层次递进、空间有效衔接的科学界定标准，提出城市群就是"联合都市区及以上地域组合单元"。有意思的是，我们通过对欧盟8个巨型城市区域（mega-city region，MCR）和"美国2050"11个大城市连绵区（megalopolis）边界确认过程的研究发现，它们也是定量和定性相结合来确定边界的。看来，对确定区域边界这些实践性很强的研究而言，严谨的学术研究需要叠加直觉判断、政策意图和历史传承。

与"十一五"相比，"十二五"时期"大数据"获取并在研究中的应用要普遍得多，也让研究人员能够深入各种"流"的联系，去挖掘城市区域内外部之间微妙而又重要的空间组织特征。课题组以"流空间"作为识别城市群功能多中心的重要表征，将建设用地的分布作为城市群形态多中心的表征，并且还作了形态多中心和功能多中心的拟合性分析。通过珠三角的电信、交通、百度搜索、企业四种"流"数据，研究了珠三角地区城市和区域的功能组织。通过对珠三角建设用地的遥感解译，对其"形态"多中心进行了识别。研究最后确认，珠三角的功能多中心与形态多中心是高度契合的，形态与功能做到了相互支撑、相互促进。

（四）从安全风险和落地实施角度，研究城市群

中国的城市群地区，由于人口、产业和物质建设空间高度密集，面临着较大的安全和风险防控的难题。因此，在2012年的"十二五"城市群的课题研究中，基于县区尺度，对全国地震、洪灾和火灾风险进行了评价和分析，对13个典型城市群的安全风险进行了系统性的评价。当时的结论为我国长株潭和中原两个城市群相对安全，其余城市群至少有一种以上的灾害处于最高的风险等级。但是，2021年郑州7.20特大暴雨洪灾，让我也反思这些基于历史数据进行的分析和评

价,是否能应对全球极端气候增多带来的风险挑战。好的研究方法、技术路线和模型算法,应该既能科学地解释历史,也能相对准确地预测未来,这还有漫长的道路需要去探索。

落地实施一直是城市群等区域规划的难题,也是研究的难点。缺乏区域型政府对规划负责固然是个原因,但更要从国家宪法赋予的城市政府职能、中国行政管理的特殊性来寻找原因,找到对策。我国的设市城市政府与西方国家最大的差别在于,其管辖范围除了城市建成区之外,还包括行政辖区内的农村地区,以及下辖的数个县级行政单元。因此城市政府兼有城市与区域管理事权,也具有城乡统筹的任务,是混合型政府。中国的城市政府的属地化管理有明确的管辖边界,尤其是市域行政区边界是地方政府行使公权力的绝对空间范畴,因此在经济发展、规划管理、建设运营、财政收支等方面的权力和责任比西方城市大得多,城市之间的竞争也要激烈得多。只有深刻认识到我国行政管理的特殊性,才能找到城市群规划实施研究更符合国情实际的切入点。这些对我国城市行政管理知识的认知,都是跟着住房和城乡建设部汪光焘老部长参与他主持的都市圈研究、城市交通学研究所获得的。他在繁忙的行政管理事务之外,一直思考治理体系现代化和城市交通学学科的体系重构,年过八旬仍然笔耕不辍、潜心著学,已经完成10部书稿的主编任务,真是令人敬服,也让我辈汗颜。

三、在规划实践和调研中汲取研究的营养

中规院有着层次丰富、类型多样的规划实践项目。参与和主持这些项目,可以"自下而上"增强对区域的感知,了解基层的实际,掌握处理空间秩序的能力,这些都会对区域研究提供有益的帮助。如果说改革开放以来的中国城镇化"上半场",城乡规划的研究更多是从地理学、经济学汲取营养,那么进入城镇化的"后半场",城乡规划"反哺"区域研究的时机已经逐步成熟了。

（一）两轮全国城镇体系的规划编制

能有幸参与两轮全国城镇体系规划的编制工作，虽出力不多，但受益终身。有意思的是我在这两个全国"最顶层"的区域规划项目中，都承担了村镇这样最基层的调研任务。在2006年版的全国城镇体系规划编制过程中，当时正值国家农业税取消、新农村建设出台，我参加了湖北襄樊市的乡村调研，承担了村镇发展专题研究，撰写了村庄调研报告。湖北作为国家中部典型地区，其农村基础设施缺乏投入、"空心村"遍布的情景，至今仍是中央关注的农村议题。在2016年第二版全国城镇体系规划中，我参加了云南瑞丽、畹町等边境地区的村镇调研，切身感觉到中国的国际影响和辐射力已经无处不在了，因为即使在边寨小学，也有缅甸孩子来我们这边就学、村民来村医务室就医，国家实力已经能够让对方村民"搭便车"了。两版规划启动时间虽相差了10年，但也能让人充分体会到国家县域村镇基层发展的差异性、多样性。

话题回到城市群和区域研究的主题，那就是在区域尺度上，要避免陷入宏大叙事、书斋式研究中无法自拔。城市群都市圈里村镇县域等基层单元，资源禀赋迥异、发展动力差异，居民生产生活呈现的状态也是差距很大的。在共同富裕这个国家大的背景和政策要求下，即使是城市群这个宏观尺度的区域研究，也不能只见物不见人，要更多关注"人"的发展和进步，这是参加两轮全国城镇体系规划给我的最大启迪。

（二）都市圈规划的编制

都市圈是近期国家区域发展关注的重点，国家"十四五"规划提出要"建设现代化都市圈"，国家发展改革委指导的南京、合肥、福州都市圈规划相继出台，我也参与了西安都市圈的规划编制和研究工作。

规划编制任务虽已完成，但我也在反思这轮规划的编制内容及其导向。一是跨市通勤的协调是否是"真问题"。根据我院《中国主要城市通勤监测报告（2021）》数据，我国42个主要城市中，超过1小时的极限通勤人口只占12%，而且基本上不会超出市域行政辖区范围（中国的设区城市都是区域型城市，除北上广深极少数城市之外，通勤基本上不会超出行政辖区范围）。即使像西安这样拥有近1300万人口的城市，跨市通勤的人口也不足10万人，而且许多还是因为西咸新区特殊的行政管理导致的、"被"统计进入的跨市通勤群体。二是"建设现代化都市圈"如何体现。目前都市圈的规划编制内容和深度，与之前的城市群发展规划没有本质区别，只是空间尺度变小而已，如何"建设"都市圈并没有在规划编制内容和深度上得到回应和落实。三是依托轨道交通，将优质的教育、医疗、科教文化等公共服务资源向都市圈的中小城市优先布局的规划理念和目标，在缺乏对中心城市、行政主管部门和服务供给单位有效激励的情境下，多少显得有些"一厢情愿"。四是随着经济转型、设施升级、人口流动、功能转换的加剧，都市圈的远郊区县和外围城市，各种类型的开发区、新城新区、国家客货运铁路和企业专用线、集中连片开发的功能片区、大型国有企事业单位旧址、乡镇和村庄的卫生院学校等，都存在着低效使用和闲置状况。应通过资产重组、规划衔接、功能更新、利益分享等多种方式，带动存量资产的高效利用，促进区域统筹协调，但这轮的都市圈规划缺乏对这些热点和现实问题的响应。

（三）轨道交通与区域功能的重构

高铁网络和轨道交通是促进区域一体化最重要工具，对区域功能的重塑具有重要作用。中国依靠体制和融资优势，解决了制约国外城市化地区协调发展的最大难题，但如何完善和更好发挥这个网络的作用，需要重点关注两个问题：一是实现高端功能中心之间的"直连直通"。以京津冀为例，其发展方式是有别于其他城市群的，应着重体现在创新驱动、高端引领上,尤其是发挥北京对区域的辐射和带动作用。中关村、CBD、空港枢纽等具有区域服务功能的"节点",正日益成为城际出行的主要目的地和重心,迫切需要做到与区域轨道和枢纽的直接衔接,也迫切需要形成国际空港地区和区域中心之间便捷性的沟通联系。二是站城将成为激发城市复兴重要板块,应重点培育满足新城际人群新需求的区域新功能。调研显示,城际人群出行中,商务和技术人员、跨市通勤、双城居住的周/半周通勤等客流日益增加,长三角城市群内识别用户2.2亿人,其中跨市通勤人数346.8万人,工作日日均跨市商务362.7万人次/日。上海大都市圈与杭州都市圈全部出行的平均距离约为37.8千米,通勤人群出行平均距离为25.6千米。他们的需求呈现出高频次、中短距、高时间敏感性、高品质服务等新的特征,"出门即进站、到站即到目的地"。满足新城际人群的新需求,应在站城地区着力培育面向区域的功能,如商务、咨询、会议会展、高端酒店、办公、高品质商业服务及公共服务等。而且这些功能应主要满足区域需求而不是城市自身需求。

四、几点体会

与经济、地理、环境、生态、管理等学科研究城市群不同,从规划角度研究城市群,具有独特而鲜明的特点。这种特点,既与城市群这个空间研究对象相关,也与规划是个实践性很强的学科相关,还与中规院广泛参与政策咨询和规划编制密不可分。因此,要针对其空间维度、时间维度、学科维度和实践维度的特点,统筹兼顾、深入浅出开展研究:

(1) 空间维度:与经济、社会和产业等快速变化相比,空间的变化相对较慢,是个"慢变量"。但中国行政体制的动员能力强大,空间这个"慢变量"又具有部分"中国速度"的典型特征。因此,在中国研究空间，要将其作为"中等速度"的变量来对待。当然，随着城镇化进入后半场，国家城市建设和空间拓展趋缓，我们的空间也在向"慢变量"合理回归。

（2）时间维度：规划的研究不是理论和基础性研究，不大可能超前于实践和应用几十年；但研究如果太迁就和逼近现实的话，又容易失去预判性和前瞻性。因此，作为规划的研究，需要与现实之间保持合理的"距离感"，否则与规划编制就没有区别了。

（3）学科维度：规划学科的研究与实务工作开展是交替演进的，其知识生产方式与其他的经典学科有较大区别，主要体现为内聚不足、体系拼贴、知识引入多、对外输出少（孙施文，2021）。因此，在研究中要把握好综合性和系统性的关系。系统性的深入研究，更多需要依靠其他学科的贡献；综合性地处理空间秩序是规划学科的特长，只有充分发挥好这个工具在研究中的作用，才能体现出规划学科的独特价值，并实现与其他学科研究成果的集成创新。

（4）实践维度：中规院的特点，是带着研究的目的作项目，这是为了解决真问题；也是带着来自于实践过滤后的真问题作研究，这可以保持学术的敏感性。因此，规划的学术研究和项目编制，应该是你中有我，我中有你，知行合一，不离不弃。

参考文献

[1] 叶维均，张秉枕，林家宁. 中国城市化道路初探——兼论我国城市基础设施的建设[M]. 北京：中国展望出版社，1988.

[2] 张兵，等. 中国城市群空间发展的理论与规划实践[M]. 北京：商务印书馆，2021.

[3] 徐匡迪. 中国特色新型城镇化发展战略研究（综合卷）[M]. 北京：中国建筑工业出版社，2013.

[4] 住房和城乡建设部城乡规划规划司，中国城市规划设计研究院编. 全国城镇体系规划（2006—2020年）[M]. 北京：商务印书馆，2010.

[5] 王凯，陈明，等. 中国城市群的类型和布局[M]. 北京：中国建筑工业出版社，2019.

[6] 李晓江，蔡润林，何兆阳，等. 区域一体化与客流特征视角下的"站城融合"研究[M]//程泰宁. 中国"站城融合发展"论坛论文集. 北京：中国建筑工业出版社，2021：21-58.

[7] 汪光焘，等. 新发展阶段的城镇化新格局研究——现代都市圈概念与识别界定标准（内部讨论稿）. 2021.

基于江苏实践的跨界协调规划经验回顾与展望

陈小卉

> **作者简介**
>
> 陈小卉，女，1971年10月生，江苏省自然资源厅总规划师，中国城市规划学会区域规划与城市经济专业委员会副主任委员，研究员级高级城市规划师。毕业于南京大学，2008—2009年美国麻省理工学院访问学者。2013年首届中国城市规划青年科技奖获得者，2012年江苏省突出贡献中青年专家、第五批次江苏"333"第二层次科技领军人才。江苏省第五批研究生导师类产业教授。获国际城市与区域规划师学会（ISOCARP）2017年、2018年规划卓越奖2项，全国优秀城乡规划设计奖10余项等。《城市规划》等杂志特约审稿专家。合著《城乡统筹下的乡村重构》《都市圈规划》《基于老龄化社会的城乡规划变革与创新》《跨界协调：理论·规划·机制》等书籍，作为执行主编组织《城镇化》《江苏省城市发展报告》等出版物的出版。

　　经历了改革开放40余年的发展，中国经济社会发展突飞猛进，城市区域空间逐步形成了以城市群为主体构建大中小城市和小城镇协调发展的格局，城市群成为新时代主要的城镇化空间载体。在当前国家推进国家治理体系和治理能力现代化的背景下，持续深入开展跨界协调规划的探索研究，具有十分重要的现实意义。长江三角洲地区作为中国城市群发展最为成熟的地区之一，在跨界治理方面作了大量的实践探索。而江苏作为长江三角洲地区的重要组成部分，城镇化水平高、人口密度高、开发强度高的现实情况，倒逼了地区跨界治理，也因此积累了丰富的规划研究和实践经验。本文以江苏为例，通过回顾江苏省在跨界协调规划方面的实践探索，总结经验，以期为我国相关地区跨界治理以及未来的相关研究探索提供借鉴。

一、江苏跨界协调规划的探索历程

（一）第一阶段：第一轮省域及次区域城镇体系规划探索

进入21世纪以来，全球化浪潮席卷全世界，中国也于2001年12月11日正式成为世界贸易组织（WTO）成员，新一轮对外开放呈现出新的格局，一个新的国家空间形式出现了，即尺度上移趋向城市区域。在相关学术研究上，区域治理和尺度重组等理论逐步引入中国。与此同时，区域治理实践迅速在中国铺开，以城镇体系规划为例，1999年之后国务院批准了江苏、浙江、安徽、山东、福建等一大批省域城镇体系规划，2003年底全国27个省区中有25个编制完成省域城镇体系规划，近半数的省域城镇体系规划得到批复[1]。

江苏针对城镇化发展阶段和省情特点，早在20世纪90年代就确立了以大城市和城市开发区为重点的发展战略，随着城市空间的快速扩张，区域治理的需求也开始逐渐显现。1998年，江苏启动了第一轮省域城镇体系规划的编制工作，2002年经国务院同意批复了《江苏省城镇体系规划（2001—2020年）》，规划明确提出了"大力推进特大城市和大城市建设，积极合理发展中小城市"的城市化方针，被确定为江苏"十五"期间经济社会发展五大战略之一，首次提出了都市圈的城镇空间组织形式，确立的省域城镇空间"圈轴结构"影响深远，同期推进的撤县设区为中心城市扩容，推进了特大城市和大城市的发展。随后在省域城镇体系规划的指导下，江苏在全国率先打破行政区划局限，陆续编制了《南京都市圈规划（2002—2020年）》《徐州都市圈规划（2002—2020年）》《苏锡常都市圈规划（2002—2020年）》等规划并经省政府批复实施，进一步深化了跨市乃至跨省的空间协同。

（二）第二阶段：第二轮省域及次区域城镇体系规划探索

在全球经济深度调整、国内发展进入新常态的背景下，为解决区域、地区、城乡之间发展不充分不平衡的问题，党的十八大明确把推进城镇化作为经济结构战略性调整的重点之一，提出以城市群为主体推进新型城镇化战略，2013年习近平总书记在北戴河主持会议研究河北发展问题时提出推动京津冀协同发展，进一步关注城市群地区的区域治理的优化。在对外开放方面，国家大力实施"一带一路"倡议及长江经济带等区域开放战略，积极谋划中国经济新棋局、构建改革发展创新开放新引擎。2011年，江苏根据科学发展新要求和发展阶段新变化以及江苏现代化建设的进程，将城市化战略拓展为城乡发展一体化战略，更加突出统筹城乡发展和构建城乡经济社会发展一体化新格局。2013年江苏出台了《关于扎实推进城镇化促进城乡发展一体化的意见》，进一步明确了以城乡发展一体化为引领全面提升城乡建设水平的内涵，全面推进城乡规划、产业布局、基础设施、公共服务、就业社保、社会管理等"六个一体化"。

为引领全省区域和城乡发展一体化，江苏启动了新一轮省域城镇体系规划编制工作，《江苏省城镇体系规划（2015—2030年）》于2015年经国务院同意批准实施[2]，进一步深化了"三圈五轴"的省域空间格局，确立了"紧凑城镇、开敞区域"的省域空间发展战略，提出了建设"一带两轴、三圈一极"的"紧凑型"城镇空间结构，进一步明确了三大都市圈战略，关注了太湖以及洪泽湖里下河地区的开敞空间治理。为深化实施新一轮省域城镇体系规划，江苏组织开展了一系列重点区域城镇体系规划编制和研究工作。针对绿色开敞空间保护与绿色发展，编制了《苏南丘陵地区城镇体系规划（2014—2030年）》《苏北苏中水乡地区城镇体系规划（2015—2030年）》等；针对城镇密集地区发展，编制了《沿江地区城镇体系规划深化研究》《沿海地区城镇体系规划（2016—2030年）》；针对都市圈地区协同发展,南京联合七市共同编制了《南京都市圈城乡空间协同规划》,并由八市政府联合批复,有力推动了宁镇扬一体化和跨省域更大范围的规划协同;针对淮海经济区发展,编制了新一轮《徐州都市圈规划(2016—2030年)》,积极推动徐州建设淮海经济区中心城市上升为国家战略。

(三)第三阶段:国土空间规划改革以来跨界协调规划的探索

自区域治理和尺度重组等理论引入中国以来,中国的区域治理实践主要经历了从行政区划调整等为主导的刚性治理阶段,到以区域合作组织等手段为主导的柔性治理阶段[3]。从区域发展的态势来分析,无论是行政区划调整还是区域合作组织建立,跨界协调发展始终是区域治理关注的重点,并正日益成为影响区域治理成效的主要因素[4]。在行政区经济影响下,要从根本上打破地方排他性的非理性发展模式,需要在制度层面搭建一个横向平等对话平台,建立一个空间协调的规划平台和建构一种利益协调机制,以此推动跨界地区的空间协调发展[4]。党的十九大报告中明确指出,"实施区域协调发展战略""建立更加有效的区域协调发展新机制",对新时代我国区域发展提出了新部署和新要求。2018年11月5日,习近平总书记在首届中国国际进口博览会上宣布,支持长江三角洲区域一体化发展并上升为国家战略,这是引领新时代经济高质量发展的重要部署。随后于2019年11月,长三角生态绿色一体化发展示范区正式揭牌,标志着长三角一体化发展国家战略全面进入施工期,长三角地区率先探索跨行政区域共建共享、生态文明与经济社会发展相得益彰的新路径,为新时代我国区域经济发展理论创新提供了最佳试验田。

这一时期,江苏跨界协调规划从以战略协调为主导,逐步向中微观层面下沉,更加关注各方之间的跨界需求,编制了包括都市圈层面的跨界地区协调规划。如为加强与《上海市城市总体规划(2017—

2035年)》的衔接,推动江苏与上海之间的跨界协调,江苏探索编制了《江苏临沪地区跨界协调规划研究》,并为后续江苏临沪地区规划建设发挥了引导作用。为优先推进南京都市圈省内地区一体化,进一步促进宁镇扬地区一体化发展,江苏省和南京市联合推动编制了《宁镇扬一体化空间协调规划》等规划。国务院批复的《江苏省国土空间规划(2021—2035年)》,结合江苏大疏大密的自然地理格局和城镇化发展态势,提出了形成"生态优先、带圈集聚、腹地开敞"的"两心三圈四带"的国土空间总体格局(两心是指太湖丘陵生态绿心和江淮湖群生态绿心,三圈是指南京都市圈、苏锡常都市圈和淮海经济区中心城市,四带是指扬子江绿色发展带、沿海陆海统筹带、沿大运河文化魅力带、陆桥东部联动带),策应了高度城镇化地区的太湖流域、淮河流域等的共同保护需求,顺应了都市圈发展趋势以及沿江、沿海等发展的现实需求。在长三角一体化背景下,跨界协调规划走向跨省协调,以及省市县多行政层级协调,得到了更加广泛的共识和深入的实施,江苏以及省内苏州、无锡、常州、南通等城市共同参与编制了《长三角生态绿色一体化示范区国土空间总体规划(2020—2035年)》和《上海大都市圈空间协同规划》,共同探索由不同层级政府联合编制的跨区域、共识性、协商性的国土空间规划。

二、江苏跨界协调规划实践的特点

回顾江苏跨界协调规划实践的探索历程,从演变视角进行总结,主要可以提炼出以下四个方面的特点。

(一)从战略性的区域规划向实施性的跨界协调规划转变

从跨界协调规划关注的层次变化来看,受制于经济社会发展的不同阶段,不同时期的跨界协调规划的关注层次有所不同。在城市区域发展的早期,对于城市区域关注的问题更加宏观,关注的空间对象也是以国家战略地区为主,对于跨界治理的手段较多表现为以宏观尺度、区域层面的战略协调规划为主，如区域规划、城市群规划、都市圈规划、城镇体系规划、国土规划等，这些层面的规划一方面是上级政府为区域发展进行的谋划，强化底线性内容和前瞻性引导方面的共识，另一方面也是各协调主体之间强化在功能格局、生态保护、产业协同、区域廊道等方面的统筹。江苏作为人口高密度地区，区域发展不平衡现象客观存在，较早地关注了从战略层面谋划区域的发展格局，编制了第一轮和第二轮的省域城镇体系规划及次区域的城镇体系规划等，均希望从全省战略层面构筑区域发展的空间格局。

随着经济社会的发展，战略性的区域规划开始逐步向实施性的跨界协调规划转变，一是区域层面的规划开始关注战略与空间的协同，二是也开始更加注重考虑各个行政主体之间的矛盾协调和共同发展诉求，三是更加注重邻界地区的空间协调和项目对接等，跨界协调规划更加务实和具有可操作性。正如前文探索历程的第三阶段所述，江苏在这一时期编制或参与编制了《江苏临沪地区跨界协调规划研究》《长三角生态绿色一体化示范区国土空间总体规划（2020—2035年）》《上海大都市圈空间协同规划》等，体现了跨界协调规划更强调是基于实现区域协调思路下的行动平台的特点，需要跨界各方主体就需要协调的问题和分歧进行沟通协商并达成共识，同时还在不同层面上形成行动任务或清单来具体进行落实，其承载的功能已经远远超出了传统意义上蓝图式规划的范畴。

（二）从重点关注城市群地区到逐步关注流域性地区

从跨界协调规划关注的规划对象变化来看，经历了从城镇密集地区和城市群地区为主，逐步向流域性地区转变。从国家层面来看，早期国家的区域协调规划更多关注长三角城市群、珠三角城市群等相对成熟的地区，以及成渝经济区、武汉都市圈、中原城市群等发育型城市群地区，但近年来，国家对于区域战略的关注也逐步转向长江经济带、黄河流域等流域性地区。从江苏的经验来看，作为高度城镇化地区，早期以省域城镇体系规划为指引，编制了若干城镇密集地区的次区域规划，如苏锡常都市圈、徐州都市圈、南京都市圈等地区，更加关注的是城镇空间的协同发展问题，重点关注的内容大体包括了交通、生态、文化、科技、机制等方面。

在生态文明建设的大背景下，为更好地促进城镇、农业、生态等空间的融合发展，江苏在"1+3"功能区战略的指引下，重点开始关注流域地区的治理，包括了贯彻落实国家长江经济带要求推动的长江沿线空间治理，以及环太湖流域地区的空间协同、淮河流域江淮生态绿心地区的治理等。如在对太湖流域和淮河流域地区的空间治理中，江苏组织编制了《苏南丘陵地区城镇体系规划（2014—2030年）》和《苏北苏中水乡地区城镇体系规划（2015—2030年）》，对以流域性空间治理为主导的跨界协调规划进行了积极的探索。与城镇密集地区的跨界协调规划比较来看，流域性地区的跨界协调规划更加关注如何明确流域绿色发展的刚性约束、注重区域特色资源的联动保护开发、重塑生态农业城镇空间格局、探索绿色发展考核激励机制等方面的内容。

（三）从重点关注区域基础设施建设向关注区域各类要素协调转变

从跨界协调规划关注的协调要素变化来看，经历了从以区域基础设施等硬件设施的建设为主，向区域范围内各类要素的协调转变。早期的跨界协调规划注重推动产业体系的分工合作、区域交通设施的互联互通、各类市政基础设施和公共服务设施的共建共享等。以江苏第一轮编制的都市圈规划为例，如在《南京都市圈规划（2002—2020年）》中，较大篇幅对都市圈的空间布局、产业发展、社会事业、基础设施建设、生态建设与环境保护、区域空间管制等方面提出了具体的发展要求，更加强调的是通过各类设施的建设推动都市圈地区的协调发展。苏锡常地区自2002年在编制完都市圈规划后，相继编制实施了《苏锡常地区区域供水规划》《苏锡常都市圈轨道交通规划》《苏锡常都市圈绿化系统规划》，在具体设施建设上，上海—昆山轨道交通11号线花桥段工程，实现了国内首个跨省（直辖市）城市轨道交通项目，均对各类基础设施建设协调给予了较多的关注。

随着区域治理的不断深入，江苏跨界协调规划开始逐渐关注区域文化协同、生态共保、特色资源共同开发利用等更加多元的要素协同。在《江苏临沪地区跨界协调规划研究》中，重点关注了文化协同发展，提出了以申报世界遗产为契机，共同塑造江南水乡古镇文化品牌，凸显苏锡常地区在江南文化中的核心地位，推动区域历史文化资源的一体保护和合理利用，提升区域发展品质和形象。在《宁镇扬一体化空间协调规划》中，重点强调构建"两心六廊"的区域生态空间体系格局，共塑宁镇生态绿环和宁扬生态绿心，实现绿环和绿心地区"一张图管理"，明确土地用途、红线管控区域、产业引导政策等，重点推动宁镇跨界地区山体生态环境整治和生态恢复工作。其次，还提出了塑造一体化的特色魅力空间，通过精致培育形成山川、森林、湖泊、浜荡、洲岛、海滨、农业等多样化的大地景观，体现出区域的山、水、林、田、湖的美和魅力。

（四）从重点强调空间协调向强调多元的跨界治理机制构建转变

长期以来，跨界协调规划持续关注如何解决区域空间的矛盾与问题，空间的协同对区域一体化发展起到了重要的基础支撑作用。如区域宏观层面的区域城镇规模等级结构体系、区域生态安全空间格局、区域基础设施重要发展廊道、机场港口设施协同布局等，以及边界地区的空间对接问题，如断头路的对接、河道水系的治理、邻避设施的布局、防洪排涝设施的协同等。

在国家治理体系和治理能力现代化等背景下，跨界协调规划的关注点也逐步向如何构建更加多元的跨界治理机制体制转变，多管齐下。近年来，长三角地区在推进落实区域一体化国家战略的过程中，首要任务是构建了区域治理的组织架构，成立了推动长三角一体化发展领导小组、长三角区域合作办公室、长三角一体化示范区执委会等组织，为基层的跨界协调提供了具有一定管理权限的对话平台，成为跨省界区域治理的制度创新。除此之外，在跨界政策协同方面，长三角生态绿色一体化发展示范区率先探索，在《关于支持长三角生态绿色一体化发展示范区高质量发展的若干政策措施》中围绕改革赋权、财政金融支持、用地保障、新基建建设、公共服务共建共享、要素流动、管理和服务创新、组织保障8个方面，提出了22条具体政策措施。同时着力探索立法等方面的协同，近年来，长三角三省一市持续召开协同会议，在生态环境保护、道路交通、产业发展、基本公共服务、营商环境等领域立法中积极推进区域协同，如提出推进数据协同立法，通过立法推动长三角地区三省一市在数据领域的合作，共同加强数据技术中心建设、公共数据之间的共享和治理，推进区域"一网通办"和社会数据合作开发等。

三、新时代跨界协调规划研究及实践展望

在当前全球化进程受阻、中美贸易争端频发、各种不稳定和不确定因素增多的背景下，国家提出加快构建以国内大循环为主体、国内国际双循环相互促进的新发展格局，推进国家治理体系和治理能力现代化，以城市群为主体推进区域协调发展，积极部署京津冀协同发展、长三角区域一体化和粤港澳大湾区等区域战略，对提升跨界治理的能力提出了现实的要求。为适应生态文明建设的体制要求和国家治理体系和治理能力现代化的要求，国家大力推进国土空间规划体系改革，这也将对新时代跨界协调规划提出更多的要求。

在此背景下，跨界协调规划以下四个方面的研究内容值得我们重点关注：一是跨界协调规划作为一种规划的形式，类型是多元的，可

以是聚焦交通和水系等共建共享共保类型的专项协调规划，也可以是上海大都市圈类型的共识性规划，同时也可以是示范区总体规划类型的空间统筹性规划；二是跨界治理任务变得更加多元，如何寻求地区整体最优将会是重要挑战，既要考虑发展也要考虑资源环境的保护，既要考虑不同利益主体也要考虑平衡各方，需要我们研究更加符合新时代跨界治理要求的内容体系；三是如何针对处于不同发展阶段、本底条件不同的地区的自身特征，探索出具有可行性、可操作性的跨界协调规划编制方式，发挥其作为跨界治理重要工具的手段，值得我们研究；四是跨界协调规划的实施，应与国土空间规划体系进行充分衔接，并建立不同层级政府以及不同部门间的规划协商机制。高密度地区一体化发展是一种趋势，相应的跨界协调规划是治理的重要手段，与之相伴的规划特点是超越行政区划的规划协商性和共识性。

（本文共同作者胡剑双，高级城乡规划师，江苏省规划设计集团江苏省城镇与乡村规划设计院有限公司，规划一所副所长）

参考文献

[1] 李浩．中国规划机构70年演变——兼论国家空间规划体系[M]．北京：中国建筑工业出版社，2019.

[2] 陈小卉，等．跨界协调：理论·规划·机制[M]．北京：中国建筑工业出版社，2022.

[3] 陈小卉，胡剑双．新中国成立以来江苏城镇化和城乡规划的回顾与展望[J]．规划师，2019，35（19）：25-31.

[4] 胡剑双，孙经纬．国家-区域尺度重组视角下的长三角区域治理新框架探析[J]．城市规划学刊，2020（5）：55-61.

[5] 陈小卉，钟睿．跨界协调规划：区域治理的新探索——基于江苏的实证[J]．城市规划，2017，41（9）：24-29+57.

跨区域增长联盟视角下的广东产业转移园合作开发机制研究
——以韶关为例

袁媛

> **作者简介**
>
> 袁媛，女，1976年7月出生，浙江绍兴人。博士。现为中山大学地理科学与规划学院教授，博士生导师，中山大学城市化研究院副院长，广东省城市化与地理环境空间模拟重点实验室副主任。2002年起在中山大学任教，2009年在英国卡迪夫大学城市与区域规划学院从事博士后研究。在国际国内期刊、书籍发表论（译）文120篇，编著、翻译书籍8本。主持国家自然科学基金6项，主持省部级科研课题7项，主持和参与城乡规划项目30余项。获第二届中国城乡规划青年科技奖、广东省高层次人才、广东省科技进步二等奖（排名第一）、中国地理学会首届"最美地理科技工作者"，获全国、省、市优秀城乡规划设计奖11项，获全国和学会优秀论文奖5项。中国城市规划学会理事、中国城市规划学会青年工作委员会副主任和学术工作委员会委员、教育部和广东省教育指导委员会委员，兼任《国际城市规划》《上海城市规划》杂志编委。

一、引言

党的十九大报告提出，要"实施区域协调发展战略""建立更加有效的区域协调发展新机制"，将区域协调发展上升为国家的重大战略。作为经济发达省份的广东省自20世纪80年代以来，在经济获得快速发展的同时，区域发展差异问题不断加剧。进入21世纪后，为促进省内区域经济的协调发展，广东省陆续出台省内产业转移指导政策，

2005广东省人民政府下发《关于我省山区及东西两翼与珠江三角洲联手推进产业转移的意见（试行）》（粤府〔2005〕22号），将设立"产业转移工业园"（以下简称"产业转移园"）作为广东省产业省内转移的重要抓手；2008年《中共广东省委　广东省人民政府关于推进产业转移和劳动力转移的决定》（粤发〔2008〕4号）（以下简称"双转移"）及相应配套政策出台，明确了产业省内定向转移的战略目标与路径，该省产业转移园建设步入快速推进阶段；2013年《中共广东省委　广东省人民政府关于进一步促进粤东西北地区振兴发展的决定》（粤发〔2013〕9号）要求珠三角城市加大对粤东西北地区的对口帮扶，特别是在资金、人员与产业转移方面的力度，产业转移园的建设是帮扶的重点。广东省产业转移相关政策的不断推出，使得产业转移推动的力度得到不断增强，产业转移园建设取得了一定的成效，但产业定向转移不理想[1]、产业转移园合作开发低效两方面的问题仍较为突出[2]。

目前学界和业界对产业转移园的相关研究主要集中于产业转移和合作共建上，在产业转移方面，产业转出地主要受劳动力成本、土地资源等因素[3, 4]及发展新兴产业、推进产业结构的优化升级、政府的发展战略与财政支出等推力影响[5, 6]，但也存在政府干预、政策支持、社会网络等阻力[7-9]；转入区投资环境的改善、产业的植入是主要拉力[10]。在转移园合作共建上，需要在合作中利用好合作双方的优势，特别是发达地区在资金、管理、招商引资方面的优势[11-13]，以解决欠发达地区相应的三大瓶颈[14]。但是，如何保证合作各方的利益分配是核心问题，构建合理的合作开发机制与政策保障是关键[15-18]。

本研究以广东省韶关市产业转移三个不同阶段的典型产业转移园区为例，采用文本分析、一对一访谈等研究方法，研究当前广东省产业转移园合作开发机制存在的主要问题以及如何构建更为高效的机制框架。研究构建了基于跨区域增长联盟理论的产业转移园合作开发机制理论框架，拓展了区域增长理论的应用领域，为区域合作开发机制的研究提供了新的视角，也为其他类似区域的产业转移政策和政府合作提供决策参考。

二、跨区域增长联盟下的合作开发研究框架

（一）从城市增长联盟到产业转移园跨区域增长联盟

哈维·L·莫洛奇在《城市作为增长的机器：走向空间的政治经济学》一文中提出增长联盟的概念，认为"任何地区政治经济本质都是'增长'"，追求地区增长，会使得地方精英们自发取得政治共识，与地区政府领导结成致力于地区增长联盟；这个联盟致力于通过争取地方政府或者上一级政府的资源与私人投资，提升地区的竞争与增长能力；而在增长联盟的运转中，土地是核心要素，土地承载了增长联盟所追求的地区增长利益[19]。威廉·多姆霍夫认为"地方权力结构的核心是以土地为基础的利润积累，该利润来自不断强化土地利用"，为潜在的投资提供最为适宜的投资条件，吸引企业投资是地方增长联盟最重要的行动内容[20]。

我国实施分税制后，地方政府获得了公共行政主体与经济利益主体两重特性，追求经济利益与政治利益最大化是地方政府关注的核心内容[21]。随着土地与房地产进入市场成为可以交易的产品，土地成为地方政府可以经营的垄断性资源，开展围绕该资源的城市经营以获取最大利益[22]，即地方政府是城市增长联盟的主导成员。增长联盟的单位往往与政府实体是一致的，因此，城市成为增长联盟最重要的研究对象，事实上在城市间的合作中，增长联盟在推动区域经济发展方面也发挥了重要作用[23]，鉴于涉及两个及以上平级政府行政范围，这里称之为跨区域增长联盟。政府间结成的跨区域增长联盟开发不同于单个城市，往往由于其中一方并未拥有合作开发土地的所有权，利益分配与获取资源的一致行动需要构建相应的协调机制，才能充分调动各

方政府的积极性，发挥各自的优势，推动增长[24]。共同利益与分配是增长联盟成员间关系构建与维系的根本所在，一旦其根本动摇，则联盟无法保障一致行动，关系也随之瓦解[25]。在城市合作层面，跨区域增长联盟更多关注的是通过联合提升竞争力，以争取更多的资源，而城市内部的则更多聚焦于如何通过强化土地利用，提升土地价值。

（二）跨区域增长联盟与转移合作开发合作

增长联盟的研究中，联盟构建的过程和联盟成员互动形成的一致行动是合作的两个重要方面[26, 27]。在我国跨区域增长联盟合作关系构建中，有两地城市发挥自身优势自发结合的，但更多是基于上级政府的推动。从实施效果来看，上级政府的推动更能维系联盟关系，而自发构建的联盟往往容易受外界形势与政策变化而解散。政策是联盟构建与维系的重要保障，在一致行动方面，跨区域增长联盟通过合作增强竞争力以争取上级政府的投资或者私人投资为目的。在具体的合作形式上，各政府采取相应的手段发挥自身优势，手段主要为规划与地方政策，具体包括土地规划、增长计划、财政与税收政策及环境规制等[25]。

在产业转移过程中，转出的产业企业，对承接地城市（欠发达地区）而言，是争取获得的投资资源；对转出地城市而言，这些产业企业一方面占用了城市有限的空间资源，是城市进行产业升级的阻碍，另一方面基于对税源流失与财政收入流失的担忧，其往往也是政府不愿轻易失去的资源。通过上级政府推动的对口城市产业转移政策，两地城市签订合作协议，形成产业转移合作关系，协同推进产业定向转移，共享产业转移利益，承接地城市因此在争取产业转移企业的竞争中更具优势，更容易获得产业企业的投资；转出地城市则由于可分享产业转移后的利益，从而在一定程度上消除了收益流失的担忧，更积极地推动产业转移与产业升级。两地城市合作竞争获得的投资资源最终需要内化为城市内部的土地价值，在已有的合作中，两地城市以在承接地城市合作开发产业园区为实现形式，通过基于园区土地的开发合作，创造共同利益。

（三）基于跨区域增长联盟的转移合作开发总体框架

产业转移两地城市在上级政府的推动下，构建跨区域增长联盟，通过签订合作协议，发挥各自优势，开展面向增长的一致行动，主要包括产业承接地城市依据城市规划提供低廉的土地作为合作园区的载体，并制定相应的产业优惠政策，产业转出地城市则通过制定相应的政策推动产业向合作园区定向转移，利用其资金与开发管理经验优势，提升合作开发园区的投资环境，进一步增强合作开发园区竞争力，获得更多的产业投资资源，达到园区发展、土地价值增加的目的。这个过程涉及两地具体的合作组织构架、职责分工，需要制定相应的合作开发机制作为保障。园区增长带来的利益，主要包括土地出让金、税收、GDP指标等，这些利益的共享、分配需要制定合理的利益分配机制，实现两地共同增长利益的公平获取。构建联盟关系、开展一致行动、分享增长利益是跨区域增长联盟的转移合作开发的主体框架，而合作开发机制（包括开发与利益分配机制）是保障其高效运转的关键（图1）。

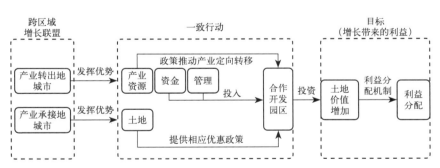

图1　基于跨区域增长联盟的转移、合作、开发总体框架示意图

三、基于产业转移园平台的跨区域增长合作机制

（一）产业转移园的内涵与运转逻辑

产业转移园是在上级政府产业转移政策的要求指导下，欠发达地区的地方政府与发达地区地方政府合作开发的工业园区。其运作逻辑是在承接地低廉的土地上利用劳动力、原材料等成本优势，与转出地资金、管理与招商（产业定向转移）方面的优势相结合，使园区在开发建设与产业引进方面更具优势与竞争力，两地政府通过园区合作获得更多的增长利益。

（二）产业转移园的跨区域增长联盟性质

产业转移园是两地政府以产业转移园的土地为基础，开展以推动园区增长为目的的一致行动，并在增长中获得经济与政治利益，其形式上构成了跨区域的增长联盟，其性质是政府与政府之间为主导的增长联盟。

（三）产业转移园的跨区域增长合作机制框架

中国产业园区开发机制的具体表现形式是其内部各职能部门执行其职责的情况，涉及主体关系与过程两个方面[28]。在产业转移园，主体关系是指两地政府的合作关系，包括两者组建的管理构架、驱动两地构建联盟的共同利益；过程方面则包括规划、建设、运营、评估[1]。产业转移园合作开发主要包括产业转移、园区合作开发，本文将合作开发机制的过程归结为规划组织与实施管理、土地开发、资金投入、招商引资。

增长联盟与合作开发机制对应表　　　表1

主体关系/增长联盟关系		机制过程/一致行动		
组织构架/主导方	利益分配	规划组织与实施管理	土地开发（含资金投入）	招商引资

从增长联盟理论的角度来看，基于土地价值增长的利益分配对主体关系与机制过程中的两地分工行动具有正向反馈作用，即一方面土地价值增长伴随的利益增长可以持续强化两地的合作共识，具体表现为对主体关系方面的优化，特别是管理构架的优化；另一方面则是具体开发中的两地分工与行动将受收益预期激励而得到促进。从机制本身而言，提升了运行中的自我优化、强化的功能，从合作双方而言，对发达地区城市的优势发挥具有更强的激励性。

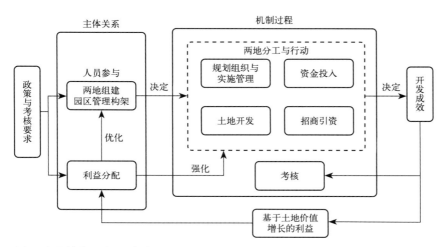

图2　产业转移园跨区域增长联盟合作开发机制框架示意图

四、广东韶关产业转移园的实证研究

（一）广东省产业转移园发展概述

广东省为有效破解区域发展不协调难题、拓展提升珠三角发展空间及核心竞争力、优化全省产业布局和劳动力配置，2005年率先出台了《关于广东省山区及东西两翼与珠江三角洲联手推进产业转移的意见（试行）》，产业转移园开始作为产业转移抓手，但建设缓慢。

2008年5月，广东省颁布《中共广东省委　广东省人民政府关于推进产业转移和劳动力转移的决定》，进一步推动产业园区建设，园区数量快速增长。

2013年7月,《关于进一步促进粤东西北地区振兴发展的决定》要求进一步加强产业转移园的帮扶合作,对口帮扶为3年一轮次。

至2020年底,广东省共建立93个产业转移园,转移至粤东西北地区企业超过7900家,亿元以上项目达900多个。

(二)广东韶关产业转移园的合作开发机制

1.韶关市产业转移园发展概述

韶关市是广东的"北大门",北接湖南、江西,南联珠三角,是中国南方的交通要冲。新中国成立初期,韶关是国家重要的重工业生产基地,工业发展有一定基础。2020年,韶关GDP为1353亿元,位列全省21个地级市第16位,为欠发达地区。

韶关市区东莞韶关产业转移工业园(以下简称"莞韶产业园")是广东省产业转移园的重要代表。2008年推出"双转移"战略后,东莞、韶关两市达成了合作开发园区协议,后两市联合申报成立莞韶产业园。与省产业转移政策对应,韶关的产业转移园合作开发分为三个阶段,每个阶段合作重点分别在不同的片区,合作开发机制、开发成效也有很大差异。

韶关产业转移园合作开发三个阶段的代表片区 表2

阶段	时间(年)	主要政策	代表片区	特征	区位,面积
第一阶段	2008—2013	"双转移"	沐溪—阳山片区	承接地政府主导开发	韶关市区西部,总面积1026.5公顷
第二阶段	2013—2016	对口帮扶第一轮	莞韶城一期与甘棠片区	转入地政府主导开发	均位于韶关市区西南部,规划面积分别为402公顷、632公顷
第三阶段	2016至今	对口帮扶第二、三轮	装备园	两地协同开发	市区东南部,规划总面积3100公顷

2. 三个片区的合作开发机制

（1）承接地政府主导的合作开发机制——沐溪—阳山片区

沐溪—阳山片区为莞韶园直管片区，其开发管理构架主要由三个层级组成：莞韶产业园领导小组、管委会、管委会下属机构与公司。日常管理基本为韶关园区原有人员，开发公司均属于韶关市。东莞方面未参与经济利益分配（图3）。

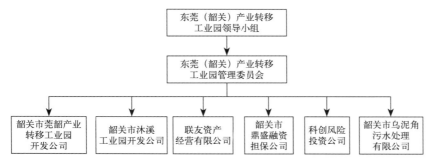

图3 沐溪—阳山片区（2008—2013年）管理构架图
（资料来源：根据莞韶产业园管理委员会提供资料，笔者自绘）

园区的规划编制与实施管理均由韶关方面负责；莞韶公司负责园区的土地一级开发；资金上主要是省级奖补资金、东莞帮扶资金、韶关财政投资。省级扶持资金主要有2008年省产业转移竞争性扶持资金1亿元（总共5亿各片区平均分配），2010年省专业扶持资金平分后2000万；东莞市在2008年到2012年每年扶持5000万元，共2亿元用于莞韶园开发建设；招商引资方面仍以韶关方面为主，东莞方面作为协助。

（2）转出地政府主导的合作开发机制——莞韶城一期与甘棠片区

莞韶城一期开发时期，管理构架较原莞韶产业园的管理构架发生了较大的改变。一是对口帮扶指挥部成为片区的主要管理机构；二是东莞、韶关两市政府及东莞实业投资集团三方共同注资（3∶3∶4）成立东韶公司，作为莞韶城一期的开发公司。因此，莞韶城的管理构

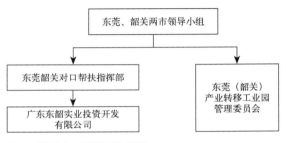

图4 莞韶城一期管理构架图
[资料来源：根据东莞（韶关）产业转移工业园管理委员会提供资料，笔者自绘]

架为：两市领导小组—指挥部与园区管理委员会—东韶公司的三级构架（图4）。

指挥部人员由东莞方面派遣，抽调韶关部分部门工作人员，原东莞市委常委、市委秘书长王检养任总指挥，保留东莞市委常委，同时任韶关市委常委、副市长。东莞方面通过东韶公司的经营，可获取片区开发收益，但在其他方面没有利益分配。

片区开发的规划编制由东莞韶关对口帮扶指挥部组织开展，原城乡规划局负责技术审查与审批相关工作，广东东韶实业投资开发有限公司（以下简称"东韶公司"）主导片区土地开发，包括土地一级开发与二级开发，开发的资金来源于东韶公司。招商引资则由指挥部主导，充分利用东莞方面的社会网络关系推动产业定向转移，指挥部一度提出管委会等部门招商项目入驻莞韶产业园，需要指挥部进行审查，保障入园企业质量。

（3）两地协同的合作开发机制——华南先进装备产业园

园区的管理构架在莞韶城一期的基础上进行了优化完善，增设华南先进装备产业园管理委员会（以下称"装备园管委会"），成立韶关装备园投资开发有限公司（以下简称"装备园公司"）作为园区开发公司，因此，园区的管理构架为：两市领导小组—指挥部—装备园管委会和装备园公司的三级构架。人员配备上，装备园管委会主任由

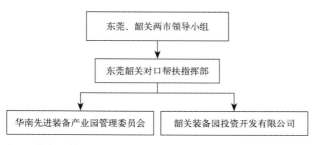

图5 装备园管理构架图
[资料来源：根据东莞（韶关）产业转移工业园管理委员会提供资料，笔者自绘]

指挥部副主任担任，设六个副职，分别根据两地优势安排相应部门干部任职，同时抽调业务部门人员共同办公（图5）。

装备园公司由东莞与韶关两市参照东韶公司组建。利益分配上，东莞方面通过装备园开发公司与东韶公司的经营，可获取片区开发收益，规定园区5年内税收全部用于开发建设，5年后两地再行商议。

装备园管委会获得8个市直审批部门的"3号章"授权，直接负责片区开发的规划编制与实施管理。装备园公司负责园区土地开发，开发资金主要由东莞市帮扶资金与韶关匹配资金两部分构成，园区从第二轮帮扶开始开发，帮扶资金第二轮为10亿元，第三轮为9亿元。装备园管委会设有招商局，由东莞方面人员担任局长，与指挥部领导、韶关市招商局、工信局共同招商，近两年韶关市主要领导也大力参与工业园区招商。

（三）韶关产业转移园的发展成效与问题

1. 跨区域合作发展成效

沐溪—阳山片区：2020年片区共有工业企业117家，其中规模以上企业35家，工业生产总产值13亿元，税收2.4亿元。工业用地单位面积投入产出低，86%的用地开发强度不足0.7，亩均产值68万元，亩均税收仅8.6万元；招商成效欠佳，主导产业不突出；基础设施建设缓慢，平台建设意识不强。

莞韶城一期与甘棠片区：建设成效显著，打造了园区亮点，构建产业平台，大幅提升了园区产业服务能力，帮助两市在第一轮对口帮扶考核中获得排名第三的好成绩。招商引资有所提升，莞韶城一期一年内有34家企业进入商务办公区办公，甘棠产业园现有33家企业中，14家为这一阶段转入。但甘棠片区工业用地仍然存在投入与产出低、产业发展无序等问题。

装备园：该片区建设发展仍处于初步阶段，但在基础设施建设、园区服务管理和产业植入方面取得了一定成效。企业开发投入相对较高，16家企业（全部建成17家）现状开发强度大于1。主导产业突出，产业关联性强，现状企业均为金属加工、装备制造业类企业。构建了良好的基础设施和园区服务体系，园区推出"五个办"服务模式后，将原237个工作日的审批流程压缩至31个工作日。构建了园区低效企业的清退机制，至今已处理盘活180亩用地。

2．跨区域合作发展存在的问题

韶关三个产业转移园区的合作开发，在广东省政策推动与考核要求不断增强的背景下，园区合作开发成效不断提升，但产业定向转移等问题一直未能解决，东莞方面一定程度上积极推进产业定向转移，却只是针对其需要淘汰的落后产业（纺织、服装等），对于装备、电子等相对先进产业的转移是持阻扰态度的。

跨区域增长联盟的增长合作基础不同于单个城市增长联盟基于土地的稳定性，缺乏利益分配对合作共识的激励（图6）。当前以韶关为代表的广东政府产业转移园合作中，两地构建的跨区域增长联盟是基于广东省相关政策的驱动，政绩考核是合作的主要基础，但缺乏合理的经济利益分配机制，东莞方面的行动无法得到经济利益的正向激励，甚至相关的合作要求可能损害其城市发展的利益，导致与其经济发展在某些方面存在矛盾（图7）。

因此，从增长联盟理论的角度而言，以韶关为代表的广东省产业

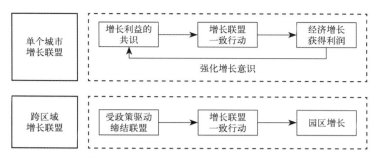

图6 单个城市增长联盟与两地跨区域增长联盟行动逻辑对比图

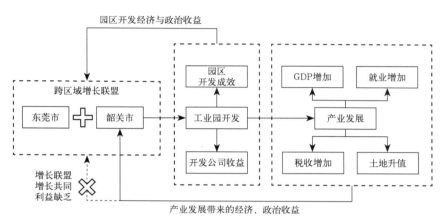

图7 韶关合作园区两地跨区域增长联盟行动逻辑图

转移园合作开发机制中,利益分配机制的不完善制约了两地合作的进一步深入,影响了珠三角合作城市投入的动力,这也是产业定向转移存在阻力而难以解决的问题所在,限制了园区的长远发展,是园区合作开发中的主要问题。

(四)广东韶关产业转移园的机制优化建议

根据增长联盟理论,成员对于增长带来的利益具有一致的共识,因此会全力争取资源促进地方增长,共同增长的利益与个体利益一致,则个体与联盟增长之间的矛盾消除,行动更为一致。因此,笔者认为构建增长利益一致性的分配机制,是优化、完善园区合作机制的关键所在。

1. 省级层面协调、督促两地利益分配机制的建立与实施

鉴于当前合作园区利益机制的普遍缺失，合作园区的利益分配机制需要从广东省的层面进行协调和督促。一是制定利益分配机制相关的政策要求，通过政策的形式将利益分配机制制定与执行作为重要的考核内容；二是要建立园区利益向珠三角帮扶城市倾斜的原则；三是省级层面构建两地利益机制的协调机制，保障园区合作机制的是自愿的，并有可以不断完善的途径；四是需要成立相关的机制执行督导机构，进行跟踪监督，用政策和管理保障利益机制的执行。

2. 建立基于土地价值增长的利益分配机制

在增长联盟理论中，土地是核心，基于土地价值增长的利益分配机制是促进联盟一致行动的关键所在。具体做法可参照先进园区经验，一是合作园区土地出让的净收益主要归主导投入方的珠三角城市，或者珠三角城市通过购买等形式获得园区土地；二是园区税收方面，按比例分成；三是以GDP为主的各类地方政府政绩考核指标的划算，明确两地的比例分配。具体的比例，以倾斜、激励珠三角城市为主要原则，同时考虑两地的投入占比情况，这很大程度上也取决于珠三角城市的经济、产业发展水平，以及与园区所在地城市的经济发展差距。

3. 利益机制的实施应与园区开发进程相结合

从园区的开发到园区经济效益的产生是一个相对较长的过程，因此在指定两地利益机制分配中，应该根据各个园区所在地的发展条件和园区发展的时序，在前期尽量让利益留存园区，以渐进的分配方式，保障园区成长阶段的投入支撑。

五、结论和启示

本文在跨区域增长联盟理论视角下，研究了广东韶关产业转移园合作开发机制，得出以下启示：

一是跨区域增长联盟在广东转移工业园开发中发挥了重要作用。在省政策推动下,以政绩考核对应的政治利益为基础与基本动力,东莞与韶关两市形成了跨区域增长联盟;在同一地区三个不同时期的代表案例中,跨区域增长联盟在一定程度上发挥了两地的优势,随政策的强化,动力亦逐渐加强,发挥的作用也越大,基本形成较为高效的园区基础建设和管理机制。

二是广东产业转移园合作开发机制是政策主导构建的。产业转移园是广东省区域协调的重要抓手,通过多轮政策推进,逐步完善合作园区的组织架构和督促珠三角城市参与的工作考核标准,政策主导了园区合作的开发机制构建。

三是利益分配机制的缺乏是制约园区发展的重要原因。省系列政策与考核推进了园区的合作开发,但是忽视了利益分配机制的建立,珠三角城市只有合作投入,而缺少对应的收益,积极性未能充分激发,园区可持续发展受到制约。

四是建立基于土地价值增长的利益分配机制是优化园区合作机制的重要途径。建立基于土地增长的利益分配机制,强化增长联盟的共同利益,从根本上消除两地合作中存在的经济发展冲突,解决产业定向转移的阻力问题,更好地从统筹两地产业发展的角度,推进产业的整体发展。

[本文作者:唐正林,袁媛(通信作者),温锋华。唐正林,中山大学地理科学与规划学院2021届硕士,城乡规划高级工程师,注册城乡规划师,韶关市规划市政设计研究院有限公司规划一所所长。温锋华,中央财经大学政府管理学院副教授、博导,注册城乡规划师,中国城市科学研究会理事、城市转型与创新研究专委会副主任、秘书长]

参考文献

[1] 杨玲丽."制度创新"突破产业转移的"嵌入性"约束——苏州、宿迁两市合作共建产业园区的经验借鉴[J].现代经济探讨,2015(5):59-63.

[2] 彭锋.广东省产业转移园合作共建的问题与对策研究[D].广州:华南理工大学,2014.

[3] 金利霞.广东省新一轮制造业产业空间重组及机制研究[J].经济地理,2015,35(11):101-109.

[4] He Canfei. Economic Transition, Dynamic Externalities and City-industry Growth in China[J]. Urban Studies, 2010, (1): 121-144.

[5] 蒋海兵,李业锦.京津冀地区制造业空间格局演化及其驱动因素[J].地理科学进展,2021,40(5):721-735.

[6] 王先庆.跨世纪整合:粤港产业升级与产业转移[J].广东商学院学报,1997(2):31-36.

[7] 李学鑫,苗长虹.产业转移与中部崛起的思路调整[J].湖北社会科学,2006(4):72-75.

[8] 魏敏,李国平.基于区位引力场下的区域梯度推移粘性分析[J].科研管理,2005(6):131-136.

[9] 俞毅.GDP增长与能源消耗的非线性门限——对中国传统产业省际转移的实证分析[J].中国工业经济,2010(12):57-65.

[10] 李国平,等.产业转移与中国区域空间结构优化[M].北京:科学出版社,2016.

[11] 董筱丹.再读苏南 苏州工业园区二十年发展述要[M].苏州:苏州大学出版社,2015.

[12] 杨玲丽.政府导向、市场化运作、共建产业园——长三角产业转移的经验借鉴[J].现代经济探讨,2012(5):68-72.

[13] 李骏阳,夏惠芳.开发区"飞地经济"发展模式研究[J].商业经济与管理,2006(2):55-60.

[14] 任浩."飞地经济"如何助推中部崛起[J].决策,2007(11):29-31.

[15] 蒋费雯,罗小龙.产业园区合作共建模式分析——以江苏省为例[J].城市问题,2016(7):38-43.

[16] 马学广，李鲁奇. 尺度政治中的空间重叠及其制度形态塑造研究——以深汕特别合作区为例[J]. 人文地理，2017，32（5）：56-62.

[17] 麻宝斌，杜平. 区域经济合作中的"飞地经济"治理研究[J]. 天津行政学院学报，2014，16（2）：第71-79页.

[18] 张京祥，等. 基于区域空间生产视角的区域合作治理——以江阴经济开发区靖江园区为例. 人文地理，2011，26（1）：5-9.

[19] 哈维·L·莫洛奇，约翰·R·洛根. 都市财富 空间的政治经济学[M]. 上海：格致出版社，上海人民出版社，2016.

[20] 威廉·多姆霍夫. 地方层面的权力：增长联盟理论[J]. 清华社会学评论，2017（1）：82-121.

[21] 张京祥，殷洁，罗小龙. 地方政府企业化主导下的城市空间发展与演化研究[J]. 人文地理，2006（4）：1-6.

[22] 殷洁，张京祥，罗小龙. 转型期的中国城市发展与地方政府企业化[J]. 城市问题，2006（4）：36-41.

[23] Wachsmuth D. Competitive multi-city regionalism: growth politics beyond the growth machine[J]. Regional Studies, 2017(4): 643-653.

[24] 胡嘉佩，张京祥. 跨越零和：基于增长联盟的市-区府际治理创新——以南京河西新城为例[J]. 现代城市研究，2015（2）：40-45.

[25] 罗小龙，沈建法. 跨界的城市增长——以江阴经济开发区靖江园区为例[J]. 地理学报，2006（4）：435-445.

[26] Oatley N. Partnership agencies in British urban policy[J]. CITIES, 1999(2): 135-136.

[27] Mbodj E H. Prospects for partnership among African cities. International social science journal, 2002: 233-238.

[28] 任浩. 中国产业园区持续发展蓝皮书 中国100强产业园区持续发展指数报告2017[M]. 上海：同济大学出版社，2017.

向实践学习、与理论对话

张磊

> **作者简介**
>
> 张磊,男,1976年10月生,山西晋中人,毕业于东京大学,工学博士。中国人民大学公共管理学院教授、城乡发展规划与管理研究中心主任,中国城市规划学会理事、区域规划与城市经济专业委员会委员、规划实施分会委员兼秘书长,*Journal of urban management* 副主编。长期从事城市规划实施评估、城市治理、城市非正规性领域的研究,研究成果获金经昌中国城市规划优秀论文奖、北美规划院校联合会Chester Rapkin最佳论文奖、全国城乡规划设计奖、亚洲开发银行最佳技术援助项目奖等国内外研究奖项。

规划是一个实践导向非常强的应用学科,实践中面临的新问题、总结的经验和教训是推动学科发展的持久动力。新中国成立以来,我国城镇化进程不断推进,中国规划师对城乡发展特别是城市建设所作的贡献不可忽视,所取得的成果斐然,所积累的经验也弥足珍贵。这些在规划实践中积累的成功经验和教训如同一座巨大金矿,等待着中国规划工作者去发掘和提炼,其研究成果不仅可以帮助其他发展中国家更好地塑造适合其国情的规划制度,还能够给予发达国家启示,从而在规划领域更好地传播中国经验、提炼中国理论、讲好中国故事,实现国内外规划经验、知识和理论的双向流动与传播。

在高校从事城市规划的教学、科研工作,与规划管理部门和规划院的同仁相比,在规划专业研究方面既有一些优势也有一些短板:一方面,没有繁重的日常行政管理事务和规划项目的压力,自主支配工作时间较多,可以选择感兴趣的研究题目和方向,深入进行长期的、持续的跟踪研究;另一方面,深度参与规划实践的机会略少,如果不注意和实践部门同仁及时沟通学习,很容易造成研究与实践相脱节,最后产出很多看似方法规范,但与现实需求偏离的"八股式"论文成果。

区域规划与城市经济学术委员会是中国城市规划学会中建立较早,成员涵盖规划管理、编制和研究等多领域的重要二级学术组织,很荣幸受邀作为委员分享个人的规划研究工作经历和感悟,下面主要介绍一下在过去大都市地区集体土地发展权研究,如何将规划实践中遇到的现实问题、碎片化的经验转化为研究问题,综合运用科学的研究方法,探索其演化机制。

一、集体土地产权研究的起点:规划之外的规划

我对集体土地产权制度的研究最早源于对北京绿化隔离政策实施情况的调研,虽然当时主要设定的研究议题是分析日常规划管理决策的主要影响因素和运行机制,但是在与北京市、区两级规划管理部门,以及北京市城市规划设计研究院的同仁交流中,接触到现实中存在的涉及集体土地的规划实施问题。"申报项目的规划管理审批都是严格按照行政规程和技术要求进行的,但是一些城乡接合部地区集体土地上的开发项目并不申报,或者说即便申报也不能通过",这些未申报的项目如何运行,利益如何分配,规划管理部门并不完全掌握信息。带着这些疑惑,我与两位研究同仁一起去实施该政策的案例乡镇进行调研。

一方面,我们的调研属于非公务性质,另一方面,也得益于调研介绍人的努力,受调研乡镇的负责同志也没有什么压力,交流非常坦诚,从乡镇管理者视角讲出了如何认识规划,如何执行规划,如何解决规划实施中的矛盾和问题。乡镇政府必须按照市、区两级政府的要

求来实施绿化隔离政策，但是也面临着相关配套政策与村民诉求不匹配的问题，"如果老百姓不满意，每天上访，我们也受不了"。由此也了解到规划只是乡镇需要执行的诸多政策之一，除此之外，乡镇政府还需要在实施中兼顾其他的政策目标，诸如社会稳定、地方经济发展、平衡村集体经济组织间关系。随后，我们还深入乡镇辖区内的建制村，与村集体组织负责人、村民进行了系列访谈，了解到村级工作人员如何准备不同的台账来应对规划、园林、农委等不同部门对于绿地、耕地、林地的指标要求。

由于理论储备不足，这些调研只是泛泛了解到乡镇工作人员、村集体、村民如何应对自上而下的规划，如何在村集体之间进行利益的协调以取得最大化的收益，缺乏深度的理论和解释。之后每隔几年也会去该乡镇实地调研，而对此案例的理论分析则是在系统梳理规划领域的产权理论，以及更广范围内土地产权理论基础之上，引入社会关系产权理论才得以完成，该研究成果发表在2018年《城市规划》期刊上，论文发表时距离首次调研已经十年[1]。

所以实践观察与理论总结是一个长期的互动过程，有时是先有实践经验后有理论思考，有时是先有理论储备，然后再于现实观察中发现实践与理论的连接点。在实践中发现有兴趣、值得研究的现象只是研究的起点而非终点，平时多阅读一些相关理论，才可以在遇到实践问题和总结经验时，快速建构理论框架，形成研究问题，进行系统的研究分析。

二、规划实施结果一致还是综合绩效优先？

2012年，受相关部门委托对海淀区城乡接合部的规划实施情况进行评估研究，主要考核规划实施后的功能、土地用途、强度是否与规划保持一致，最后的评估结果也显示该区域的实施情况与规划一致性较高。在调研过程中我们发现，虽然部分地区（城中村）完全按照规划实施了搬迁改造，原有布局混乱、建筑质量较差的环境在改造后得到明显改善，村民都搬迁进入现代化的中高层居住小区，但原城中村中外来人口却因为难以负担改造后房屋的租金而被迫搬至周边未改造的城中村，或者向外疏解至城市边缘区域的村庄，外来人口的住房问题仍然没有解决，新接纳外来人口的村庄未来仍有转变为城中村的可能性。

由此项目组也开始思考一个问题：完全实施的规划（conformance-based）是否就是最优的规划？有些地区虽然没有完全按照规划实施，但是对社会整体仍然有益，在此情况下是否仍以规划实施一致性为原则，加以否定，而忽略规划的综合绩效（performance-based）？我就此问题也曾与所在单位专门从事行政管理、公共政策领域的同事进行讨论，了解到公共政策评估也会面临同样的困境，大部分公共政策实施后都是既有正面效果，也会产生负面影响，既会惠及部分人群，也会有部分人群的利益受损。政策评估并不能够完全消除负面影响，但是评价结果可以服务于政府决策，判定是否可以接受该政策的负面影响，是否能够给予利益受损者以合适的补偿，从而增强公共政策的系统性、公平性。

在与村民调研过程中也发现了一些有意思的现象，部分村民抱怨之前曾接受过院落、房屋情况调查，但是迟迟没有启动拆迁，同时又非常羡慕相邻村庄内村民拆迁之后获得丰厚的住房和资金补偿，因此强烈要求"被拆迁"。相邻村庄的补偿方案、标准通过村庄之间密集的亲戚、朋友网络快速传播开来，虽然村民内部有着各种各样的纠纷，村民之间的联系也曾因为外出就业、收入差异分化而日渐疏远，但是面对可能的拆迁和补偿谈判，村集体又会高度团结，积极组织起来，形成极强的凝聚力。

城镇化过程中的"本地村民"与"外来人口"虽然之前都是农民身份，但是其内部的社会关系变化却沿着相反的轨迹发展。"外来人口"更接近于经典城市化理论中"urbanism as a way of life"中所总结的，随着城镇化推进，村民之间基于宗族血缘的密切关系逐步弱化，转而被基于法律、契约的正式关系所替代[2]；"本地村民"却在外部压力下，原有村庄的社会关系网络不仅没有弱化反而有所加强。基于此假设，项目组选择北京市的部分村庄进行本地的村民问卷调研，系统分析城镇化影响下村民社会网络的变化，研究结果也显示北京城乡接合部本地村民内部的社会网络联系的数量、频次和深度随着城镇化水平提升有所加强而非削弱，从而揭示出我国大城市发展过程中本地村民的社会网络在外部压力和共同诉求下不断增强的特征。

三、广州城中村：不一样的村庄，不一样的村民

2013年有幸参加广州市规划局委托的新型城镇化项目。自此开始对广州城中村、城边村和远郊村长达十年之久的持续研究。彼时刚刚完成北京市城乡接合部的研究，对城镇化过程中的村集体、村民、宅基地分配、房屋拆迁有所了解。但即便如此，在广州的调研仍然给我很大的冲击，感受到与北京完全不一样的村庄社会习俗、不一样的村集体经济组织、不一样的村民。当时给我留下深刻印象的三点是：基于资产收入分配而形成的村社权责关系、宅基地分配过程中的"拍地"现象、村民对于集体产权认识的差异。随后，针对这三个方面都进行系统的学术研究，并形成了相关的学术成果。

首先简要谈一下广州村庄中的村（建制村）社（自然村）关系。与北京的村庄相比，虽然两个城市都有以乡镇、建制村、自然村为基本单元分配集体收入、保障村集体组织成员福利的案例，但整体而言，广州市集体经济组织中"社"（自然村）拥有较大的集体资产处置权和收益分配权。"建制村"和"社"之间资产收入和公共服务支出也有较为明确的分工。"建制村"主要起保底作用，负责村民的

基本养老、医疗、教育等福利，而"社"则是"锦上添花"，提供更高水平的福利，并根据社级资产和收益向村民分红。许多调研的村庄中，建制村层面的集体组织都会从各社股份公司中抽取资产收益的20%用于提供村庄内公共服务，而其余80%则由各社内部分配。当然，具体的分配比例和负担的公共服务内容在各建制村之间有所差异，这既受村庄已有集体经济收入分配惯例的影响，也受制于村集体可支配资产收益的数量。这种以社为基本单位分配收益的方式一定程度上加大了建制村内部各社之间的村民收入差距，以广州市花都区T村为例，建制村内一共有25个社，其中人均分红最高的社每年可达到30000元左右，而分红较少的社则只有3000元。

在与村集体组织成员讨论宅基地分配问题时，很多村民都谈及宅基地分配中的"拍地"现象，所谓"拍地"就是建制村或者社将宅基地按照价高者得的方式分配，不同村庄对参加宅基地拍卖的主体的规定也不尽相同，有的要求具有申请宅基地资格的家庭才能参加，有些则限于社（自然村）内成员，有些则扩大至建制村内的成员。根据我国《土地管理法》的相关规定，宅基地是集体所有并赋予农村集体成员享有的使用权，因此分配的原则应当是基于成员权，严格遵守"一户一宅"的原则。显然，通过"拍地"来分配宅基地的方式与我国相关法律法规的原则相悖。此外，"拍地"并不是基于村庄、村民传统习俗习惯的宅基地分配方式，而是在1990年代之后，随着城镇化推进，在交通区位条件较好、宅基地供应紧张的村庄出现，并得到村集体组织和村民的认可。如果不了解其背后的逻辑，涉及村集体宅基地的城市更新规划和村庄规划都难以得到有效实施。

最后，在调研中还发现村民内部对宅基地产权认识上存在明显差异。之前虽然也关注城中村的研究，并多次参观调研过北京、广州、深圳等地的城中村，学术界对于城中村产生的原因也有很好的解释，主要将其归结为旺盛的中低收入外来人口住房需求以及我国特有的城乡二元制度[3-5]。但是，将城中村置于更广范围内的村庄城镇化的背景下，就会发现城中村与其他类似的城边村、远郊村之间并没有明显的边界，城中村与远郊村之间的人口结构、产业结构、土地利用也不是非此即彼的二元关系，而是呈现出丰富、多样，类似光谱的连续变化。村民受村庄情境的影响，对于宅基地的取得方式、使用权解释和合理补偿的认识都在不断演进。城中村、城边村的本地村民对于宅基地开发权有更高的诉求，希望建造更高层数的房屋，满足自住的同时也可用于出租，而远郊村的村民则仍然保持自住属性，对超建、违建行为容忍度较低。当村民对房屋产权认知变化累积到一定程度之后，再加上村庄原有的宗族关系和社会网络，就会形成强大的集体行动能力，在城中村中的村民房屋即使超过规定的面积和层数也会继续加建，城边村中的村民房屋则陆续开始突破地方政府规定的3.5层（280平方米）[6]。

当然，其中有些特征对于长期研究珠三角地区城镇化的学者而言已经司空见惯，但是我之前主要关注北京集体土地发展问题，广州案例给予我很多思考。之后我持续关注着北京、广州受城镇化影响下的村庄、村民、宅基地、集体建设用地的变迁，比较两地政府在制定农村集体建设用地、城市更新等涉及村集体土地发展权的政策时，在目标设定、工具选择、路径实施上的差别。同时也感受到只有长期深入理解城市的政策情境，才能更好地理解政府、市场和社会之间的互动关系，才能更好地理解规划实施可能遇到的障碍，才能将蓝图式的构想转化为具有理性、符合逻辑的公共政策。**因此，在规划研究或者实践中，应当尽可能选择一个或者多个案例城市，长期跟踪观察、研究分析，这不仅可以累积知识，更重要的是可以更好地理解规划的情景，更好地剖析规划编制实施的内在驱动机制。**

四、嵌入村庄的多样化宅基地产权关系

城镇化影响下村庄土地发展权变迁研究需要克服的瓶颈之一就是要理解支撑土地发展权的社会网络和集体认知。集体土地发展权会嵌入到具体的村庄情境中，其实质内容在不同村庄之间存在较大差异。这与城市土地发展权不同，后者依照法律法规规定，产权内容界定比较清晰，且受所在社区影响较小。而进入城中村来研究集体土地发展权，不仅需要克服与村民文化、理解上的差异，还要获得本地村民信任，愿意深入交流集体土地出让、收益分配中实际采用的规则，解决产权纠纷方法，其中有些规则可能与现有法规政策相矛盾。项目组虽然在广州进行了长期的调研，也与大量的村集体经济组织、村民、外来人员进行了深度访谈和问卷采访，但是很多非正式规划的形成机制和演变轨迹仍然没有被完全理解。

研究契机之一就是一位后来参与项目的同学是一位土生土长的深圳本地人，在Z城中村中拥有宅基地和自建房，家族中很多亲属仍在村庄内居住，该同学研究态度认真，又有其他外来研究者所不具备的村庄内部社会网络支撑。因此，项目研究团队开始以其所在的Z村为案例，深入理解城中村中集体土地产权的类型，以及支撑其产权的社会关系网络。

在理论方面，该案例研究主要从社会关系产权视角分析集体土地的发展权。在集体土地产权研究理论中，经济学领域的学者更多采用"权利产权"理论框架，认为产权是"一束权力"，是产权所有者对于资产使用、资产收益、资产转让的控制权，集体土地产权制度的基本思路就是要明晰产权，引入市场机制，提高土地、人力和资金的使用效率[7, 8]。而周雪光、曹正汉、折晓叶等社会学领域的学者则更强调产权制度形式和内容的多样性和社会嵌入性[9-11]。周雪光提出"关系

产权"概念，即产权是一束社会关系。区别于边界明晰、排他性强的"权利产权"，关系产权强调组织和环境之间建立相互关联、相互融合、相互依赖的稳定关系，产权结构则是用来维系这种稳定关系的重要手段[11]。与权利产权相比，关系产权更有助于分析中观、微观层面集体土地产权制度的差异性和演变机制，解释一些长期存在但是又与正式规则相悖的非正式制度的运行机制。

通过研究该案例，我们发现城中村内集体用地上的房屋产权其实存在祖屋、出租屋、统规自建住房、小产权房等多种类型。这些产权类型背后的社会关系具有明显差异，村民个体并不能够随意改变规则，而只能遵循各类产权的特定规则来行动。

村民群体是一个有机的社会组织，而非个体的集聚。宅基地上的不同类型房屋产权嵌入本地村庄社会的程度有所差异，祖屋和统规自建住房嵌入程度最深，主要涉及村民内部的发展权分配，因此也受到更多村民传统和习惯的约束。宅基地上自建住房随着外来人口涌入，逐步转变为用于牟利而非自住的出租屋，传统的习俗已经发生转变，村民开始与外来投资者（承建商）通过合约方式界定权利和义务。然而，巨大的市场需求也导致村民对于宅基地上自建出租屋的发展权诉求与政府规章制度容易产生冲突，导致发展权的不稳定，以及实质上的发展权难以清晰界定等问题。集体土地上的小产权房的社会嵌入程度最低，更多遵循市场关系而非村庄传统习俗，村民依靠其集体成员权，在取得小产权住房时仍然能够享受价格或面积优惠，外来人口即使没有本村内的社会关系，也可以通过购买方式获得集体经济组织保障的房屋产权。

五、思考与建议

规划学科重要的特征就是要解释和回应区域与城市发展的现实需求，不断吸收相关建筑学、地理学、管理学、社会学等学科的理论，整合形成规划中运用的理论（theory in planning），发展如何作规划的理论（theory of planning）。如果没有现实问题的需求，所研究的理论缺乏支撑，很容易与实践脱节，导致专业的空心化。但是，如果只拘泥于实践问题和经验总结，缺乏理论思考，则很难解释规划实践问题背后的深层次社会和经济结构、管理制度、观念意识等因素，难以推动规划学科体系发展，难以回应规划涉及的国土空间治理、城市治理等重大理论问题。所以，**向实践学习，与理论对话**是规划从业者所必须要坚持的两项原则。具体到规划工作中应该注意以下几点：

第一，与理论对话，而不只是照搬理论。不是为了重复验证理论是否正确，而是要善于从规划实践中发现与已有理论中不一致的地方，尤其要防止"新瓶装旧酒"方法，盲目套用国外理论来解释国内的规划实践，而是以一种互动对话的方式，总结提炼出驱动中国规划制度变革，影响规划具体实践的深层次、本土化、特色化的因素。理论文献的阅读要区分两类文献：第一类文献属于规划从业者都应该掌握的一些基本理论、前沿理论，这类文献可以在工作之余、闲暇时间阅读，主要提升规划的理论素养；第二类则基于特定研究领域、研究问题进行的针对性强、目标明确的文献阅读，此类文献阅读要在限定时间内完成，并制订一个相对明确的文献阅读计划。

第二，规划编制、实施和监督是一项系统工作，需要多视角、多方位地扎根规划实践。规划师不仅要参与规划编制实践，还要适应规划行业由技术蓝图向公共政策转型的要求，尽可能接触到影响规划和规划涉及的各类社会群体，尽可能参与规划管理、政策制定和文本写作工作，尽可能与规划相关学科建立常态化的学术交流途径。

第三，注重规划的政策思维。在政策问题界定时要注意学习上级政府、综合部门颁布的相关文件，而不只是拘泥于行业领域内的专业性文件和标准；政策问题往往非常复杂，不要想当然地提出规划实施政策，如果说蓝图式的规划需要有开阔的眼界、前瞻性思维、科学的素养，而政策制定者则必须理性、全面、逻辑，如果一个问题看似简单，但又长期没有得到解决，那就要引起重视，这可能是关联多部门、多维度和多主体的复杂政策问题，最后实施的规划也并非理想中的最优方案，而是各相关主体所接受的妥协方案，看似不宏大、不完美、不整齐，但是却真实、可行、包容的。

参考文献

[1] 张磊. 规划之外的规则——城乡结合部非正规开发权形成与转移机制案例分析[J]. 城市规划, 2018, 42（1）: 107−111.

[2] Wirth L. Urbanism as a Way of Life[J]. American Journal of Sociology, 1938, 44(1): 1−24.

[3] 敬东. "城市里的乡村"研究报告——经济发达地区城市中心区农村城市化进程的对策[J]. 城市规划, 1999（9）: 8−14.

[4] Tian L. The Chengzhongcun Land Market in China: Boon or Bane?−A Perspective on Property Rights[J]. International Journal of Urban and Regional Research, 2008, 32(2): 282−304.

[5] Wang Y, Ping Y, Wang Y, et al. Urbanization and Informal Development in China: Urban Villages in Shenzhen[J]. International Journal of Urban and Regional Research, 2009, 33(4): 957−73.

[6] 广州市人民政府. 广州市农民集体所有土地征收补偿试行办法[EB/OL]. http://www.gz.gov.cn/gfxwj/szfgfxwj/gzsrmzfbgt/content/post_5444902.html.

[7] Kornai J. The Road to a Free Economy: Shifting from a Socialist System: The Example of Hungary [M].New York: Norton, 1990.

[8] 周其仁. 产权与制度变迁——中国改革的经验研究[M]. 北京：北京大学出版社, 2004.

[9] 曹正汉. 产权的社会建构逻辑——从博弈论的观点评中国社会学家的产权研究[J]. 社会学研究, 2008（1）: 200-216.

[10] 折晓叶. 土地产权的动态建构机制——一个"追索权"分析视角[J]. 社会学研究, 2018, 33（3）: 25-50.

[11] 周雪光. "关系产权"：产权制度的一个社会学解释[J]. 社会学研究, 2005（2）: 1-31.

基于"三生"理念乡村韧性时空格局与影响机制研究
——以黑龙江省63个县域为例

刘东亮

> **作者简介**
>
> 刘东亮，男，1976年12月生，黑龙江省城市规划勘测设计研究院副院长，注册城市规划师，研究员级高级工程师。中国城市规划学会区域规划与城市经济专业委员会委员，黑龙江省科技经济顾问委员会专家。主要参与黑龙江省城镇体系规划等城市规划领域重大项目，参与国家自然科学基金资助项目"基于生态约束的林业资源型城市经济持续发展导控路径研究——以伊春市为例"，主持参与编写国家团体标准《社区生活圈防疫应急规划指南》等专业领域技术规范和标准等。

乡村地域韧性提升是实现乡村振兴的基本途径，是美丽乡村建设的重要内容与目标。我以黑龙江省63个县域为研究对象，将"三生"理念与城市韧性相结合，基于生产韧性、生活韧性、生态韧性三个维度构建评价指标体系，运用多指标综合评价法、空间自相关、地理探测器模型等方法对2011—2019年黑龙江省63个县域单元"三生"韧性的时空格局与影响机制进行研究。结果表明：①从时间尺度上看，2011—2019年，黑龙江省63个县域的乡村韧性整体呈现波动式下降趋势。②从空间尺度上看，2011—2019年黑龙江省县域乡村韧性空间相关性不显著，呈现出明显的零散分布现象。自2014年起出现相对高值集聚区、低值集聚区。③黑龙江省县域乡村韧性时空分异主要受工业发展、农业发展、生产能力、教育水平、医疗保障、农户生计、生活水平、空气质量间影响程度的差异，生产韧性是影响黑龙江省县域乡村韧性时空分异的基本因素，生活韧性是影响黑龙江县域乡村韧性时空分异的关键因素，生态韧性是影响黑龙江省县域乡村韧性时空分异的保障因素。

乡村振兴是城乡高质量发展的重要组成部分[1]，乡村韧性提升是实现乡村振兴的基本途径[2]。2013年精准扶贫与美丽乡村建设、2016年特色小镇构建及2017年的乡村振兴战略均提出，通过重塑城乡关系[3, 4]、创新深化发展、精准扶贫脱贫来优化乡村地区生产形态、生活形态以及生态形态，打造生产集约高效、生活宜居适度、生态山清水秀的新型乡村。然而乡村地域是一个复杂且庞大的系统[2]，具有脆弱性。在快速城镇化过程中，由于乡村人口过度向城市集聚[5]、大量土地和自然资源被城市侵占等问题，导致乡村地区出现了明显的人口流失、人地矛盾日益突出、产业转移以及公共基础设施不健全、生态环境恶化等一系列脆弱性问题[6-9]。乡村韧性[10, 11]作为地理学研究的热点话题，如何增强乡村地区韧性，促进生产、生活、生态三者间韧性提升，是乡村地域系统亟须解决的难题之一。

目前，学术界对乡村韧性进行了大量的理论与实证研究，国内学者基于韧性发展理论[12]、"三生"空间理论[13, 14]、人地关系地域系统理论[2]以及反贫困理论[1, 15]等理论基础，从区域、省域、市域、县域、村域等多尺度地理空间视角出发，研究框架主要以"体系-能力"分析框架[16]、"经济-社会-文化-政治-生态"多维评估框架[17]、"生态-经济-社会"三维测度框架[18]等为主，主要采用地理探测器模型[19]、适应性循环模型[20]、组织韧性评估模型[21]等研究方法，对乡村韧性测度与空间格局[22]、空间韧性与土地利用结构[23, 24]、乡村治理与发展建设[12, 14, 23, 25]、乡村振兴与反贫困[3, 26]等研究内容进行大量研究。

从县域视角出发，基于"三生"理念下严寒地区乡村韧性的时空分异特征与影响因素分析等研究尚存在欠缺，以县域单元为研究尺度，系统探析县域乡村韧性演变规律、空间特征，识别乡村"三生"韧性时空分异的主要影响因素等深层次研究仍存在不足。因此，本文基于韧性视角对县域乡村的生产结构、生活品质和生态环境三个维度展开探讨，并揭示其背后的主要影响因子，对提升乡村韧性、降低乡村脆弱性、响应国家乡村振兴战略实施具有一定的现实指导意义。

一、研究区概况

黑龙江省位于中国东北部，地处寒区，冬季寒冷漫长。作为重要的粮食生产基地，黑龙江省一直致力于实现乡村振兴，但乡村脆弱性仍较显著：①在农业生产方面，由于黑龙江省独特的气候特征造成了干旱、洪涝、霜冻等自然灾害，导致粮食产量下降。如：2018年黑龙江省年平均降水量比往年略多，因春夏季局地内涝严重，虽种植业总产量达2237.7亿元，但部分乡村地区产量比往年减产1成左右。②在生活方面，黑龙江省乡村居民可支配收入虽逐年上涨，但收支比例落后。如：2018年，黑龙江省乡村居民收入消费比重为1.21，在全国31省份中位居中位，排名16位，在东北三省中居于末位。③在生态方面，农业农村污染严重，湿地退化，多地存在因大面积秸秆燃烧导致严重空气污染现象。生产-生活-生态三方面脆弱性制约着黑龙江省乡村韧性的提升。因此，选取黑龙江省63个县域作为研究区域，基于"三生"理念对乡村韧性时空演变与影响因素进行研究具有重要意义。

二、数据来源与指标体系构建

（一）数据来源

选取黑龙江省63个县（市）作为空间层面研究区域，在时间层面上选择习近平总书记关于"三农"工作和"乡村振兴战略"作出重要表述的2011年为起始研究时间，目标年份选取国家《乡村振兴战略规划（2018—2022年）》发布后第一年即2019年。研究数据主要来源于2012—2020年的《中国县（市）社会经济统计年鉴》[27]、《中国县域统计年鉴（县市卷）》[28]、黑龙江省统计局（http://tjj.hlj.gov.cn/）。由于数据缺失等原因，采用相邻近年份插值法来补全并矫正个别缺失数据。

（二）指标体系构建

为了更好地测度黑龙江省乡村地区"三生"韧性发展水平，遵循科学性、可操作性和全面性的原则。借鉴现有研究成果，将"三生"空间理论和韧性理论相结合，本文将"三生"理念视角下乡村韧性的概念定义为：基于可持续发展目标，使农村居民在生产、生活、生态三个方面保持良好生活满意度，同时，农村地区也可以不断适应外部环境变化带来的冲击并具备从灾害中恢复的能力。其中生产韧性包括人均经济总量，主要体现在地区的经济生产力、吸引力等，通过提高地区生产总值以及优化产业结构、提升工业化水平等促进乡村生产力的提速增效。而生活韧性主要从乡村发展活力、基础设施水平、乡村防灾抗压能力几个方面来测度，利用教育普及度、医疗服务状况、道路密度、城乡差异等指标来具体评价。生态韧性则是主要从农业污染程度及环境污染程度两个方面来反映乡村所承受的生态环境压力及生态污染情况。将生产韧性、生活韧性、生态韧性三方面有机结合共同测度乡村韧性水平，构成了具体的评价指标体系，见表1。

乡村韧性评价指标体系　　　　　表1

目标层	准则层	指标释义	指标计算方式	+/−
乡村韧性	生产韧性	人均经济总量	地区生产总值/地区总人口	+
		工业化水平	规模以上工业总产值	+
		第一产业经济效益	第一产业增加值	+
		第二产业经济效益	第二产业增加值	+
		服务业发展水平	第三产业占GDP比重	+
		经济发展增长率	地区生产总值指数（上一年=100）	+
		人均投入资本	固定资产投资/地区总人口	+
	生活韧性	城乡差异	城乡收入比	−
		就业水平	第三产业从业人员占地区总人口比重	+
		教育普及度	普通中学在校学生	+
		医疗服务状况	医疗卫生机构床位数	+
		生产与消费协调平衡度	政府财政收支比	+
		道路密度	道路总公里数/地区面积	+
		农村基础设施	农村用电量	+
		金融资本	居民储蓄存款余额	+
		生活资本	农村常住居民人均可支配收入	+
	生态韧性	农业污染程度	农用化肥施用量/粮食种植面积	−
		环境污染程度	二氧化碳排放量	−

注："+"表示指标与乡村韧性呈正相关；"−"表示指标与乡村韧性呈负相关。

三、研究方法

（一）乡村韧性测度

$$S_i = \sum_{j=1}^{n} X_{ij} \times W_j$$

式中：S_i表示乡村韧性综合测度指数；j表示所含指标个数；W_j表示指标的权重，采用熵值法决定指标权重；X_{ij}表示指标的量化标准值。

（二）空间自相关

通过全局空间自相关和局部空间自相关方法对黑龙江省乡村韧性空间集聚特征进行分析处理。应用Moran's I指数对县域单元相关性进行描述。局部自相关主要对黑龙江省乡村韧性空间依赖性和异质性进行有效识别[29]。

（三）地理探测器

对于乡村韧性影响因子的诊断，本文采用地理探测器的因子探测功能进行识别，其公式如下：

$$q(Y|h) = 1 - \left[\sum_{h=1}^{L}(N_h\sigma_h^2)\right]/(N\sigma^2)$$

式中：$q(Y|h)$ 为影响因素对乡村韧性的影响力探测指标；N_h 为探测指标个数；N 为评价单元数；σ_h^2 和 σ^2 分别是指标层 h 和全区 Y 值的方差。假设模型成立，$q(Y|h)$ 的取值区间为[0，1]。$q(Y|h) = 0$ 时，表明乡村韧性时空分异不受影响因素的驱动；$q(Y|h)$ 值越大表明影响因素对乡村韧性时空分异的影响越大。

四、结果与分析

（一）黑龙江省乡村韧性时空分异特征

1．黑龙江省 63 个乡村韧性时序特征

利用乡村韧性测度计算乡村韧性子系统水平（图1）。通过 ArcGIS 将研究区域与测算值进行空间链接，实现数据的可视化，绘制形成2011—2019年黑龙江省乡村韧性的时间演变图。

乡村韧性总体层面分析，黑龙江省63个县域2011—2019年乡村韧性总体呈波动式下降趋势，其中，2015年虽有明显上升，但未达到历年最高峰值。乡村韧性的整体下降是系统内生产韧性、生活韧性及生态韧性三者共同作用的结果。2011—2014年黑龙江省内乡村韧性呈下降趋势的县域数量占县域总数的69.84%。方正县、绥滨县、绥棱县及尚志市等县域乡村韧性呈上升态势，但其波动幅度过小，不能改变全局已经形成的下降趋势。2015年，黑龙江省内63个县域乡村韧性均处于上升状态，以五常市与肇东市最为明显，整体形成显著波动。

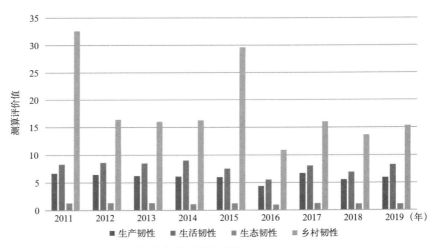

图1 黑龙江省63个县域乡村韧性水平测度结果

2016—2019年,黑龙江省内63个县域乡村韧性均处于下降状态,以五常市、安达市及肇东市最为明显且其变化趋势与整体乡村韧性波动趋势相符,对于整体乡村韧性影响较大。

生产韧性层面分析,2011—2019年黑龙江省63个县域生产韧性总体呈先下降后增长的"W"波动走势,其应对不利扰动中经济生产能力减弱,是经济发展水平、产业结构调整、工业化水平、投资水平共同作用的结果。黑龙江省作为国家粮食生产"压舱石",国家在政策上强调其基础地位,客观上阻碍了第二、三产业的发展,乡村经济基础薄弱。其中,2011—2015年依兰县、方正县等29个县生产韧性呈上升趋势,但其上升幅度不能主导生产韧性的总体走势,依安县、克山县等34个县生产韧性呈下降趋势,点状分布于全省,占研究单元总数的53.9%,主导了整个研究区间黑龙江省乡村生产韧性的时序演变特征;2015—2019年依兰县、方正县等51个县生产韧性呈上升趋势,占研究单元总数的80.9%,巴彦县、五常市等主要位于黑龙江省南部地区的12个县的生产韧性呈下降趋势。

生活韧性层面分析,黑龙江省各县域2011—2019年生活韧性呈波动式下降状态，但总体下降趋势不明显。研究期间，新农村建设、美丽乡村及乡村振兴等政策相应制定并进行实施，对其生活韧性产生积极影响。其中，2011—2014年生活韧性呈上升态势，但因研究区范围内近33%县域的生活韧性呈下降态势，导致2011—2014年的生活韧性上升态势缓慢。2014—2016年黑龙江省内63个县域生活韧性均处于下降态势，整体呈急剧下降态势，以五常市、尚志市及安达市等县级市最为明显。2016—2019年生活韧性呈"N"字状波动，其中，哈尔滨市周边各县域，如宾县、五常市、安达市变化趋势与生活韧性变化态势相符，对于生活韧性变化有一定程度影响。

生态韧性层面分析，2011—2019年黑龙江省内63个县域生态韧性总体呈先上升后下降的"波浪式"浮动，其绿色发展水平趋弱，绿色发展质量之路提升漫长。在全国生态文明背景下，黑龙江省各县域的区域间差异也逐步增大，生态韧性仍具有很强的可塑空间。其中，2011—2013年巴彦县、宾县等32个县生态韧性呈下降趋势，占研究单元总数的50.8%，但其下降幅度不能主导生态韧性的总体趋势，依兰县、方正县等31个县呈上升趋势，其上升幅度主导生态韧性的总体趋势；2013—2019年宾县、巴彦等7个县生态韧性呈上升趋势，点状分布于全省，延寿县、依兰县等56个县生态韧性呈下降趋势，占研究单元总数的88.9%，主导了整个研究区间黑龙江省乡村生态韧性的时序演变特征。

2. 黑龙江省63个县域乡村韧性空间分异特征

2011—2019年Moran's I指数表明（表2），2011—2013年黑龙江省乡村韧性在空间分布上不显著（$P>0.01$），说明2010—2013年黑龙江省乡村韧性没有明显的空间相关性。2014—2019年黑龙江省乡村韧性在空间分布上相关性显著，说明2014—2019年间黑龙江省乡村韧性具有空间集聚现象。

2011—2019年黑龙江省县域乡村韧性Moran's I指数　　表2

年份	Moran's I	Z得分	P值
2011	0.041257	1.245796	0.212839
2012	−0.038363	−0.449965	0.652736
2013	−0.048994	−0.665237	0.505899
2014	0.188716	4.448996	0.000009
2015	0.161694	3.909625	0.000092
2016	0.082922	2.212104	0.026959
2017	0.156127	3.779025	0.000157
2018	0.086276	2.249682	0.024469
2019	0.066402	1.78801	0.073774

本文运用自然断点法将黑龙江省乡村韧性集聚区分为4类，分别为高高集聚、高低集聚、低高集聚、低低集聚区域。结果表明：2014—2019年黑龙江省乡村韧性整体起伏不大。其中，南部乡村韧性呈现出明显集聚态势，中部乡村韧性集聚态势则较为一般，而北部乡村韧性呈现低低集聚。总体上看，黑龙江省沿绥满铁路线，基本形成了以哈尔滨、大庆、牡丹江三城市下辖县市的高水平乡村韧性集聚区域，在黑龙江省南部表现出极为明显的"轴带"发展特征。①总体来说，黑龙江省县域在2014—2019年乡村韧性空间相关性不显著，呈现出明显的零散分布现象。高高集聚区域集中分布在南部县域，以哈尔滨、大庆、牡丹江等城市为核心向外辐射，带动周围县域发展；低低集聚区域零散分布在北部，该区域由于纬度高、温度低、人口分布少、发展水平较低，导致乡村韧性低。②2014年高高集聚区域数量相对较多，仅有塔河县呈现出低低集聚趋势。③与2014年相比，2016年黑龙江省县域高高集聚区域明显有所减少，富裕县空间呈现高低集聚趋势，表明富裕县2016年相较于周边地区发展水平有所提升。④2019年与2016年相比，高高集聚区域进一步减少，仅剩五常市、东宁市。北安市呈现出高低集聚趋势，表明北安市2019年韧性提高；

嘉荫县、呼玛县两县域则呈现出低低集聚趋势；其他区域空间集聚趋势并没有明显变化，表明黑龙江省乡村韧性水平逐年降低，近年来发展水平下降。

（二）基于"三生"理念的黑龙江省63个县域乡村韧性时空分异的影响机制

1. 影响因子选取与探测结果

乡村韧性能够体现乡村在面对外界扰动冲击时，通过生产韧性、生活韧性、生态韧性等三个子系统来进行调整与适应，从而最大程度地吸收外界扰动，同时保持自身的稳定与发展的能力。本文基于黑龙江省63个县域乡村韧性评价结果，运用地理探测器中的因子探测，选取了对生产韧性、生活韧性、生态韧性影响较大的8个因素（表3），解析乡村韧性各影响因素的影响程度。其中，乡村生产韧性在很大程度上影响着区域内的生产结构与生产水平，是促进乡村振兴的重要条件，选取工业发展、农业发展、生产能力来进行表征；民生是人民幸福之本，生活韧性是影响乡村振兴的基础性因素，选取教育水平、

黑龙江省韧性地理探测器的因子探测结果　　　表3

探测因子	生产韧性			生活韧性				生态韧性
	X_1	X_2	X_3	X_4	X_5	X_6	X_7	X_8
2011年	0.6354	0.4565	0.7623	0.3062	0.2927	0.5765	0.3348	0.5057
2012年	0.6567	0.4723	0.7737	0.3308	0.2902	0.5787	0.3629	0.4969
2013年	0.6493	0.5179	0.7421	0.3718	0.3987	0.5580	0.3765	0.4564
2014年	0.7322	0.5453	0.7418	0.3598	0.4836	0.5195	0.4516	0.3755
2015年	0.7132	0.6126	0.7310	0.4172	0.4398	0.6601	0.4613	0.3415
2016年	0.5157	0.5349	0.5494	0.3726	0.3799	0.2185	0.4464	0.2180
2017年	0.6443	0.5136	0.7379	0.4534	0.4280	0.5351	0.3925	0.3082
2018年	0.5805	0.4004	0.6121	0.3326	0.4472	0.4907	0.3776	0.3273
2019年	0.3847	0.2514	0.4817	0.3783	0.3450	0.5176	0.2354	0.2755

医疗保障、农户生计、生活水平4项指标来反映；宜居的乡村环境是城市的"后花园"，是衡量乡村振兴的关键指标，选取空气质量来表征（图2）。

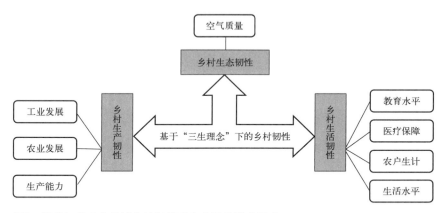

图2 黑龙江省63个县域乡村韧性时空分异的影响因素

2. 影响因素分析

黑龙江省63个县域乡村韧性时空分异的影响因素具有明显的差异性。2011—2019年，工业发展（X_1）、生产能力（X_3）、农户生计（X_6）是县域乡村韧性时空分异的主导因子，农业发展（X_2）、教育水平（X_4）、医疗保障（X_5）、生活水平（X_7）指标值处于较高水平，表明生产韧性是影响黑龙江省县域乡村韧性时空分异的基本因素，生活韧性是影响黑龙江省县域乡村韧性时空分异的关键因素。而用于表征乡村生态韧性的空气质量（X_8）指标值偏低，相对于生产韧性与生活韧性对乡村韧性的影响程度较低，但也是乡村韧性的重要保障因素。

（1）生产韧性是影响黑龙江省县域乡村韧性时空分异的基本因素。首先，生产能力（X_3）即第二产业增加值对黑龙江省县域乡村韧性的影响最大，2011—2015年q值均大于0.7，2016年有短暂的下降，直至2019年下降至0.4817。生产能力诠释了当地经济发展状况，代表该地区整体经济能力。其次，工业发展（X_1）对地区生产韧性也起到重要的促进作用，q值均大于0.5，黑龙江省作为东北老工业基地，工业发展是区域生产能力的重要体现，对区域生产韧性起着积极有效的促进作用。最后，农业发展（X_2）对黑龙江省县域乡村韧性时空分异的影响相对较小，黑龙江省农业发展空间差异相对较小是主要原因。

（2）生活韧性是影响黑龙江省县域乡村韧性时空分异的关键因素。农户生计（X_6）即居民储蓄存款余额对黑龙江省县域乡村韧性时空分异的影响较大，农户生计是县域生活韧性发展水平的核心指标之一，农村金融体系相对较完善，居民收入提高，存款增多，农民生活水平更高。教育水平（X_4）、医疗保障（X_5）、生活水平（X_7）对黑龙江省县域乡村韧性时空分异的影响力仅次于农户生计（X_6），表明农村居民的素质教育水平提升、医疗便利、基础设施完善，对提高乡村宜居性，为农村居民提供好的生活保障有较大影响。生活韧性是对该区域居民生活状态和生活质量的一种体现。随着城镇化水平的不断加快使得居民对生活水平和生活质量的需求大幅提升，构建合理的韧性生活空间，完善生活保障，提高生活水平和生活质量迫在眉睫。

（3）生态韧性是影响黑龙江省县域乡村韧性时空分异的保障因素，生态绿色可持续是建设美丽乡村的重中之重。黑龙江省农村分布具有空间差异性，乡村经济发展水平、资源禀赋等各情况不同，生活用能也有所不同，但大多数均为污染大及温室气体排放较严重的低质能源。同时乡村碳排放量也是影响乡村生态韧性的重要影响因素，减少农村生产生活用能碳排放，充分发挥农村生活垃圾、废弃物等可再生能源优势，使农村低碳发展成为乡村韧性提升与乡村振兴的重要动力之一。

五、结论与讨论

（一）结论

（1）2011—2019年，黑龙江省63个县域的乡村韧性整体呈现波动式下降趋势，从生产-生活-生态各子系统来看，生产韧性呈现"W"波动，韧性下降；生活韧性呈先缓慢上升后急剧下降又大幅上升的波动，韧性整体下降较低；生态韧性呈先上升后下降的"波浪式"浮动，韧性下降。对县域乡村而言，三者并非独立存在，协调发展才能提升县域乡村韧性，任何一方较低都会拉低县域乡村韧性水平，阻碍乡村稳步高质地发展。

（2）2011—2019年，黑龙江省乡村韧性在空间分布中表现为集聚现象不显著，高高集聚区域主要出现在哈尔滨、大庆、牡丹江等南部核心城市周边县域，高高集聚区数量逐年减少；低低集聚区域主要出现在黑龙江省北部地区，且低低集聚区域数量逐年增加。结果表明黑龙江省乡村韧性发展出现"瓶颈期"。

（3）基于"三生"理念下的黑龙江省县域乡村韧性时空分异主要受工业发展、农业发展、生产能力、教育水平、医疗保障、农户生计、生活水平、空气质量的影响，其中工业发展（X_1）、生产能力（X_3）、农户生计（X_6）对乡村韧性时空分异的影响最大。从生产韧性角度来看，工业发展（X_1）、生产能力（X_3）更为重要，对乡村地区生产韧性起促进作用。在生活韧性中，农户生计（X_6）对乡村居民生活水平的影响力最大，其次是教育水平（X_4）、医疗保障（X_5）、生活水平（X_7）。从生态韧性视角下，空气质量（X_8）对全面提升农村人居环境质量有重要影响。

（二）讨论

本文以"三生"理念为切入点，基于乡村韧性概念，从生产韧性、生活韧性、生态韧性三个维度对黑龙江省63个县域乡村韧性进行测度及时空分异特征进行研究，并进一步定量诊断了导致县域韧性时空分异的主要影响因素，证实了"点-轴"理论，同时是对乡村韧性研究内容的扩充与研究尺度的深化，具有重要的理论价值。本文对提升黑龙江省县域乡村生产韧性、生活韧性、生态韧性，并为其他同类乡村韧性提升具有一定参考。后续研究还可从以下几个方面展开深入探索：

（1）由于数据获取的局限性与研究区严寒的特殊地理特性，本文构建的评价指标体系多考虑生产韧性与生活韧性，而生态韧性相关数据不够充分，今后将注重生态数据的挖掘和获取，对县域生态韧性进行深入分析。

（2）各个县域发展政策对县域生产、生活、生态韧性的影响不容忽视，今后的县域乡村韧性评估框架应将区域发展政策因素纳入其中，并注重创新性集成化的研究。

（3）今后要在长时间序列尺度研究基础上，开展县域乡村韧性的动态预测及模拟调控研究，同时构建长效优化调控路径，提出有针对性的乡村发展策略，以期更好地促进美丽乡村现代化建设。

（本文共同作者：陈晓红，哈尔滨师范大学地理科学学院；杜悦，哈尔滨师范大学地理科学学院）

参考文献

[1] 何仁伟. 城乡融合与乡村振兴：理论探讨、机理阐释与实现路径[J]. 地理研究，2018，37（11）：2127-2140.

[2] 李玉恒，黄惠倩，郭桐冰，等. 多重压力胁迫下东北黑土区耕地韧性研究及其启示——以黑龙江省拜泉县为例[J]. 中国土地科学，2022，36（5）：71-79.

[3] 刘彦随. 中国新时代城乡融合与乡村振兴[J]. 地理学报，2018，73（4）：637-650.

[4] 刘彦随. 中国乡村振兴规划的基础理论与方法论[J]. 地理学报，2020，75（6）：1120-1133.

[5] 朱纪广，许家伟，李小建，等. 中国土地城镇化和人口城镇化对经济增长影响效应分析[J]. 地理科学，2020，40（10）：1654-1662.

[6] 刘彦随，周扬，李玉恒. 中国乡村地域系统与乡村振兴战略[J]. 地理学报，2019，74（12）：2511-2528.

[7] Forth G. The future of Australia's declining country towns: Following the yellow brick road[J]. Regional Policy and Practice, 2000, 9(2): 4-10.

[8] Wood R E. Survival of Rural America: Small Victories and Bitter Harvests[M]. Lawrence, KS: University Press of Kansas, 2008.

[9] Carr P J, Kefalas M J. Hollowing Out the Middle: The Rural Brain Drain and What It Means for America[M]. Boston: Beacon Press, 2009.

[10] Deveson A. Resilience[M]. Sydney: Allen & Unwin, 2003.

[11] McManus P, Walmsley J, Argent N, et al. Rural community and rural resilience: What is important to farmers in keeping their country towns alive?[J]. Journal of Rural Studies, 2012(28): 20-29.

[12] 李红波. 韧性理论视角下乡村聚落研究启示[J]. 地理科学，2020，40（4）：556-562.

[13] 李欣，方斌，殷如梦，等. 村域尺度"三生"功能与生活质量感知空间格局及其关联——以江苏省扬中市为例[J]. 地理科学，2020，40（4）：599-607.

[14] 王成，唐宁. 重庆市乡村三生空间功能耦合协调的时空特征与格局演化[J]. 地理研究，2018，37（6）：1100-1114.

[15] 马历，龙花楼，屠爽爽，等. 基于乡村多功能理论的贫困村域演变特征与振兴路径探讨——以海南省什寒村为例[J]. 地理科学进展，2019，38（9）：1435-1446.

[16] 王杰，曹兹纲. 韧性乡村建设：概念内涵与逻辑进路[J]. 学术交流，2021（1）：140-151.

[17] WILSON G A, HU Z, RAHMAN S. Community resilience in rural China: the case of Hu Village, Sichuan Province[J]. Journal of Rural Studies, 2018(60): 130-140.

[18] 傅丽华, 彭耀辉, 谢美, 等. 山区县国土空间规划协同的弹性空间测度: 以湖南省茶陵县为例[J]. 地理科学进展, 2020, 39（7）: 1085-1094.

[19] 刘彦随, 李进涛. 中国县域农村贫困化分异机制的地理探测与优化决策[J]. 地理学报, 2017, 72（1）: 161-173.

[20] Gunderson L H, Holling C S. Panarchy: Understanding transformations in human and natural systems [M]. Washington D C, USA: Island Press, 2002.

[21] 魏冶, 修春亮. 城市网络韧性的概念与分析框架探析[J]. 地理科学进展, 2020, 39（3）: 488-502.

[22] Francis R, Bekera B. A metric and frameworks for resilience analysis of engineered and infrastructure systems[J]. Reliability Engineering & System Safety, 2014, 121: 90-103.

[23] 王成, 任梅菁, 胡秋云, 等. 乡村生产空间系统韧性的科学认知及其研究域[J]. 地理科学进展, 2021, 40（1）: 85-94.

[24] 鲁钰雯, 翟国方, 施益军, 等. 荷兰空间规划中的韧性理念及其启示[J]. 国际城市规划, 2020, 35（1）: 102-110+117.

[25] 刘志敏, 叶超. 社会-生态韧性视角下城乡治理的逻辑框架[J]. 地理科学进展, 2021, 40（1）: 95-103.

[26] 丁建军, 王璋, 柳艳红, 等. 中国连片特困区经济韧性测度及影响因素分析[J]. 地理科学进展, 2020, 39（6）: 924-937.

[27] 中国统计数据库, 国家统计局调查总队. 中国县（市）社会经济统计年鉴[M]. 北京: 中国统计出版社, 2012-2018.

[28] 中国统计数据库, 国家统计局调查总队. 中国县（市）县域统计年鉴[M]. 北京: 中国统计出版社, 2012-2018.

[29] 郭付友, 佟连军, 仇方道, 等. 黄河流域生态经济走廊绿色发展时空分异特征与影响因素识别[J]. 地理学报, 2021, 76（3）: 726-739.

快速城镇化背景下的区域规划实践及几点认识

徐辉

> **作者简介**
>
> 徐辉，男，1978年1月生，硕士。现任中国城市规划设计研究院院士工作室主任，教授级高级城市规划师，住房和城乡建设部智慧城市专业委员会委员。主要从事城市与区域治理、城市体检评估、智慧城市与未来城市、城市繁荣活力等研究工作。参与或主持过"全国城镇体系规划（2006—2020年）""京津冀城乡规划（2015—2030年）"等研究；负责"全国新型城镇化监测平台""中国传统村落数字博物馆""城市体检评估信息平台"等信息化产品研发工作；负责"十三五"科技支撑的"大数据下的安全韧性城市规划关键技术"课题。

一、引言

过去20多年里是我国历史上城镇化发展最快速的时期，2000年我国的城镇化率为36.09%，而2020年达到了63.89%，年均增长近1.4个百分点。这20年正好与本人投身祖国的城乡规划事业的职业生涯相重合，因此在参与具体规划实践中切实感受到了我国城市快速扩张、城市规模不断扩大的客观现实，同时也深刻感受到20年里我国区域规划与管理工作不断探索与完善的历程。总的认识是：区域规划应关注当时及一定时期内的城镇化及城市发展建设中存在的主要问题，要从系统性角度思考解决问题的方法，统筹好发展与保护，近期与长远，速度与质量的关系；同时广泛借鉴国外发达国家先进的规划经验，从适合我国国情的角度出发来制定具体规划策略，并在区域协同管理机制创新上不断探索。

二、宏观层面城镇体系规划实践的几点体会

国家在"十五"规划纲要里正式提出了实施城镇化战略，"十一五"规划纲要提出促进城镇化健康发展的重大举措。全国层面的城镇空间格局优化提上了议事日程，为此建设部组织开展了《全国城镇体系规划2006—2020年》（以下简称《全国城镇体系》）的编制工作，并依《城乡规划法》报国务院。主要研究成果《全国城镇体系规划研究（2006—2020年）》由商务印书馆出版，其在规划行业产生强烈反响，也为后续诸多跨省市的区域规划和省域城镇体系规划编制提供了参考。本人结合后续参与的一批省级规划和跨行政区的区域规划，有如下几点认识：

第一，全国层面的前瞻性战略指导和"一盘棋"引导十分重要。当时《全国城镇体系》规划编制的背景是我国加入世界贸易组织（WTO）后，中国的城市发展面临着全球化的激烈竞争；同时资源能源紧缺压力凸显，迫切需要走集约、高效的城镇化道路。因此，规划提出了"多元、多极、网络化"的城镇化空间战略，指导全国城镇"一盘棋"发展建设。其中"多极"是指依托不同类型、不同层次的城镇群和中心城市，带动不同区域发展，落实国家区域协调发展总体战略。在中心城市体系构建方面，规划提出了建设北京、上海、广州、天津等国家中心城市，逐步发展成为亚洲乃至于世界的金融、贸易、科技、文化、管理中心，并起到带动京津冀、长江三角洲、珠江三角洲重点城镇群协调发展的核心组织作用。从近10年来的发展来看，这批城市在推动国际交往、促进创新转型、提升产业综合竞争力等方面起到了先锋表率作用；同时也与周边城市加强了协作，为提升

区域整体竞争力起到引领作用，如上海大都市圈、广佛都市圈的区域协作在稳步有序推进。

第二，**全国层面的分类指引十分必要，需要长期跟踪**。《全国城镇体系》规划也提出了陆路门户城市（镇）、边境地区中心城市、老工业基地城市、矿业（资源）城市、历史文化名城的分类指导要求，为相关城市提供"量身定制"的指导策略。从当前城市发展来看，这几类城市在发展动力、发展模式与路径等方面均面临诸多问题，其长期的健康可持续发展将影响到我国2035年"美丽中国"目标的实现，因此需要国家层面给予长期的政策支持。与此同时，为了支撑中心城市发展，规划也提出了中心城市与重大区域基础设施的协同配套要求，尤其是通过构建综合交通枢纽城市，将重大交通设施布局整合起来，最大化发挥枢纽效能来促进中心城市的综合实力提升。《全国城镇体系》规划确定了全国层面九座（组）一级综合交通枢纽城市，在其指引下，上海市规划建设了面向长江流域和长三角腹地的虹桥综合交通枢纽，布局了面向国际的浦东机场，为提升上海的国际门户职能发挥了积极作用。

第三，**跨省市的区域规划、城镇体系规划是深化、细化并落实国家规划的重要抓手**。《全国城镇体系》确定了若干重点城镇群，规划要求以国家中心城市为核心，辐射带动一定范围内城镇分工协作与优势互补发展。为此，2015年住房和城乡建设部启动了《京津冀城乡规划（2015—2030）》编制工作，通过跨省市的城镇体系合理布局来推动京津冀发展落差过大问题的解决，该规划也是落实《京津冀协同规划纲要》的重要区域规划。规划编制中把握了弹性引导和区域整体管控的理念，为中央政府调控跨省市的空间资源配置，加强跨省市的生态环境保护提供了依据。在弹性引导方面，规划从构建世界级城市群一体化职能和引导非首都功能合理疏解两方面出发，从不同空间圈层、不同廊道上作好城镇体系布局，并预留好战略性的发展节点。在整体管控方面，规划提出了"以水定人、以地定城、以气定型"的底线管控准则，合理确定京津两座超特大城市的规模和开发边界；同时通过构建京津两座超特大城市跨界地区的区域生态廊道与区域绿地，以防止京津两市过度蔓延。规划经国家发展改革委批准实施后，国家发展改革委等七部门联合印发《加强京冀交界地区规划建设管理的指导意见》，河北省政府办公厅也印发《关于加强京冀交界地区规划建设管理的实施方案》，这对于扭转北京周边地区无序开发局面，引导跨区域生态环境建设起到了积极作用。此外，立足于区域整体管控要求，京津冀地区通过联合实施永定河流域生态修复与区域治理工程，北京推动国家植物园建设和浅山地区生态修复，切实引导了区域生态廊道或区域绿地的保护。

第四，省域层面规划在落实全国战略意图方面发挥了积极作用。《全国城镇体系》对于27个省级单位和4个直辖市均做了指引，对跨区域的城镇空间组织、生态环境保护、资源协同利用和重大设施协同布局提出了指导意见。本人参与的若干省域城镇体系规划也呼应了《全国城镇体系》的相关要求。在《浙江省城镇体系规划（2011—2020年）》编制中，提出了"大疏大密"的城镇化空间格局战略，区分了城镇密集发展与点状发展的差异化策略；同时在落实中心城市体系构建要求基础上，考虑到浙江省融入长三角城市群，提升全球影响力的要求，提出了构建四大都市区的发展策略，该策略在浙江省政府多个五年规划中一直坚持下来。同时规划提出的将舟山群岛、杭州空港地区（钱塘新区）、杭州湾地区、金义交界地区作为战略地区加强指引，这些战略地区也相继成为国家或省级的重要增长空间。在《江西省城镇体系规划（2015—2030年）》编制中，为了落实《全国城镇体系》提出的推动老少边穷地区特色发展的要求，重点提出了培育赣州作为省域副中心和新增长极的战略。该规划经江西省政府报国务院批准实施后，赣州的交通枢纽地位、综合产业经济实力有了大幅提升，其他被确定为国家物流枢纽城市；同时规划提出的昌景黄快速通道目前已经落地了昌景黄高铁，为切实推动环鄱阳湖地区融入长三角提供了有力支撑。在《新疆城镇体系规划（2014—2030年）》编制中，为了落实《全国城镇体系》提出的推动边境地区稳定发展的要求，并考虑到新疆独特的绿洲城镇化发展模式，提出了从"屯垦戍边"到"建城戍边"的城镇化发展策略，指导了一大批地区中心城市与县城的建设，并为设立兵团城市提供了依据。

三、城镇化及城乡统筹规划实践的几点体会

浙江和山东两省是我国经济发达、城乡规划管理体制探索走在前列的省份。城市和区域发展中暴露的问题也较为集中，因此两省分别在城乡统筹规划、城镇化规划等方面作了提前谋划，为解决相关问题提供了很好的经验，这为当前优化国土空间格局工作也提供了很好的范例。

第一，县（市）域总体规划是"多规合一"有益的探索。本人在20世纪前十年先后参与过浙江的温岭、海宁两个县级市的县（市）域总体规划。该类规划是将原有的规划区范围扩展到全境，率先实现了全要素覆盖的规划管控。《温岭市域总体规划（2006—2020年）》是我国第一个由省级政府批准实施的县（市）域总体规划。规划提出了基于城乡规划、土地利用总体规划"两规衔接"原则下的目标、指标和坐标三统一规划举措，并将原来的城镇体系和村庄居民点布局规划进行有机衔接，实现了规划管理的全覆盖。同时，规划提出了县域城镇化分区指引要求，分别从空间管制、城乡统筹发展与布局、公共策略等方面加强差别化引导，并指导不同标准的资源配置与设施配套。此外，规划也考虑到海洋空间资源与陆域空间资源的统筹利用要求，加强了各类生态功能保护区的禁建、限建管控，很好地起到了"多规合一"作用。

第二，省级层面新型城镇化规划重点解决了以人为本的各类资源合理配置问题。在《山东省新型城镇化规划（2014—2020年）》编制中认识到，作为政府的综合施政纲领文件，要在以人为本理念下引导政府各项工作有序开展，需要立足全局性、系统性来思考相关资源的配置以及相关政策的制定。在规划编制过程中贯穿了以人为本的协同政策制度设计，有以下三点。一是促进"人口—就业—公共服务"的协同政策设计，使得人口流入城市和人口外流城市之间能够实现相对均衡的发展。二是促进"空间资源—人口—产业"的协同配套，使得"地随人走，业随人迁"，能够使城乡发展进入一个良性循环模式。三是促进"环境—人口—空间资源"的协同管理，对于人口密集地区要加强高品质的人居环境建设，对于人口持续流出地区要加强生态功能的保育；在空间资源利用方面加强闲置、低效资源的盘活，并有序引导跨区域的指标配置。这三类协同政策设计，最后需要通过不同的城镇化空间单元予以明确，如都市圈核心地区、外围地区的县（市、区）、农业型县（市）、生态型县（市）等。因此，立足于因城施策、因县定策的原则，将各类协同政策再进一步细化分解到各个行政主体单元，使得城镇化规划能落到实处。

四、新时期对于区域规划的再认识

第一，作为人口大国，城镇体系规划管理不可或缺。我国从"十五"期间将城镇化发展作为国家层面的战略，而城镇化的载体是各级各类城市。在我国的城乡规划体系中，我国的城镇体系规划及相关管理已经有了近30年的经验摸索，不管是《全国城镇体系》，跨省市的区域规划，还是省域城镇体系、市域城镇体系规划，县（市）域总体规划都对城市健康发展起到了积极作用，相应的规划管理经验证明对于我国规划管理是很有成效的，应该予以延续并与时俱进再创新探索。当前我国已进入城镇化稳定发展阶段，人口的流动由过去城乡之间流动逐步转向城市之间的流动，因此为引导各级各类城镇的健康可持续发展，城镇体系在国家现代化制度建设中不可或缺。有三方面认识：一是各级各类城镇作为城镇化的载体，需要进一步统筹好超特大城市与大中小城市、小城镇协调发展，尤其是引导人口大规模聚集城市和人口过度外流城镇的健康发展；二是过去快速城镇化背景下的城镇体系规划注重城镇空间结构的构建，当前随着城镇间的人口流动成为主体，应侧重不同规划、类型城镇之间的差异化政策设计；三是在城镇体系战略引导基础上，可结合土地等重要空间资源指标的调控政策，来进一步完善城镇体系规划管理。

第二，重视超特大城市的区域规划及管理机制创新。城镇群是我国城镇化的主体形态，但从我国的基本国情和城镇化发展规律出发，城镇群的核心依然是围绕若干超特大城市的都市化地区。而且随着人口的进一步迁入，这些地区的安全风险与可持续发展压力将更加突出。中国的超特大城市还有一个显著特点，既"大城大市"的行政管理模式。过去20多年里，一大批中心城市依靠行政区划调整来不断扩大市辖区范围，这是最小成本整合空间资源的手段。但不断调整并扩大行政区范围不是长久之计，建立中国特色的都市圈体系来促进跨市的城镇协调发展是我国区域规划管理的重要任务。要按照不同圈层的城镇化模式和形态合理引导城镇布局，合理配置交通等基础设施建设；同时统筹制定生态保护与空间管控要求。

第三，注重城镇化导向的分区政策体系建构。如果说城镇体系规划是区域规划的骨架，城镇化分区就是区域规划的肌体（促进协调发展）。在全国以及省级层面应综合人口密度与人口流动、资源禀赋、环境承载力和社会经济发展水平提出相应的政策分区，其目的是重大资源的合理配置。可考虑在主体功能区划的基础上深化细化，如城镇化地区之内可考虑根据人口密度或者生态环境条件设定亚区，对于开发强度和相关主导功能分别加强引导；对于生态保护功能区，应在整体保育要求下，也应考虑一些特殊的城镇化动因，如针对旅游小镇、生态小镇制定扶持政策和负面清单。在市、县域层面上，更多是落实国家、省级的城镇化分区要求，再从功能分区引导和空间用途管制方面予以深化和落地。

五、结语

我国的城镇化已经转入到平稳增长阶段，区域规划依然面临着城市及区域发展的诸多问题与挑战，仍然需要规划体制的创新来应对。作为规划人需要与时俱进，不断思考和探索创新，并从实践中去检验理念与方法。正如周一星老一辈区域规划专家在《风雨华章路——四十年区域规划的探索》书中引用北岛的一句话让人记忆深刻，"过去的已经过去，未来尚且遥远，对于我们这代人来说，今天，只有今天！"新时代需要继往开来、不忘初心、砥砺前行，区域规划仍需要坚守与创新。

我国三大世界级城市群的空间特征与空间治理比较研究

罗彦

> **作者简介**
>
> 罗彦，男，1979年10月生，博士。中国城市规划设计研究院中部分院副院长，教授级高级规划师，主要从事国土空间规划和区域规划研究工作。深圳市首届"杰出青年工程勘察设计师"，中国地理学会城市地理专业委员会委员、广东省自然资源厅咨询专家委员会委员和深圳市城市规划委员会委员等。主持和参与了全国国土空间规划纲要、广东省新型城镇化规划、深圳前海深港合作区规划等重要工作100余项，以及中财办等部委重要课题10余项。荣获全国优秀城乡规划设计奖和华夏建设科学技术奖一等奖等多项，独著和合著图书10本，发表论文60余篇。

  城市群是我国城镇化的主体形态，也是我国区域发展战略的重要载体。基于三大世界级城市群的发展特征，通过运用人口、企业、空间等多源大数据，尝试从密度、流量、制度三个方面进行对比分析，得出城市群的空间结构优化要尊重人口和经济发展规律，需要以都市圈为主体推动一体化发展，要构建要素自由流动的经济社会环境。针对三大城市群的空间特征和制度差异，提出要合理处理好密度、流量和制度空间，打通各个维度和领域的"堵点"，让要素自由流动、合理配置，从而实现城市群的高效治理。

一、研究综述与概要

《国家新型城镇化规划（2014—2020年）》提出："以城市群为主体形态，推动大中小城市和小城镇协调发展"，《国民经济和社会发展第十三个五年（2016—2020年）规划纲要》也明确提出要"加快城市群建设发展"，并在全国划定了19个城市群。进入新发展阶段，中央进一步明确提出要增强中心城市和城市群等经济发展优势区域的经济和人口承载能力，推动以国内大循环为主体，国际国内内外双循环相互促进的新发展格局。可以看出，城市群已经成为我国宏观调控的重要手段和新型城镇化发展的重要载体。

长期以来，城市群一直是国内外学者的研究重点。其中，在针对城市等级规模、中心体系的研究中，位序-规模法则在研究中应用最为广泛，以验证城市群城市规模分布规律。也有研究学者运用城市群基尼系数[1,2]、城市均衡度[3]、经济水平测算、经济增长[4]等方法来分析城市功能、城市性质、城市规模分布的合理性，并采用引力模型[5]、中心度测算[6]、空间分形特征分析[7]、指标评价[8]等方法，对城市群的中心、空间格局等多方面进行分析，以探索面向城市群一体化为目标的空间治理方向与策略。在城市群研究中，研究学者从早年的定性研究，逐步转向利用数据进行定量分析，如经济能级和市场结构[9]、人口规模[10]、人员从业数量、GDP总量[11]、道路密度、统计数据[12]等存量数据的空间特征研究。近年来，也有学者开始利用总部-分支机构的城市链等大数据[13]、流量数据[1,2]对城市群空间结构和城市网络进行分析。整体来看，国内关于城市群空间特征的研究更关注城市规模格局和空间结构特征等方面，并有转向定量研究的整体趋势。

京津冀、长三角和粤港澳大湾区，均定位为世界级城市群，作为国家参与国际竞争、展现国家实力的载体，更具有战略性价值。三者的差异化空间特征如何认识，空间治理的重点如何识别，是未来全国城市群发展格局需要重点研究和关注的内容。本文利用人口、企业、空间等多源数据，尝试从密度、流量、制度三个方面进行对比分析，并对城市群空间治理优化的关注重点进行阐述，以期对三大城市群的整体格局形成深入认识。

二、三大世界级城市群的发展概况

（一）京津冀城市群

京津冀城市群面积约为21.6万平方公里，包括北京市、天津市和河北省的11个地级市，以及定州和辛集两个省直管市。其国家使命与责任将体现在未来国际文化交流、国家首都形象、生态居住环境等方面，进而充分发挥其作为国家门户和窗口的作用。北京是国家首都，作为国家的政治、文化、交往、科技创新中心，发挥国家门户与对外窗口重要作用。2018年11月，中共中央、国务院明确要求以疏解北京非首都功能为"牛鼻子"推动京津冀协同发展[①]，其核心在于解决北京的大城市病。

（二）长三角城市群

长三角城市群面积约为21.2万平方公里，仅占全国2.1%的国土面积，却集中了全国约20%的经济总量，被视为中国经济发展的重要引擎，是保障全国稳定发展的重要支撑。长三角的定位在于完善我国改革开放空间布局，致力于打造改革新高地，复制推广自由贸易试验区、自主创新示范区等改革经验[②]。上海市举办的中国国际进口博览会，是世界高端产品进入中国的窗口，体现了我国经济财力、消费水平达到了一个新的高度，标志着上海成为我国未来消费经济时期与进一步经济增长的重要门户。

---

① 《中共中央国务院关于建立更加有效的区域协调发展新机制的意见》。
② 《国家发展改革委 住房城乡建设部关于印发长江三角洲城市群发展规划的通知》。

（三）粤港澳大湾区

粤港澳大湾区包括香港特别行政区、澳门特别行政区和珠三角九市，总面积5.6万平方公里，粤港澳大湾区城镇化水平接近90%，发展质量与动力直接决定了中国未来中长期的发展速度和中华民族的伟大复兴。粤港澳大湾区五大定位中，核心要义是支持、港澳融入国家发展大局。从珠三角到大湾区，核心是加入了香港、澳门特别行政区，推动"一国两制"事业发展的新实践。对于粤港澳大湾区而言，优势、特点和难点都是制度，研究制度比空间更关键。未来如何发挥特殊制度优势，突破行政与制度的隔阂，实现"9+1+1"的共赢发展，提升区域竞争力，是最大机遇也是最大挑战。

三、城市群空间特征与比较

（一）要素集聚的空间密度

总体上，三大城市群均呈现多中心和高密度特征。空间尺度上，大湾区的全域土地面积与建设用地面积均小于其他两个城市群，但人口和经济密度均为最高。

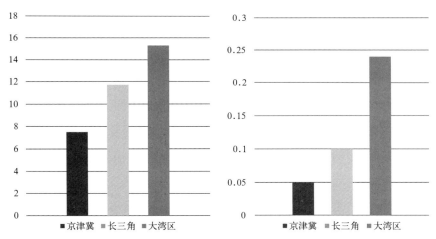

图1 三大城市群人均GDP（万元）和地均GDP（10亿元）比较
（数据来源：根据2018年各地统计年鉴数据整理）

人口密度上，粤港澳大湾区是全球密度最高的城市群之一。即使是与纽约、东京、旧金山等全球第一梯队的世界级湾区比较，沿其主要发展走廊截取人口密度断面，可发现最突出的人口密度峰值均出现在粤港澳大湾区，主要包括澳门、香港、深圳与广州。对于粤港澳大湾区而言，人口密度带来的不仅仅是压力，更是机会。密度相比规模更需要关注，质量的提升、人才的集聚、创新机会的出现，一定程度上都是密度带来的机会，这将给城市群未来发展提供更多想象空间。但与此同时，人口过于聚集带来的公共安全和大城市病问题也需要得到重视。

公共服务设施密度上，相对京津冀城市群和长三角城市群而言，粤港澳大湾区比较薄弱。医疗、文化有一定优势，教育有所欠缺，随着人口结构的变化，未来公共服务设施格局与密度还需进一步优化。

（二）要素流动的空间网络

三大城市群要素流动网络也存在差异。内部联系网络方面，京津冀城市群与长三角城市群呈现出明显的单核心——北京和上海，网络联系度前列者均为从北京、上海向外辐射。而粤港澳大湾区企业联系多中心网络化程度更高，其中联系最紧密的是广深之间。

人口流动方面，北京一极独大的特点明显，长三角城市群形成沪、宁、杭三个相对独立的地域人口流动极核，粤港澳大湾区则形成"Z"字形通勤廊道，特别是东岸的广—莞—深—港通勤走廊，存在大规模跨城人口流动，而西岸人口流动性相对较小。通勤上，粤港澳大湾区形成全国最大规模的跨城通勤人口。广—佛每天至少有50万人口通勤，深—莞至少30万，已初步形成高度流动的空间格局。

货物流动方面，京津冀城市群中，北京、天津、石家庄和保定市联系紧密，但北京、天津两市与京津冀其他城市也有着高度密切的货流往来；长三角城市群则呈现了上海市一极独大的特点，由上海市向外辐射特征明显，并形成南京、无锡、苏州、杭州、宁波五个次级中

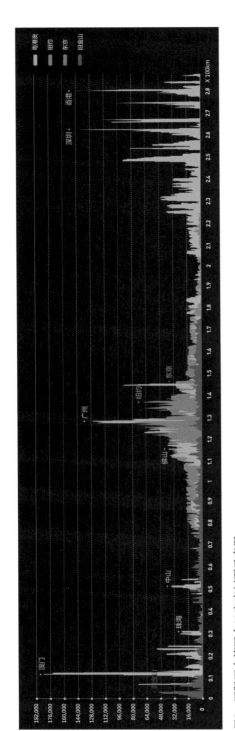

图2 国际四大湾区人口密度剖面示意图
(资料来源:中规院深圳分院"数字湾区"平台)
数据来源:Schiavina, Marcello; Freire, Sergio; MacManus, Kytt (2019): GHS population grid multitemporal (1975, 1990, 2000, 2015) R2019A. European Commission, Joint Research Centre (JRC)

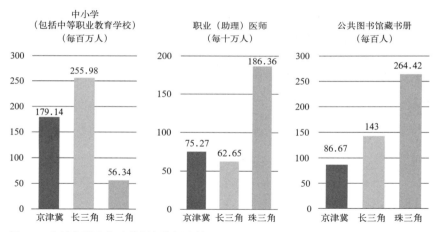

图3 三大城市群人均公共服务资源比较
（数据来源：2018年网络公开地图数据）

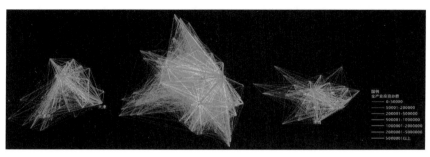

图4 三大城市群企业联系网络（左：京津冀；中：长三角；右：大湾区）
（资料来源：中规院国土空间规划分析平台）

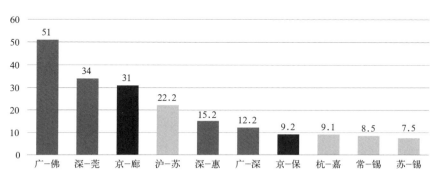

图5 三大城市群人口跨城通勤强度前10
（数据来源：2018年手机信令数据）

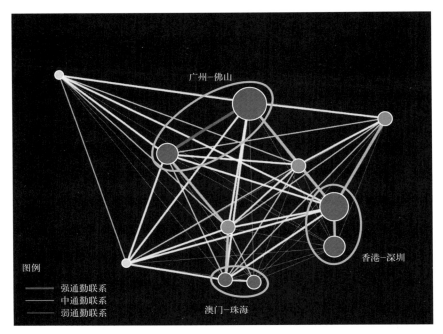

图6 大湾区人口通勤网络
（数据来源：2018年手机信令数据）

心；珠三角九个城市之间，则显现出更加均衡和网络化的格局，城市之间的物流联系强度均较高，其中广州因其枢纽地位和产业特征，具有一定的中心放射性格局特征。

（三）制度供给的空间政策

由于发展阶段的差异，三大城市群所面临的问题也有所不同，相应的制度空间也存在差异。京津冀城市群的主体思想是协同发展，疏解北京非首都功能，调整优化京津冀城市布局和空间结构。长三角则通过自贸区的一体化制度设计，以期高质量融入国际大循环网络。大湾区则涉及"一国两制三个关税区"，如何借用各自的法律和行政体系优势，寻求新的开放发展空间。城市群内部各城市之间资源要素流动还不够顺畅。

本文尝试用"墙"的概念，评估现实跨界联系流量与理论跨界强度的匹配性与差异性,即行政边界、制度文化等要素对于城市之间要素流动的相对阻碍与促进作用。其中,理论联系流量是基于引力模型的优化算法,反映两个城市之间的理论吸引力,这一数量与人口经济规模、实际交通距离相关。现实的跨界人口联系流量,则是通过整合利用移动运营商和百度慧眼数据,反映两个城市之间的实际人口流动规模;企业联系流量,则是城市间企业设立分支机构的数量与投资的联系强度[①]。

初步研究发现,京津冀地区的河北省内部、跨省(市)联系阻碍系数相对较低,而粤港澳大湾区的跨境联系、长三角的跨省(市)联系阻碍系数较大。可见阻碍系数实际上与要素流动类型、城市经济发展水平、城市间经济发展相对差异、行政层级关系、协同发展政策等均有密切关系。

空间格局上,深圳跟香港之间虽然人口往来密切,但跨境带来的阻碍系数依然较大。西岸地区(如江门与周边城市)的阻碍系数比较高,而东岸深莞惠地区的流动性更强,这与制度协同、交通便利性均有较大关系。长三角地区的联系阻碍相比一体化要求还有一定差距,需进一步推动人口、经济要素流动。京津冀城市群整体阻碍系数相对较小,一方面是区域发展不均衡性较大,另一方面是以高铁主导的交通运输网络便利性更高,而粤港澳大湾区轨道网交通建设则相对滞后。

---

① 具体计算参考McCallum J(1995)等研究,通过以下公式进行:$\ln R_{ij} = K + \alpha(G_i \times G_j) + \beta(P_i \times P_j) + \gamma L_{ij} + \delta T_{ij} + \varepsilon Q$。式中,$R_{ij}$为城市$i$、城市$j$间的人口或企业联系流量;$G_i$、$G_j$为城市$i$、城市$j$的GDP规模;$P_i$、$P_j$为城市$i$、城市$j$的人口规模;$L_{ij}$为城市$i$、城市$j$间实际车行距离(通过公开地图路径导航API获得);T_{ij}为城市i、城市j间实际车行时间(通过公开地图路径导航API获得);K为调整系数;Q为相邻边界影响系数;α、β、γ、δ、ε为各因子幂系数。

三大城市群人员、资本联系的边界阻碍

表1

人口流动联系阻碍系数			企业总部—分支联系阻碍系数			企业投资联系阻碍系数		
区域	排名平均	阻碍系数	区域	排名平均	阻碍系数	区域	排名平均	阻碍系数
河北省	57	0.846	北京—河北	49	0.860	北京—天津	45	0.988
北京—河北	65	0.856	北京—天津	91	0.938	北京—河北	64	1.006
天津—河北	72	0.884	河北省	94	0.972	上海—浙江	70	1.014
上海—安徽	80	0.885	上海—浙江	142	1.046	上海—安徽	79	1.022
北京—天津	110	0.930	上海—江苏	144	1.049	安徽省	116	1.047
上海—浙江	132	0.948	上海—安徽	146	1.054	上海—江苏	116	1.056
上海—江苏	148	0.962	浙江省	170	1.088	河北省	142	1.065
浙江省	152	0.970	安徽省	173	1.107	浙江省	154	1.082
珠三角（广东省）	166	0.998	珠三角（广东省）	215	1.171	天津—河北	199	1.118
安徽省	196	1.016	江苏省	229	1.201	珠三角（广东省）	232	1.148
江苏省	197	1.034	天津—河北	244	1.212	安徽—浙江	248	1.189
安徽—江苏	256	1.100	安徽—浙江	373	1.815	江苏省	262	1.168
安徽—浙江	257	1.139	江苏—浙江	381	2.031	江苏—浙江	314	1.231
珠三角—澳门	271	1.224	安徽—江苏	438	3.936	安徽—江苏	396	1.449
珠三角—香港	290	1.226						
江苏—浙江	291	1.302						

经测度，深港之间的实际联系流量只有理论联系强度的1/72，如果用空间距离作一个更形象的比喻，深港边界宽度大概是"500公里"，这可以认为是制度差异下的时空距离。粤港澳大湾区的三大都市圈，即广佛肇、珠中江与深莞惠都市圈，其跨都市圈的通勤阻碍系数是都市圈内部的2.3倍，可见三大都市圈的格局比较明显。相较而言，在人员阻碍和资本阻碍上，深莞惠均具有一定优势，其制度协同与市场化水平相对较高，而广佛肇之间人员阻碍更大，珠中江资本阻碍更大，这与各自人口、经济空间格局特征有密切关系。

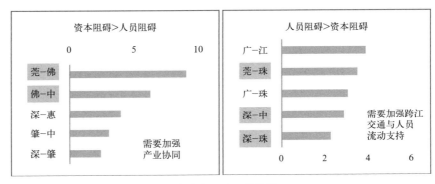

图7 粤港澳大湾区人员阻碍系数与资本阻碍系数格局

四、城市群的空间治理重点

（一）京津冀城市群：以北京非首都功能疏解，推动区域协同发展

北京是京津冀的核心城市，但因承载和集聚了过多功能，"大城市病"日益凸显。按照《京津冀协同发展规划纲要》要求，疏解北京的非首都功能是重中之重，是破解因过度集聚带来的交通拥堵、资源过载、污染严重等问题，调整经济结构和空间结构，优化建设开发模式与人居环境的重要手段。在定位为全国政治中心、文化中心、国际交往中心和科技创新中心下，北京市出台《新增产业的禁止和限制目

录》，目录明确了全市都要禁止或限制的行业，如建材、造纸、纺织等一般制造业，燃煤发电，区域性物流基地、区域性专业市场等，也明确了四类功能区各自要限制的功能和产业。如核心区——东城区、西城区，在执行全市性管理措施的基础上，要严格禁止制造业、建筑业、批发业，禁止新建和扩建高等学校、大型医院等大型公建。按此要求，一般性制造业、区域性物流基地和区域性批发市场、部分教育医疗机构、部分行政性与事业性服务机构功能将对外疏解。

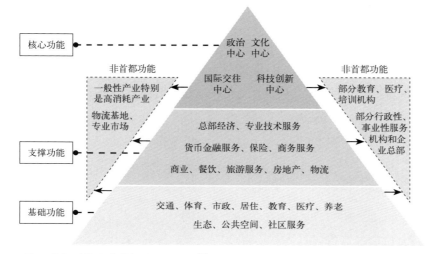

图8　首都功能和非首都功能示意图[14]

功能疏解的空间承接载体上，将形成从两翼（通州副中心、雄安新区）到津、冀，再到更大范围空间的多层次疏解和承载空间体系，实现既有利于优化北京的空间布局，同时形成新的增长空间，辐射周边地区，带动京津冀协同发展。

在推动机制上，除了自上而下的行政手段外，更需要自下而上的协同机制、市场机制的联动发挥，综合考虑各地政府、企业、居民意愿，让各类市场主体获得更好的发展机会和发展空间。一方面，建立疏解地与被疏解地之间利益共享机制，探索财税体制改革创新，推动各类企事业单位实现京津冀区域性布局。另一方面，针对外迁机构和人员建立全方位保障机制，如用地政策支持、资金政策支持等，并强调以人为本完善衔接服务机制，加强人才落户、子女就学、配偶随迁、住房保障等配套服务。

（二）长三角城市群：以生态绿色一体化示范区，推动区域一体化发展

建设长三角生态绿色一体化发展示范区，是实施长三角一体化发展战略的先手棋和突破口，其范围包括上海市青浦区、江苏省苏州市吴江区、浙江省嘉兴市嘉善县，面积约2300平方公里[①]。处在高质量发展的新时代，在贯彻"单一窗口""负面清单"等制度的基础上，长三角可率先在上海自贸区探索推行大宗商品、数字贸易、金融服务等国际贸易新模式，促进资金流动自由、人员从业自由、技术合作自由，不断改善营商环境，并逐步在浙江、江苏、安徽等自贸区推广，最终达成长三角对外开放高质量一体化发展的战略目标。

率先探索一体化发展新机制，从区域的项目协同走向一体化的制度创新。重点探索规划管理、土地管理、投资管理、要素流动、财税分享、公共服务等一体化发展体制机制。探索建立开放、高效、透明的一体化市场，必须充分发挥市场主体的作用，加强制度创新和制度供给能力，以制度创新撬动市场力量，鼓励各类市场主体和社会力量积极参与，更好促进各类生产要素和创新要素的流通，以要素融通实现利益共享，以利益共享为纽带促进一体化。

此外，要立足江南水乡本底，以水为脉，将生态环境优势的势能转化为经济社会发展的动能。首先要治理好生态环境，以生态空间规划为引领，以环境质量改善目标为导向，以全域生态系统为考量，促进地区经济发展，促进产业绿色化和绿色产业化协同融合，促进科技

---

① 《长三角生态绿色一体化发展示范区总体方案》。

与产业的协同融合,促进数字产业化和产业数字化协同融合,促进先进制造业与现代服务业的协同融合[①]。

(三)粤港澳大湾区:以跨境跨界合作,推动大湾区高质量发展

合作共赢,是粤港澳大湾区的关键价值。不考虑港澳,对比全球世界级城市群,珠三角不仅全球贸易、决策控制能力差距很大,科技创新也存在一定差距。虽然深圳90%的创新都集中在企业,企业创新转化能力非常强大,但基础创新能力弱。粤港澳大湾区的发展要强调合作共赢,强调以多中心的城市体系形成合作网络。主要体现在两个方面:一是要加强广州、深圳的合作。广州更多体现为门户城市,商贸千年商都,深圳是创新城市或开放性市场,两个城市有广泛的合作空间。二是要增进香港与珠三角的合作。与广州、深圳相比,作为西方全球化体系里的代表城市,香港最大优势是金融科技服务和专业服务。在自由贸易体系中,香港的国际诚信、国际规则和国际化人才是内地城市不可替代的。粤港澳大湾区的创新发展需要集合各城市资源,加强互补合作。

加强港澳与内地服务、标准、制度的衔接。促进港澳融入国家发展大局的关键因素是人,日渐频繁的生活交往给大湾区治理带来新的要求。首先是提供适宜港澳人群需求、高标准的宜居宜业生活圈,以"公交都市区"为抓手,实现都市圈内城镇1小时可达,需要合理疏解中心城市非核心功能,加强临近城市组团公共服务的共建共享,在公共服务多元性、公共服务管理与模式、公共服务跨境衔接等方面,加强三地公共服务设施标准衔接。其次是信息化协同,互联网与信息技术已全面渗透居民生活,而三地互联网的差异化环境与应用方式,是

---

① 《以制度创新为突破,推进长三角生态绿色一体化发展示范区建设——市政协十三届十三次常委会议建言选萃》。

促进三地人员流动与交往的挑战之一。三是大力推进制度创新。大湾区的合作共赢发展，并非追求削平三地的制度差异。在一定程度上，制度差是塑造要素势差与多元活力的关键，包括法律法规、市场化水平等。如税率，香港属于低税率地区，港人到内地工作能否享受香港标准的税率优惠是重要的考量因素。要善用制度差异带来的势差，给大湾区带来丰富的体制机制创新探索空间。

五、结语

构建更加科学、高效的城市群治理体系，着力提高我国城市群的治理水平，对推动实现国家治理体系和治理能力现代化具有重要作用。城市群空间治理涉及多个多层级的行政区，应充分发挥市场、政府和社会的作用，有效协调城市间的关系，协同解决共同面临的区域问题，构建促进城市群健康可持续发展的新体制新机制。要充分发挥中心城市的引领带动作用，从市场、政府和社会三个维度着眼，在交通、产业、民生、交通、生态等重点领域着力推进，并有效实现体制机制创新。面向未来，三大世界级城市群的目标能否实现，需要进一步优化要素流动格局，合理处理好密度、流量和制度空间，打通各个维度和领域的"堵点"，让要素自由流动、合理配置，从而实现城市群的高效治理。

（感谢同事孙文勇、刘菁、蔡澍瑶、刘行对本文的数据处理做出的帮助）

参考文献

[1] 董青，刘海珍，刘加珍，等. 基于空间相互作用的中国城市群体系空间结构研究[J]. 经济地理，2010，30（6）：926-932.

[2] 苏飞，张平宇. 辽中南城市群城市规模分布演变特征[J]. 地理科学，2010，30（3）：343-349.

[3] 程玉鸿，李克桐. "大珠三角"城市群协调发展实证测度及阶段划分[J]. 工业技术经济，2014，33（4）：59-70.

[4] 尚永珍，陈耀. 功能空间分工与城市群经济增长——基于京津冀和长三角城市群的对比分析[J]. 经济问题探索，2019（4）：77-83.

[5] 李震，顾朝林，姚士谋. 当代中国城镇体系地域空间结构类型定量研究[J]. 地理科学，2006（5）：5544-5550.

[6] 孙阳，姚士谋，张落成. 中国沿海三大城市群城市空间网络拓展分析——以综合交通信息网络为例[J]. 地理科学，2018，38（6）：827-837.

[7] 刘飞，郑新奇，黄晴. 基于空间分形特征的城市群实体空间识别方法[J]. 地理科学进展，2017，36（6）：677-684.

[8] 路昌，徐雪源，周美璇. 中国三大城市群收缩城市"三生"功能耦合协调度分析[J/OL]. 世界地理研究：1-15[2021-09-09].

[9] 李磊，张贵祥. 京津冀城市群发展质量评价与空间分析[J]. 地域研究与开发，2017，36（5）：39-43+56.

[10] 范晓莉，黄凌翔. 京津冀城市群城市规模分布特征[J]. 干旱区资源与环境，2015，29（9）：13-20.

[11] 王德利，王岩. 中国城市群经济增长方式识别及分异特征[J]. 经济地理，2017，37（9）：80-86.

[12] 黄洁，吝涛，张国钦，等. 中国三大城市群城市化动态特征对比[J]. 中国人口·资源与环境，2014，24（7）：37-44.

[13] 赵渺希，钟烨，徐高峰. 中国三大城市群多中心网络的时空演化[J]. 经济地理，2015，35（3）：52-59.

[14] 李毓美，李惠敏. 北京非首都功能疏解后空间再利用策略和实例剖析[C]//中国城市规划学会，重庆市人民政府. 活力城乡 美好人居——2019中国城市规划年会论文集：02城市更新. 中国城市规划学会，2019：13.